이공학을 위한

무기화학실험

LABORATORY EXPERIMENTS FOR
INORGANIC CHEMISTRY

| 이순원 外 7인 편저 |

사이플러스
Science plus

머리말

대학에 임용된 지 2년 밖에 되지 않았던 새파란 조교수였던 1992년에 겁도 없이 무기 화학 실험책 “Inorganic Chemistry Laboratory Manual"을 썼다. 그것도 영어로... Journal of Chemical Education에 있는 실험들을 기반으로, 한국 실정에 맞는 실험책을 쓴다고 나름대로 분투했던 기억이 새롭다. 그 당시 내가 생각했던 한국 실정이란 저렴한 시약 값, 값싼 재료비, 비교적 값싼 IR 또는 UV 분광기로 분석할 수 있는 실험, 마지막으로 일반 화학 실험처럼 멋진 색깔 변화를 보여주는 실험이었다. 그로부터 20년이 지나갔다. 그동안 무기 화학이 눈부시게 발전하였고, 우리나라 대학의 전공 실험실 사정이 한층 좋아졌다. 이제는 조금 비싼 시약이나 첨단 장비를 이용하여 전공 실험을 할 수 있는 대학들이 많아졌다. 또한 전공 실험에 대한 학생들의 눈높이도 상당히 높아졌다.

2011년 봄에 사이플러스 박종성 사장께서 무기 화학 실험책을 만들어보자고 제안하였다. 그 당시 무기 화학 책을 집필하고 있었던 나는 책을 만드는 일이 얼마나 힘든 일인지 아주(?) 잘 알고 있었기 때문에, “No! No! No!"를 외치며 손사래를 쳤다. 그런데 공주대학교 이석우 교수께서 자신이 총무 간사를 하겠으니 실험책을 만들자고 제안하였다. 그래서 이 실험책 집필 작업이 시작되었다. 먼저 실험책을 함께 만들 분들을 섭외하였는데, 7개 대학 8명의 교수께서 집필 작업에 흔쾌히 참여해 주었다. 약 1년 6개월 정도의 작업 끝에 본 실험책이 세상에 등장하게 되었다.

이 실험책은 30개의 실험을 담고 있다. 이온-결합성 화합물 (2개), 배위 결합 (10개), 고체 화학 (4개), 나노 화학 (4개), 유기금속 화학 (2개), 생무기 화학 (2개), 무기 고분자/세라믹 (4개), 그리고 무기 정량 분석 (2개)에 관련된 실험들이 수록되어 있다. 실험 분야 이름들이 말해 주듯이, 무기 화학의 거의 모든 부분이 커버되고 있다. 특히 고체 화학, 나노 화학, 무기 고분자/세라믹 분야의 실험 12개는 요즈음 무기 화학 분야의 주된 연구 주제인 재료 화학과 관련되어 있다. 또한, 이석우 교수께서 실험 수행과 관련된 화합물의 정제법, 분석기기, 특성 규명 방법 등을 별도의 장(chapter)으로 집필하였기 때문에, 실험하는 학생들에게 큰 도움을 줄 수 있을 것 같다.

7개 대학의 무기 화학 실험 과목에서 학생들이 수행했던 실험들을 기반으로 본 실험책이 작성되었다. 어떤 실험들은 2~4시간 이내에 끝낼 수 있으며, 어떤 실험들은 2~3주 정도에 끝낼 수 있다. 각 대학의 전공 실험실 사정에 맞는 실험을 선택하여 진행하는 것이 무난할 것으로 생각된다. 저자들은 기존의 실험책과 견줄 수 있는 내용과 형식을 갖추도록 하기 위해 상당히 노력하였지만, 많은 오류와 실수가 있을 것이다. 이 실험책의 내용이 보다 충실해질 수 있도록 무기 화학 분야에 관련된 분들의 충고와 질책을 부탁드린다.

마지막으로, 이 실험책이 세상에 나올 수 있도록 지난 2년여 동안 여러 도움을 주신 사이플러스의 박종성 대표 이하 직원분들의 노고에 깊이 감사드린다.

2013년 1월 10일

편저자 대표 이순원

차례

LABORATORY EXPERIMENTS FOR INORGANIC CHEMISTRY

제 1 부

화합물의 분리 및 정제

1. 화합물의 분리
2. 물리적 특성 규명
3. 화학물의 성분 분석
4. 분광법
5. X-ray 방법
6. 열 분석법
7. 현미경(Microscope)

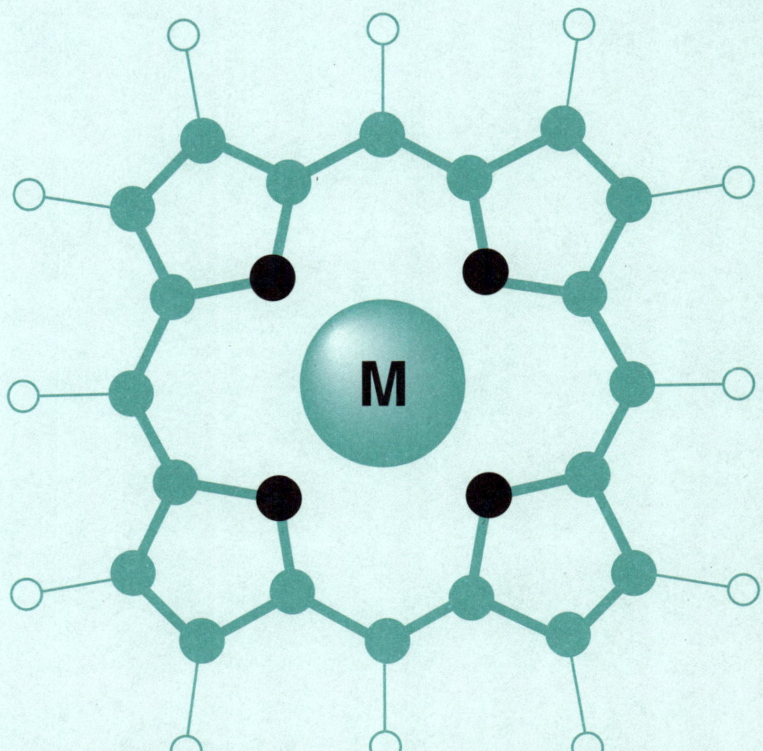

화합물의 분리

1

1 여과_Filtration

여과는 유체(액체, 기체)와 고체의 혼합물로부터 각각을 분리하는 방법이다. 따라서 여과는 혼합물에 존재하는 각 물질의 입자 크기에 의한 분리 방법이다. 작은 입자(유체)는 여과지의 구멍(pore)을 통해서 빠져나가고, 큰 입자(고체)는 여과지에 남게 된다. 여과지에 남아 있는 고체가 생성물일 경우에는, 용매로 세척하여 잔류 유체를 제거하고 건조하여 순수한 물질을 얻는다. 고체 불순물을 제거하고 남은 여과액(filtrate)에 생성물이 포함되어 있으면, 회전 감압 증발기 등으로 용매를 제거하여 고체나 액체 생성물을 얻을 수 있다.

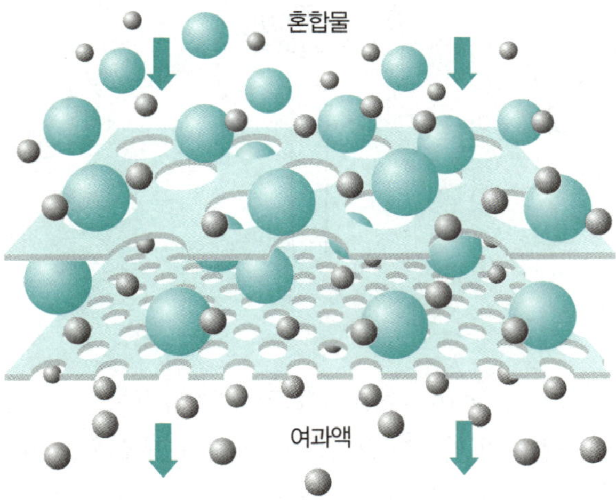

◀ 여과의 원리

실험실에서 흔히 접할 수 있는 여과 방법은 다음과 같다.

거름 종이와 깔때기를 이용한 여과

가장 간단한 방법으로 거름 종이를 두 번 접어 깔때기에 걸쳐 놓고 여과하는 방법이다. 일반적으로 사용하는 거름 종이의 구멍 크기는 2~25 μm 정도이며, 고온의 열처리가 필요한 경우 강열 잔류량이 없는(ashless) 거름 종이가 사용된다.

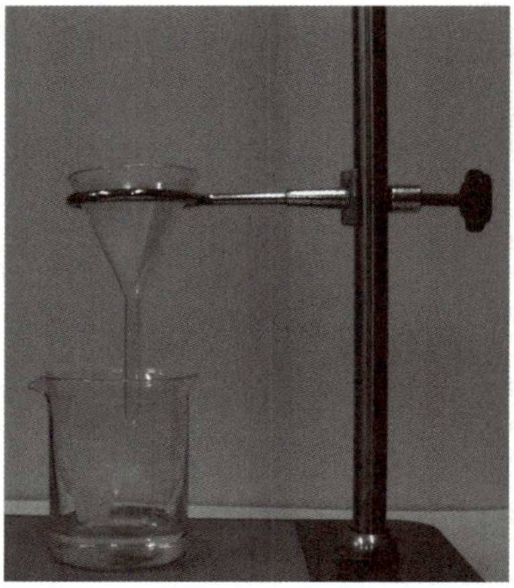

거름 종이와 깔때기를 ▶
이용한 여과

거름 종이와 Büchner 깔때기를 이용한 여과

일반 깔때기 대신 Büchner 깔때기에 거름 종이를 걸쳐 놓고 감압 하에서 여과하는 방법이다. 거름 종이는 일반적인 것을 접지 않은 채 사용하며, 아스피레이터를 사용하여 감압 조건을 얻는다. 여과 시간의 단축과 여과액의 제거에 유용한 방법이다.

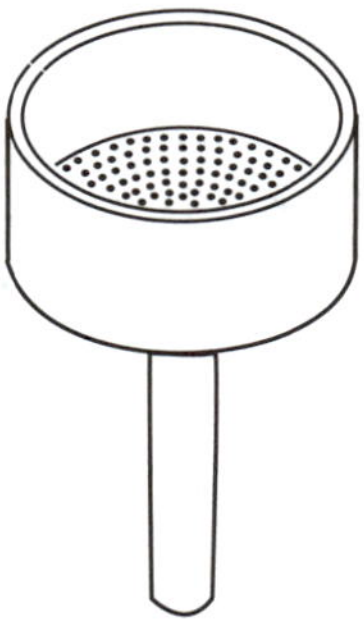

Büchner 깔때기 ▶

소결 유리 거르개(glass-fritted filter)를 이용한 여과

미세 유리 분말을 소결하여 디스크 모양의 여과 막을 제조하고, Büchner 깔때기의 개념을 도입하여 제조한 여과 장치이다. 다양한 구멍 크기를 갖는 제품을 사용할 수 있다. 합성 과정에서 조인트가 달린 둥근 바닥 플라스크를 많이 사용한다. 따라서 아래와 같이 플라스크의 조인트에 맞게 설계된 제품이 선호된다. 공기 또는 수분에 민감한 유기금속 화합물은 고무 마개(rubber septum)로 밀봉된 소결(燒結) 유리 거르개를 이용하여 질소 분위기에서 여과한 후 건조된다.

재결정시 뜨거운 상태에서 고체 불순물을 제거하기 위하여 여과(hot filtration) 할 때는 감압을 하지 말고, 손바닥 등으로 주둥이를 눌러 약하게 압력을 가하여 여과하는 것이 효과적이다. 감압을 하면 용매의 증발로 인하여 급격히 온도가 내려가며,

혼합물이 과포화되어 결정들이 석출되면서 소결된 유리의 구멍을 막아 여과를 곤란하게 하는 경우가 많다.

일반적으로, 사용한 용매로 소결 유리 거르개를 용이하게 세척할 수 있다. 하지만 세척이 곤란한 경우, 소결 유리 거르개를 크롬산 세척액($K_2Cr_2O_7$ + H_2SO_4)에 하루, 1 M 염산 용액에 하루 정도 담갔다가 세척하면, 수월하게 세척할 수 있다.

> 염기는 소결 유리(fritted glass)를 녹이기 때문에, 소결 유리 거르개를 염기로 세척하면 절대로 안 된다.

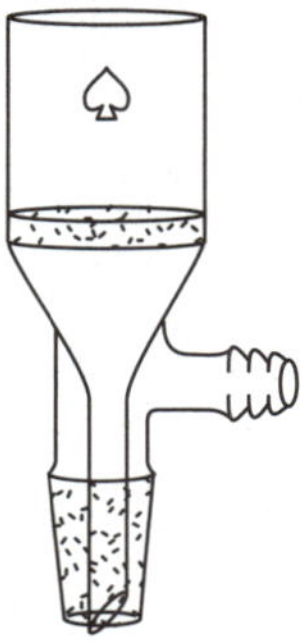

◀ 소결 유리 거르개

Celite 여과 보조제를 이용한 여과

합성 과정에서 생성되는 미세-입자(fine particle) 불순물은 입자가 너무 작아 소결 유리 거르개로 여과하기 곤란한 경우가 있다. 이런 경우에 Celite™ 같은 여과 보조제를 소결 유리 거르개에 1~2 cm 정도 충진한 후 여과하면, 미세 입자를 효과적으로 제거할 수 있다.

◀ Celite가 충진된 소결 유리 거르개를 이용한 여과

이외에 막을 이용한 미세 여과(microfiltration), 한외(限外) 여과(ultrafiltration), 주사기 여과기(syringe filter) 등이 있고, 고효율의 진공 회전-드럼 필터(rotary vacuum-drum filter) 등도 사용된다.

2 재결정_Recrystallization

재결정은 고체 물질의 특정 용매에 대한 용해도가 온도에 의존하는 점을 이용하는 정제 방법이다. 용해도는 100 g의 용매에 녹는 용질의 g 수로 표시되며, 화합물의 용해도는 용매의 정체성(identity)과 온도에 따라 달라진다. 일반적으로, 화합물이 용매에 녹는 용해 과정은 흡열 과정이기 때문에, 온도가 높을수록 물질의 용해도는 증가하지만, 이와 반대의 경향을 보이는 경우도 있다.

일반적으로, 고체의 용해도는 고온에서 높고 저온에서 낮다. 고체를 고온에서 용해하여 포화 용액(saturated solution)을 만든 후, 이 용액을 냉각하여 결정을 형성시키는 것이 재결정 방법이다. 이러한 재결정 과정은 고체에 함유되어 있는 미량의 불순물(impurities)을 제거하는 방법으로 사용된다. 재결정 과정에서 원래 고체에 함유되어 있던 불순물은 용액 중에 용해된 채로 남기 때문에, 순수한 결정을 얻을 수 있다. 불순물의 양이 많을 경우에는 한 번의 재결정으로 순수한 물질을 얻을 수 없으므로, 재결정을 여러 번 반복하여 점차로 불순물의 양을 줄여나가야 한다.

재결정 방법에 사용되는 용매를 선택하는 방법

1. 시료 중에 포함되어 있는 불순물과 시료 자체가 용매에 완전히 녹아야 한다. 녹지 않는 물질들은 여과를 통하여 간단히 제거할 수 있다.
2. 시료를 녹일 때 지나치게 과량의 용매를 사용하지 말아야 한다. 과량의 용매를 사용하면, 재결정하는 데 어려움이 따르고, 결정이 얻어지지 않거나, 수득률을 높이기 위해서 여러 번의 동일한 과정을 거쳐야 하므로 시간적, 경제적 손실이 따른다.
3. 용질과 불순물에 대한 온도 계수가 맞아야 한다. 즉 정제하고자 하는 물질은 이상적으로 뜨거운 용매에서는 완전히 녹고 차가운 용매에서는 다소 불용성인 반면, 불순물은 차가운 용매 속에서도 적절한 용해도를 가져야 한다.

재결정 과정

1. 용매를 선택한다.
2. 선택한 용매에 용질을 녹인다.
3. 만약 용액이 불필요한 색을 띤다면, 활성탄 등을 첨가하여 제거한 후 여과한다.
4. 만약 용매에 녹지 않는 고체가 있다면, 여과하여 분리한다.

5. 용질을 결정화한다.
6. 결정을 모으고 세척한다.
7. 결정을 건조한다.

고체의 용해도가 온도에 따라 크게 변하지 않으면, 고온에서 만든 포화 용액을 냉각하여 재결정할 수 없다. 이러한 고체는 소량의 용매에 녹이고, 얻어진 용액을 증발시켜 결정을 석출시킨다.

합성 과정에서는 재결정 과정에 이성분 용매계가 이용된다. 온도에 따른 용해도 차이가 별로 없거나, 높은 온도에서 물질의 변성이 일어날 때, 이 방법이 매우 유용하다. 특정한 용질은 각 용매에 대하여 특정한 용해도를 갖는다. 용질을 잘 녹이는 용매(good solvent) 최소량에 용질을 녹인 후, 잘 녹이지 못하는 용매(poor solvent)를 조금씩 첨가해 준다. Poor solvent가 점점 첨가되면서, 용질이 석출된다. 석출된 용질을 여과한 후, poor solvent로 씻어준다. Good solvent의 끓는점이 poor solvent의 끓는점보다 낮을 경우, 회전 감압 증발기로 혼합 용매를 증발시켜 제거하면, 고체의 회수율을 높일 수 있다.

▶ **관련 실험:** 실험 1~4, 12, 23

3 증류_Distillation

물과 기름의 혼합물은 극성 차이에 의해 서로 섞이지 않고, 밀도 차이에 의해 층을 이루기 때문에, 쉽게 분리될 수 있다. 하지만 물과 에탄올의 혼합물 같이 서로 잘 섞이는 액체들은 밀도 차이로 분리될 수가 없으므로, 끓는점 차이를 이용해서 분리된다.

순수한 액체가 충분한 열로 가열되면, 온도 증가에 따라 액체의 증기압이 증가하게 된다. 액체의 증기압과 외부 압력이 같아지게 되면, 액체 내부에서 기포가 발생하며 끓는 현상이 일어나고, 액체가 모두 기화될 때까지 액체의 온도가 일정하게 유지된다. 액체의 끓는점(boiling point, bp)은 외부 압력에 따라 달라지며, 외부 압력이 1기압일 때의 끓는점이 소위 **정상 끓는점**이다. 끓는점의 차이가 큰 액체 혼합물을 가열하면, 끓는점이 낮은 성분이 먼저 끓어 기체로 증발되며, 이 기체를 냉각시키면 순수한 액체를 얻을 수 있다. 이어서 끓는점이 높은 성분이 기화되어 나오므로 혼합물로부터 구성-성분 액체들을 분리해낼 수 있다. 이와 같은 분리법이 **증류법**이다. 증류의 종류에는 단순 증류, 감압 증류, 분별 증류, 증기 증류 등 네 가지가 있다.

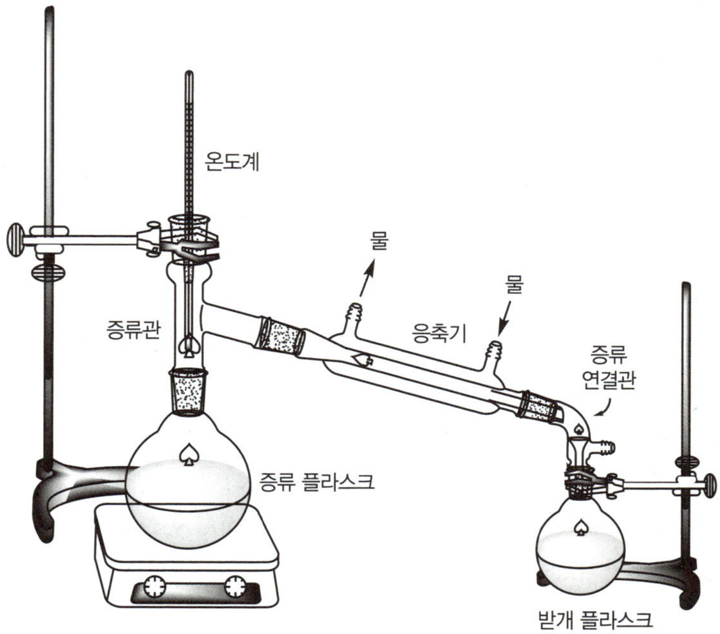

실험실에서 흔히 사용되는 증류 장치

- **단순 증류**는 끓는점의 차이가 큰 액체 혼합물을 분리하는 가장 간단한 분리 방법이다. 증류 플라스크에서 기화된 액체를 응축기에서 액화시켜 분리하는 이 방법은 단순하고 간단한 혼합물을 분리하는 데 주로 사용된다.
- **감압 증류**는 끓는점이 비교적 높은 액체 혼합물을 분리하기 위하여 액체에 작용하는 외부 압력을 감소시켜 증류 속도를 빠르게 하는 방법이다.
- **분별 증류**는 휘발성 액체 혼합물의 분리에 주로 사용되며, 총괄성의 또 다른 실제적 응용이다. 기본적으로, 휘발성 액체들의 혼합물을 끓인 후, 그 증기들을 응축시킨다. 라울의 법칙에 따르면, 액체 혼합물의 끓는 과정에서 휘발성이 더 높은 성분이 더 높은 증기 압력을 갖기 때문에, 액체와 평형을 이루고 있는 증기에는 고휘발성 액체와 저휘발성 액체의 조성 비가 액체에서의 상응하는 성분 비보다 더 높다. 따라서 응축된 증기에 고휘발성 액체 성분이 더 늘어나게 되어, 부분 정제가 일어난다. 만약 이 증기들을 모아 액체로 만들고, 그 액체에서 증발하는 기체들을 다시 모아 액체로 만드는 작업을 반복하면 고휘발성 액체만을 얻을 수 있다. 이러한 분별 증류법은 정유 공장에서 많이 사용된다.
- **증기 증류**는 온도가 높은 수증기를 액체 혼합물이 들어 있는 플라스크에 불어 넣어서 수증기와 함께 기화된 액체 성분을 분리하는 증류 방법이다.

증류 과정은 또한 합성 화학에서 사용되는 용매의 정제나 용매에 존재하는 물의 제거 과정에 사용된다.

4 추출_Extraction

추출이란 어떤 용질을 한 상(phase)에서 다른 상으로 옮기는 것을 가리킨다. 서로 섞이지 않는 두 액체 A와 B가 접해 있을 때, 두 액체에 모두 녹을 수 있는 어떤 용질 M을 넣어주면 이 용질은 두 층에 녹아들어 가서 평형을 이루며 분배된다.

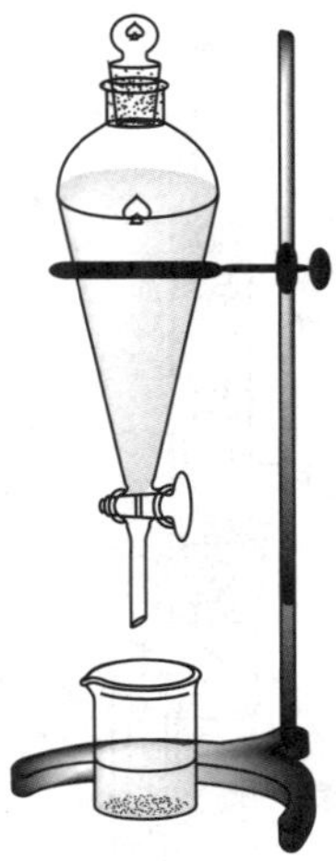

◀ 실험실에서 흔히 사용되는 추출 과정

이러한 평형 상태에서는 액체 A로부터 액체 B로 이동하는 용질의 분자 개수와 액체 B로부터 액체 A로 이동하는 분자 개수가 서로 같으므로, 이와 같은 평형을 다음과 같이 나타낼 수 있다.

$$\mathrm{M(A)} \rightleftharpoons \mathrm{M(B)}$$

여기서 M(A)와 M(B)는 각각 용매 A와 B에 용해되어 있는 용질 분자 개수를 나타낸다. 그리고 M(A)와 M(B)의 농도가 각각 [M(A)]와 [M(B)]로 표시되면, 다음과 같은 관계가 성립할 것이다.

$$K = \frac{[\mathrm{M(B)}]}{[\mathrm{M(A)}]}$$

이 평형은 화학 평형의 한 유형이며, K는 분배 계수라고 불린다. 주어진 온도에서 K 값은 용질의 양에 관계없이 일정하다.

분배 계수의 식은 용질의 농도가 낮을 때는 잘 맞지만, 농도가 높아지면 일반적으로 잘 맞지 않는다. 즉, 농도가 클 경우에는, K 값이 농도에 따라 조금씩 변한다. 이것은 용질의 농도가 증가함에 따라, 많은 용질 분자가 회합 등의 비정상적인 행동을 하기 때문이다. 농도 대신에 활동도(activity)를 사용하면, 모든 농도 범위에서 K 값이 일정하게 된다.

Soxhlet 추출 장치를 사용하면, 소량의 용매로 고체에 포함된 불순물을 제거할 수 있다. 추출용 원통 여과관(thimble)에 고체 시료를 넣고 응축기를 장착한 후, 둥근 저장용기에 담겨진 용매를 가열하면, 증기가 관을 따라 증발하다가 응축기에 의해 응축되어 원통 여과관에 보내져 일정 높이까지 고이게 된다. 용매가 고체 시료 중 불순물을 용해시키고, 일정 높이보다 높을 경우 사이펀(syphon) 튜브를 따라 다시 플라스크에 모인다. 이 과정이 반복되며, 일정한 용매로 정제할 수 있다는 장점이 있다.

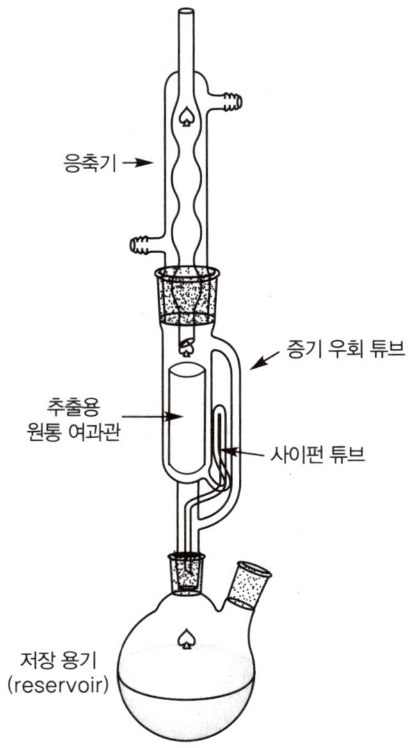

Soxhlet 추출 장치 ▶

▶ **관련 실험:** 실험 9, 23

5 크로마토그래피_Chromatography

크로마토그래피는 흡착제에 대한 친화도 차이를 이용하여 혼합물을 각 성분별로 분리, 정제, 정성 및 정량 분석을 할 수 있는 방법이다. 여러 개의 크로마토그래피 기법이 알려져 있으나, 이것들은 모두 **상 분포**(phase distribution)에 바탕을 두고 있다. 즉 이동상(mobile phase)이 정지상(stationary phase)을 통과할 때, 시료 성분들이 두 상 사이에서 평형을 이루고 있기 때문에, 두 상에 대해서 서로 다른 분포를 갖는다. 정지상에 강하게 붙잡혀 있는 성분은 정지상에 더 높은 비율로 존재하고, 약하게 붙잡혀 있는 성분은 이동상에 더 높은 비율로 존재할 것이다. 따라서 정지상에 약하게 흡착되는 성분의 분자들은 이동상의 흐르는 방향을 따라 다른 성분들보다 더 빠른 속도로 정지상을 통과하게 되고, 각 성분들은 서로 다른 이동 속도에 따라 분리되게 된다. 화학자들은 이와 같은 현상을 **용리**(elution)라고 부르고, 용리 시간에 대한 검출기의 감응을 나타내는 그래프를 **크로마토그램**(chromatogram)이라 부른다.

크로마토그래피는 용질과 정지상 사이의 상호작용 메커니즘에 따라서 **흡착 크로마토그래피**(adsorption chromatography), **분배 크로마토그래피**(partition chromatography), **이온-교환 크로마토그래피**(ion-exchange chromatography), **분자-배제 크로마토그래피**(molecular exclusion chromatography), **친화 크로마토그래피**(affinity chromatography) 등으로 나뉜다. 이 방법들은 사용하는 정지상과 이동상에 따라 더욱 세분화된다. 그 중에서 실험에서 쉽게 접할 수 있는 얇은 막 크로마토그래피(thin layer chromatography, TLC)와 관 크로마토그래피(column chromatography)에 대하여 설명해 보기로 한다.

얇은 막 크로마토그래피

TLC는 **액체-고체 크로마토그래피**의 한 형태다. TLC에서는 실리카 겔이나 알루미나와 같은 고체 흡착제가 유리판이나 플라스틱 판과 같은 지지판 위에 얇은 막 형태로 입혀져 사용된다. 실험자는 분리 또는 정제하고자 하는 물질의 용액을 모세관에 묻혀서 TLC 판의 한쪽 끝 가까이에 반점을 만든다. 이 판이 용리 용매가 들어 있는 용기에 넣어지며, 용매의 높이가 반점보다 낮아야 한다.

◀ 얇은 막 크로마토그래피 (TLC)

용매는 모세관 작용으로 판을 따라 위로 이동하며, 시료 혼합물에 있는 각 성분 물질들의 이동 속도는 각각 다르다. 실험에 사용되는 용매와 흡착제는 분리 효과가 좋은 것을 선택해야 하며, 전개 후 판 위에는 혼합물의 각 성분이 분리되어 생긴 일련의 반점들이 일직선으로 늘어선다.

TLC 분리에서 용매 선택은 쉽지 않다. 화합물이 TLC 판을 따라 너무 빨리 올라간다면, 실험자는 사용한 혼합 용매 내에 있는 비극성 용매의 양을 늘려야 한다. 반대로, 화합물이 TLC 판을 따라 너무 천천히 올라간다면, 극성 용매의 양을 늘려야 한다. 일반적인 용매의 극성 순서는 다음과 같다.

펜테인(pentane), 헥세인(hexane) < 사염화 탄소 < 톨루엔 < 벤젠 < 염화 메틸렌 < 클로로폼 < 다이에틸에테르 < 아세트산 에틸 < 아세톤 < 에탄올 < 메탄올 < 물

TLC에서 물질의 특성을 나타내는 지연 인자(retardation factor)라고 불리는 **R_f 값**이 있다. 이 값은 원래의 출발점(반점)부터 용매선(solvent front)까지의 거리 및 각 반점들까지의 거리에 관련되어 있다. TLC에서 R_f 값은 특정 분자가 이동한 거리를 용매가 이동한 거리로 나눈 값이다. 따라서 특정 분자의 R_f 값은 극성 용매에서는 커지고, 비극성 용매에서는 작아지는 경향이 있다.

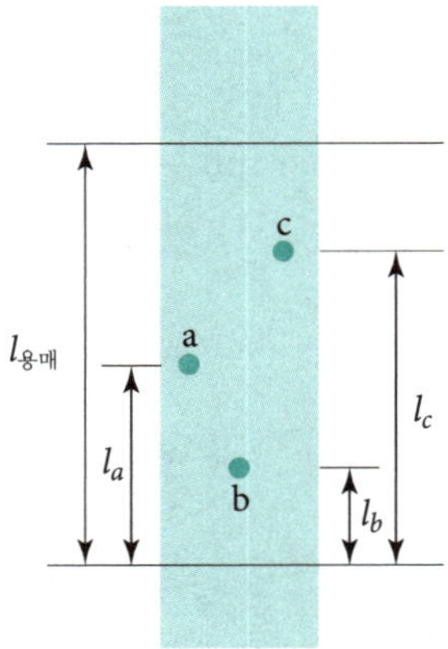

$$R_f = \frac{\text{성분 물질이 이동한 거리}}{\text{용매가 이동한 거리}}$$

그림과 같이 용매의 이동 거리 $l_{용매}$, 반점 a의 이동 거리를 l_a라고 하면 a의 R_f 값은 다음과 같다.

$$a\text{의 } R_f = \frac{l_a}{l_{용매}}$$

물질의 R_f 값은 각 물질의 성질, 용매의 종류 및 온도에 따라 다르지만, 흡착제, 용매, 막의 두께, 균일성, 온도 등이 정해진 조건에서의 R_f 값은 일정하다. TLC의 장점은 아주 적은 양의 시료로 분석할 수 있다는 점이다. 색깔이 있는 물질은 크로마토그램 위의 반점을 알아보기 쉽지만, 무색의 물질일 경우는 반점의 위치를 확인하기 위하여 발색제를 뿜어준다거나 자외선을 쬐어서 형광을 발하게 하는 등의 수단을 써야 한다.

관 크로마토그래피

관 크로마토그래피는 액체상과 고체상 사이에서 평형을 이루는 시료를 분리하는 방법이므로 액체-고체 크로마토그래피다. 정지상은 고체 흡착제며, 통과하는 시료 성분들이 정지상 표면에 흡착되어 분리된다. 흡착을 일으키는 원인은 분자들 사이의 인력 때문이다. 정전기적 인력, 쌍극자-쌍극자 인력, 수소 결합, van der Waals 힘

등이다. 관 크로마토그래피는 특히 고체 시료들을 분리하는 데 유용하다. 고체 성분들의 용해도가 비슷하여 재결정 방법으로 이것들을 분리해낼 수 없는 경우에도, 이 방법을 쓰면 분리할 수 있다.

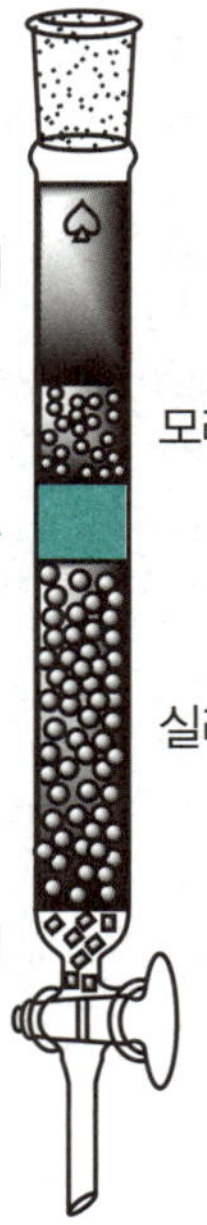

◀ 관 크로마토그래피에 쓰이는 관

TLC 실험에서 찾아낸 알맞은 용매 조합을 관 크로마토그래피에 사용하여 많은 양의 시료를 분리할 수 있다. 일반적으로, TLC에서 사용되는 실리카 젤의 입자 크기는 200 mesh 정도인 반면, 관 크로마토그래피에서 사용되는 실리카 젤의 입자 크기는 이것보다 큰 80~200 mesh 정도다. 하지만, 두 실리카 젤의 흡착 특성이 매우 비슷하기 때문에, TLC 판에 성공적으로 사용했던 용매를 관 크로마토그래피에서도 사용할 수 있다. 흡착제 실리카 젤(silica gel) 또는 알루미나(alumina) 같은 고체가 들어 있는 관을 통하여 분리하려는 고체들의 혼합 용액을 흘려준다. 관의 상부에 흘려주는 용액은 **용리액**(eluent), 나오는 액체는 **용출액**(eluate)이라고 불린다. 잘 선택된 용리액으로 혼합물을 분리하면, 각 성분들이 섞이지 않고 한 가지씩 따로따로 관을 빠져나온다. 화학자들은 이 과정을 용리(elution)라고 부른다.

용질들이 색깔을 띠고 있으면, 이것들이 관을 지나 내려오는 것을 관찰할 수 있다. 하지만 용질이 무색일 경우에는, 자외선을 쬐어서 형광을 내게 하는 등의 물리적 성질을 이용하여 혼합물 내 각 성분 물질들이 관을 따라 이동하여 내려오는 것을 관찰할 수 있다. 관 크로마토그래피에서 시료 분리는 관을 통해 용매가 흘러내려 가는 속도와 밀접하게 관련되어 있다. 즉, 흘러내려 가는 용매의 속도가 빠를수록 분리가 잘 되지 않고, 반대로 용매의 속도가 느릴수록 분리가 잘 된다.

▶ 관련 실험: 실험 22, 23

6 용매의 정제

대부분의 경우, 실험에서 사용되는 시약과 용매는 제조 회사로부터 구입하여 정제를 하지 않고 사용된다. 하지만 수분-함유 용매, 공기 중에서 부분적으로 산화, 분해 등 변질될 우려가 있는 시약 등은 사용하기 전에 정제되어야 한다. 아래에 나타낸 참고 문헌에 다양한 화합물에 대한 정제법이 체계적으로 정리되어 있다.

참고문헌

1. Wilfred L. F. Armarego, Christina L. L. Chai, "Purification of Laboratory Chemicals", 6th Ed. Elsevier, 2009.

물리적 특성 규명

2

1 녹는점_Melting point, mp

녹는점은 화합물이 고체상에서 액체상으로 변환되는 온도다. 녹음 과정은 물리적 평형 과정이며, 화합물에 가해진 열량은 온도 변화 없이 모두 상 변화에 사용된다. 녹는점은 압력에 의해 영향을 받으므로, 녹는점은 반드시 측정 압력과 함께 제시되어야 한다. 많은 단순한 물질인 경우, 녹음과 응고의 과정이 가역적이다. 하지만 어떤 화합물들은 녹는점 아래에서 빈번하게 분해된다.

녹는점을 측정하는 방법은 간단하다. 한쪽 끝이 막혀있고 지름이 약 1 mm 모세관에 소량의 시료(~mg)를 넣고 잘 충진한 다음, 온도계에 묶은 후, Thiele 가열관에 들어 있는 기름 중탕에서 서서히 가열하며, 녹음 현상의 시작과 끝을 육안으로 관찰하여 온도를 측정한다. 시료가 완전히 녹은 후, 냉각하면서 응고되는 시료의 온도 변화를 관찰한다. 이와 같은 원리를 기반으로, 모세관 삽입구, 가열 장치, 온도 표시 장치, 돋보기 등을 갖춘 녹는점 측정 장치가 개발되어 실험실에 보급되고 있다.

◀ 녹는점 측정 기기

또 다른 형태의 녹는점 측정 장치는 전기로 가열되는 가열판에 유리 디스크를 올려놓고, 그 위에 직접 분말 시료를 뿌린 후 녹음 과정을 관찰하는 방식을 이용한다.

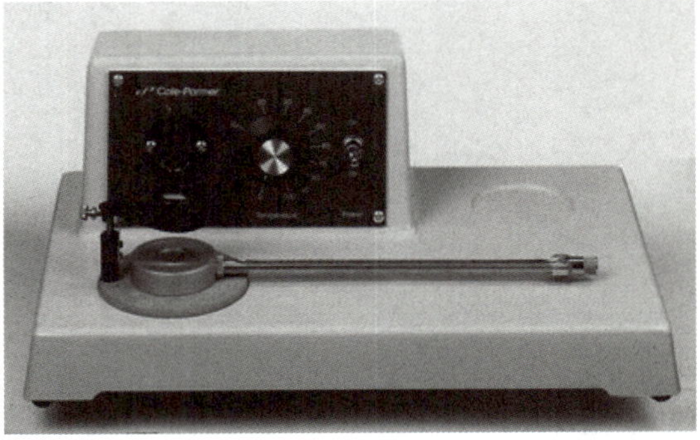

녹는점 측정 기기 ▶

열분석기가 갖추어져 있다면, **시차 주사 열량법**(DSC, differential scanning calorimeter)으로 녹는점은 물론 녹음열까지 측정할 수 있다. 녹음 과정은 DSC 그래프에서 흡열 반응으로 나타난다.

▶ **관련 실험:** 실험 4

2 끓는점_Boiling point, bp

끓는점은 화합물이 액체상에서 기체상으로 변환되는 온도다. 끓는 과정은 물리적 평형 과정이며, 화합물에 가해진 열량은 온도 변화 없이 모두 상 변화에 사용된다. 순수한 액체가 가열되면, 액체의 온도 증가에 따라 증기압이 높아지게 된다. 증기압과 외부 기압이 같아지게 되면, 액체 내부에서 기포가 발생하며 끓는 현상이 일어나고, 액체가 모두 기화될 때까지 액체의 온도가 일정하게 유지된다. 액체의 끓는점은 압력에 따라 달라지며, 외부 기압이 1기압일 때의 끓는점이 **정상 끓는점**이다. 많은 단순한 물질인 경우, 끓음과 액화의 과정이 가역적이다. 하지만 어떤 화합물들은 끓는점 아래에서 빈번하게 분해되거나 승화된다.

끓는점은 다음과 같은 장치로 측정된다. 갑자기 끓어오르는 현상을 막기 위하여 끓임쪽을 넣고, 가열에 의하여 환류되는 증기에 의해 온도계에 나타나는 온도를 측정한다. 증기의 유출을 막기 위하여 냉각기를 설치한다. 계는 반드시 대기압을 유지하도록 한다.

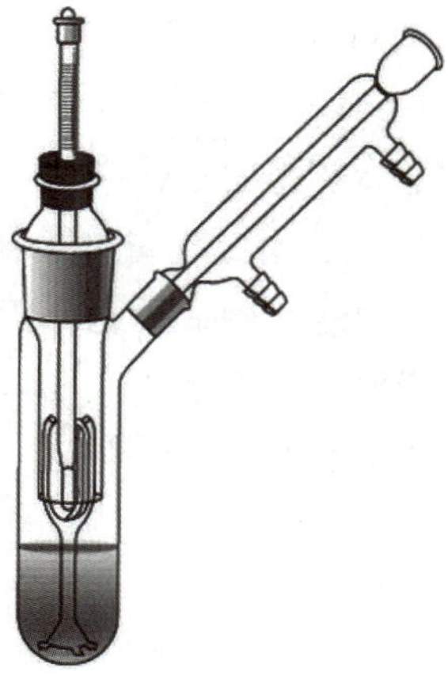

◀ 끓는점 측정 기기

3 밀도_Density

밀도는 다음 식과 같이 물체의 질량을 그것의 부피로 나눈 값이다.

$$\text{밀도} = \frac{\text{물체의 질량}}{\text{물체의 부피}}$$

혹은

$$d = \frac{m}{V}$$

여기서 d, m, V는 각각 밀도, 질량, 부피를 의미한다. 밀도는 질량의 크기에 무관한 **세기 성질**이다. 주어진 물질에 대해 m이 증가함에 따라 V도 증가하기 때문에, 두 물리량의 비율은 항상 일정하다. 밀도에 대한 SI 단위는 kg/m^3이지만, 실험에서는 g/cm^3(g/mL) 단위가 흔히 사용된다.

밀도 측정에는 아래 그림에 나타낸 **비중 용기**(pycnometer)가 이용된다. 비중 용기는 명확한 부피를 가진 용기다. 비중 용기의 부피는 밀도가 알려진 액체 표준 물질로 보정된다. 빈 비중 용기의 질량을 측정한 후, 미지 시료를 채우고 질량을 측정하면, 시료의 질량과 부피를 이용하여 밀도를 계산할 수 있다.

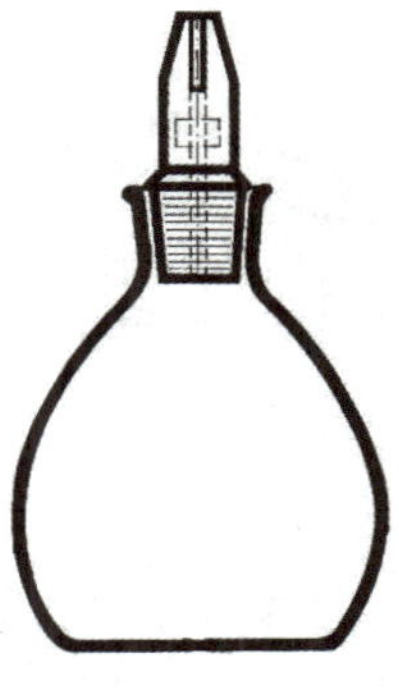

◀ 비중 용기

고체의 경우, 입자와 입자 사이에 공간(공극)이 존재하기 때문에, 실제 결정 입자의 밀도와 벌크 밀도(bulk density)가 다르게 얻어지므로 혼란스럽다. 벌크 밀도는 액체와 유사하게 고체로 비중 용기를 충진한 후 측정된다. 결정 입자의 밀도를 알아내기 위해서는, 고체로 충진된 비중 용기에 고체와 반응하지 않는 액체(밀도를 알고 있어야 함)를 넣어서 모든 공간을 액체로 채운다. 비중 용기의 부피에서 첨가된 액체의 부피를 빼면 고체 입자만의 부피를 얻을 수 있다. 따라서 결정 입자의 밀도를 계산할 수 있다. 하지만 모든 공간이 액체로 채워지지 않으므로 충분히 감압하여 기체-제거(degassing)를 해야 한다.

4 분자량_Molecular mass

분자량 또는 분자 질량은 분자를 구성하는 원자들의 질량의 합이다. 분자량의 단위는 원자의 질량처럼 amu가 사용된다. Avogadro 개수만큼의 분자 즉, 분자 1몰의 질량이 **몰 질량**(molar mass)이며, g/mol의 단위로 나타낸다. 화학에서 분자량과 몰 질량은 단위는 다르지만 수치는 같기 때문에, 두 용어가 흔히 혼용된다. 하지만 엄밀히 말해서 둘은 다른 개념이다.

분자량을 측정하는 방법은 다양하다. 기체의 경우, 일정량의 증기로부터 이상 기체 방정식을 이용하여 분자량을 구할 수 있다.

$$PV = \frac{\omega}{MW}RT$$

여기서 P는 압력, V는 부피, T는 절대 온도, ω는 질량, MW는 분자량이다.

고체나 액체의 경우, 주로 어는점 내림, 끓는점 오름, 삼투압, 증기압 내림 등 용액의 총괄성을 이용하여 분자량을 구할 수 있다.

용액의 어는점 내림($\Delta T = T_o - T_f$)은 용액의 몰랄 농도(m)에 비례한다.

$$\Delta T = K_f \cdot m$$

여기서 K_f는 어는점 내림 상수이다.

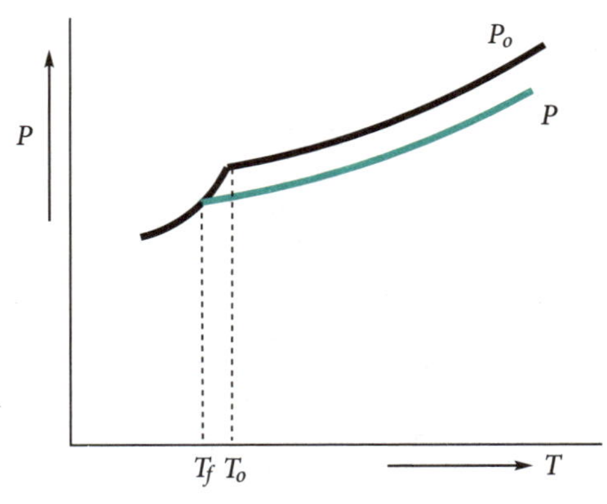

용액과 용매의 증기압 곡선 ▶

따라서 순수한 용매의 어는점을 측정하고, 정해진 농도의 용액의 어는점을 측정하면, 용질의 몰 질량을 계산할 수 있다.

현대에서 분자량을 측정하는 대표적인 방법은 질량 분석기를 활용하는 것이다. 고분자의 경우, **젤-투과 크로마토그래프**(GPC, gel-permeation chromatography) 방법으로 분자량 분포를 확인할 수 있다.

5 자화율_Magnetic susceptibility

자화율은 주어진 자기장에 대해서 어떤 물질이 자화(magnetization)하는 정도를 나타내는 값이다. 어떤 물질이 외부 자기장 하에 존재하면, 자화 정도는 다음과 같은 식으로 나타낼 수 있다.

$$M = \chi_v \times H$$

이때 H는 외부 자기장의 세기, M은 자화 정도, χ_v는 자화율이다. 이 값은 단위 부피당 자성의 양을 나타내기 때문에, 부피 자화율이다. 밀도(d)와 분자량(MW)을 이용하여 **몰 자화율**($\chi_M = \mathrm{MW}\chi_m/d$)을 얻을 수 있다. 자성 물질은 자화율에 따라서 반자성체, 상자성체, 강자성체로 나뉜다.

주어진 금속 이온에 존재하는 홀 전자 개수에 의해 자기 모멘트 μ가 결정된다. 자기 모멘트는 전자의 스핀(자전) 운동과 궤도(공전) 운동에 의해 정해진다. 그 중에서 스핀 부분이 더 중요하고, 스핀만을 고려한 **순수-스핀**(spin-only) **자기 모멘트**(μ_s)를 다음과 같이 간략한 식으로 나타낼 수 있다.

$$\mu_s = g\sqrt{S(S+1)}$$

이때 g는 자기 회전 비율(gyromagnetic ratio)로 약 2의 값을 갖고, S는 전체 스핀 개수(홀 전자 1개 당 $\frac{1}{2}$)다. 자기 모멘트의 단위는 BM(Bohr magneton)이다. 실제 측정값은 궤도 운동의 기여로 인하여 순수-스핀 자기 모멘트보다 크다. 자기 모멘트는 직접 측정되지 않고, 자화율 측정 후에 계산된다.

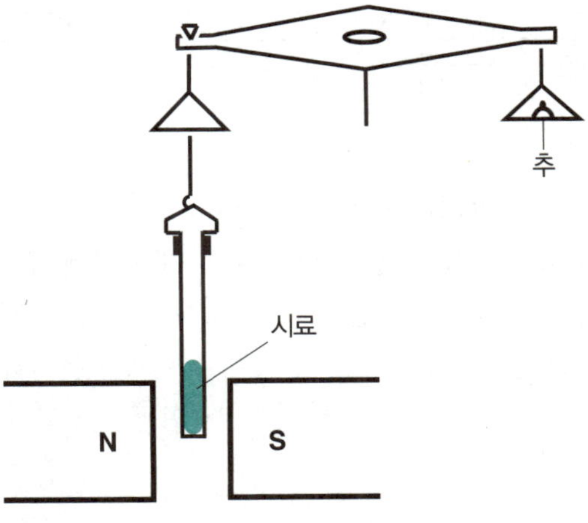

◀ Gouy 저울의 모식도

일반적으로 실험실에서 자화율의 측정은 Gouy 저울(Gouy balance), Evans 저울(Evans balance), NMR 등의 기법을 이용한다. Gouy 저울을 이용한 자화율 측정 방법에 대하여 알아보도록 하자.

그림과 같이, 시료가 원통형 시료 용기에 담아져 자기장의 두 극 사이에 매달린다. 시료 용기의 다른 한쪽은 저울에 연결되어 있다. 자기장 속에 위치한 시료는 자기장에 끌리거나(상자성) 밀쳐(반자성)지므로, 질량 변화가 생긴다. 겉보기 질량 변화를 측정하여 자기적 상호작용의 힘을 구하면, 자화율을 계산할 수 있다. Evans 저울은 Gouy 저울과 유사한 측정 장치를 갖고 있지만, 시료를 고정하고 영구 자석을 매달아 놓는다. 따라서 Evans 법에서는, 시료에 의해 움직인 영구 자석을 제자리에 놓기 위해 코일에 흘려 준 필요한 전류의 변화량을 측정하여 상호작용하는 힘을 측정한다.

상용화된 Evans 저울을 이용하여 자화율을 측정할 때, 질량 자화율(χ_g)은 다음과 같이 표현된다.

$$\chi_g = \frac{L}{m} C(R - R_o) + \chi_v A$$

L은 시료의 길이(cm), m은 시료의 질량(g), C는 저울 보정 상수, R은 시료-포함 측정 값, R_o은 시료-미포함 측정값, χ_v는 공기의 부피 자화율(0.029×10^{-6} erg G^{-2} cm^{-3}), 그리고 A는 시료의 단면적이다.

▶ **관련 실험:** 실험 11

6 고유 광회전도_Specific rotation

편광면의 회전 정도는 편광계(polarimeter)로 측정될 수 있다. 편광계의 개략적 모양은 아래와 같다.

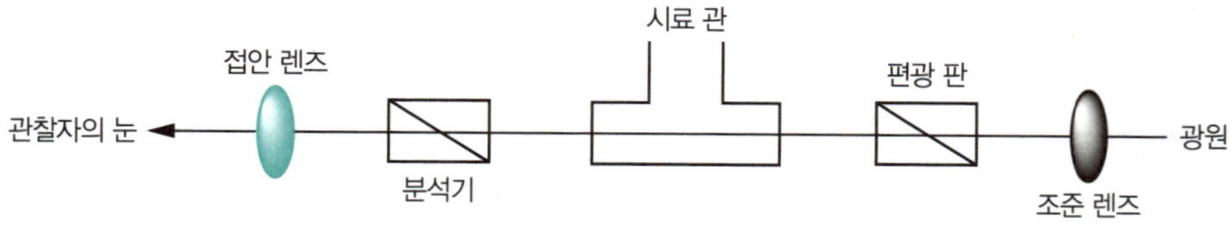

편광계 모식도 ▶

편광계에 가장 많이 사용되는 광원은 589.3 nm에 해당하는 소듐 D선이다. 우리 눈은 황색 빛보다는 녹색 빛을 더 잘 구별할 수 있기 때문에, 편광계의 광원으로 소듐 D선 대신에 가끔 546.1 nm의 수은 녹색 선이 사용되기도 한다. 편광계의 편광판과 분석기는 방해석 프리즘이 주로 사용되고, 시료 관에는 유리가 주로 사용된다. 광학 활성을 가진 물질이 시료 관에 존재하게 되면, 편광면의 회전이 일어난다. 한 쌍의 광학 이성질체들은 편광면을 같은 정도로 회전시키지만, 회전 방향들이 반대이다. 편광계에서 측정하는 시료의 농도를 c (단위: g/mL), 광원의 경로 길이(또는 시료 길이)를 l (단위: decimeter), 관찰 · 측정된 고유 광회전도(specific rotation) $[\alpha]$, 알려진 특정 파장의 광원에 대한 고유 광회전도를 $[\alpha]_d$라고 할 때, 특정 파장의 고유 광회전도 $[\alpha]_d$는 아래와 같이 표현된다.

$$[\alpha]_d = [\alpha]/(l \cdot c)$$

$[\alpha]_d$는 파장이 589.6 nm인 광원을 사용하고 시료 길이 l이 1 dm인 시료관에 농도 c가 1 g/mL인 시료를 사용할 때 관찰되는 회전도로 정의된다.

▶ **관련 실험:** 실험 8

7 전해질 용액의 전기 전도도_Electric conductivity of electrolyte solution

순수한 물은 전기를 전도할 수 없다. 하지만 물에 녹아 이온을 생성하는 이온-결합 화합물의 수용액은 전기를 전도한다. **전해질**(electrolyte)은 물에 녹아 전기를 통하는 물질이며, 이온화 정도에 따라 강한 전해질과 약한 전해질로 나뉜다. 금속에서의 전도는 가해진 전위차에 의해 전자가 직접 이동하는 현상이다. 하지만 전해질 수용액에서는, 수용액에 존재하는 이온들이 전하 운반체다.

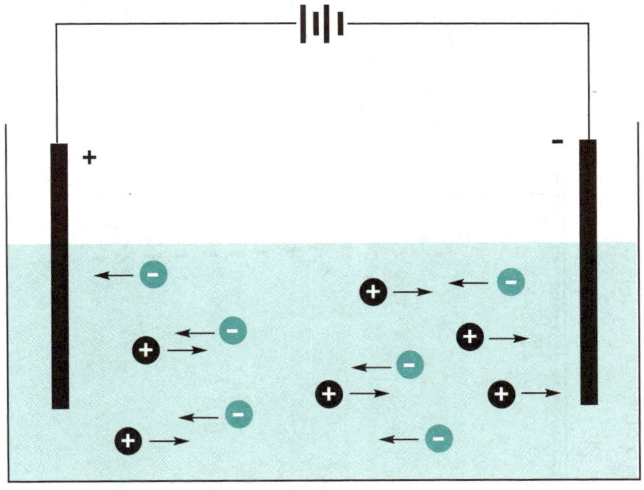

◀ 전해질 수용액

전해질 수용액에 두 개의 전극을 설치하고 전위차(V)를 걸어주면, Ohm의 법칙에 의해 저항(R)과 전류(I) 사이에 다음과 같은 관계식이 성립된다.

$$R = \frac{V}{I}$$

이때, 전압의 단위는 V, 전류의 단위는 A, 저항의 단위는 Ω이다. 전도도(conductance) σ(S 또는 Ω^{-1})는 저항의 역수로 정의된다.

$$\sigma = \frac{1}{R}$$

주어진 용액에 대하여 σ는 전극의 거리(l, m)에 반비례하고, 전극의 단면적(A, m^2)에 비례한다.

$$\sigma = \kappa\frac{A}{l}$$

이때, κ는 전도율(conductivity)이고, S m^{-1} 단위를 갖는다. 몰 전도율(molar conductivity) Λ_m(S $m^2 mol^{-1}$)은 다음과 같이 정의된다.

$$\Lambda_m = \frac{\kappa}{c}$$

이때 c는 첨가된 전해질의 농도(mol/m^3)다. 전형적인 몰 전도율은 10 S $m^2 mol^{-1}$이다.

κ가 전해질의 농도에 정비례한다면, 전해질의 몰 전도율은 농도에 무관할 것이다. 하지만 몰 전도율은 농도에 따라 달라진다. 이온들이 서로 상호작용하면서 이온들의 이동을 느리게 만들기 때문에, 몰 전도율은 농도가 진해지면 조금씩 감소한다. 지극히 묽은 용액의 몰 전도율을 Λ_m°라고 한다면, 강한 전해질의 묽은 용액에서 몰 전도율과 농도 사이에 다음과 같은 관계가 성립된다 (Kohlrausch 법칙).

$$\Lambda_m = \Lambda_m^\circ - K\sqrt{c}$$

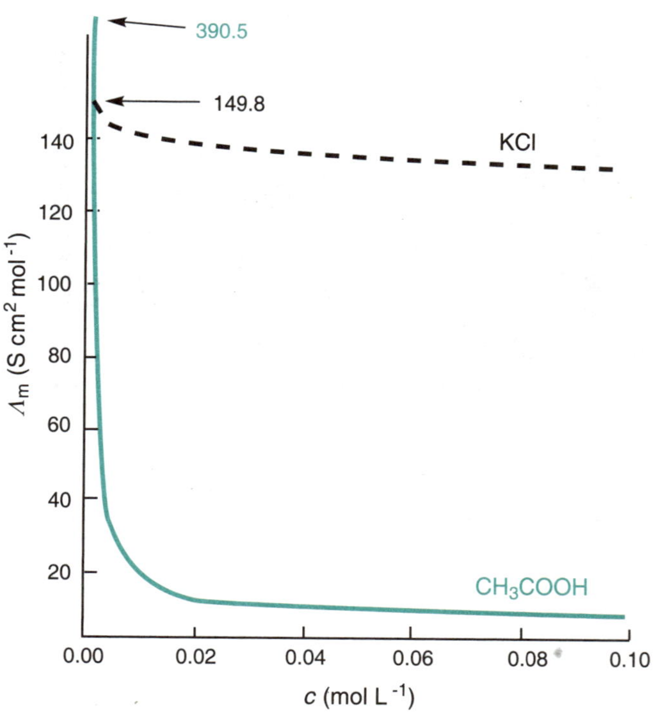

KCl과 CH_3COOH의 몰 전도도 곡선 ▶

K는 전해질에 관련된 상수이고, $\Lambda_m{}^\circ$는 묽은 용액으로부터 얻은 값을 농도 0으로 외삽한 몰 전도율이다. Kohlrausch 법칙에 의하면, 용액에 존재하는 각 이온은 $\Lambda_m{}^\circ$에 다음과 같이 기여한다.

$$\Lambda_m{}^\circ = \nu_+\lambda_+ + \nu_-\lambda_-$$

여기서 ν_+는 화학식에서 양이온 개수고, ν_-는 음이온 개수다. λ_+와 λ_-는 지극히 묽은 용액에서 각각 양이온과 음이온의 몰 전도율이다.

약한 전해질은 완전히 이온화되지 않으므로 이온화 정도(α)를 고려해야 한다. 따라서 다음과 같은 관계식이 성립된다.

$$\Lambda_m = \alpha\Lambda_m{}^\circ$$

전해질 용액의 전도율은 전도율 측정기로 측정된다. 전극의 단면과 전극 사이의 거리가 정해져 있으며, 전위를 바꾸어가면서 전도율이 측정된다. 전극의 보정 작업에 0.01 M KCl 수용액이 사용된다. 문헌에 보고된 0.01 M KCl 수용액의 전도율은 25°C에서 1.413 mS cm^{-1}다.

▶ **관련 실험:** 실험 5

8 제타 전위_Zeta potential

콜로이드 입자의 표면 전위를 직접 측정하는 것이 어렵기 때문에, 표면 전위에 관한 정보를 얻기 위하여 제타 전위(ζ-potential)가 사용된다. 제타 전위는 콜로이드 시스템에서 동전기 전위(electrokinetic potential)다.

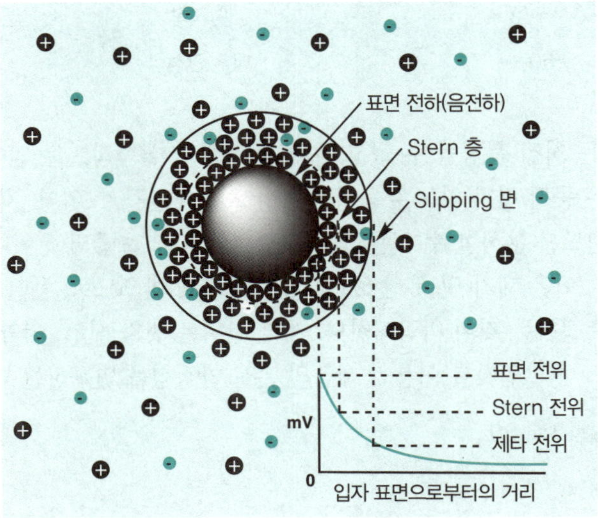

◀ 콜로이드 용액의 전기 이중층

용액에 분산되어 있는 입자는 표면에 존재하는 작용기의 해리와 이온의 흡착에 의해 전기적으로 음 또는 양으로 하전하고 있다. 따라서 입자 주위에는 계면에 존재하는 전하를 상쇄하기 위하여 반대 전하를 갖는 다량의 이온이 존재하며, 같은 전하를 갖는 소량의 이온이 확산되어 분포하고 있으므로, **전기 이중층**(electric double layer)이 형성된다.

이와 같은 전기 이중층은 계면에서 수화 이온의 반지름과 거의 동일한 위치에 존재하는 면(stern plane)에 의해 두 부분으로 나누어진다. Stern 면을 기준으로 하여 내부 영역은 고정 층(stern layer), 외부 영역은 이온 확산 층(diffuse layer)으로 정의된다. 일반적으로 제타 전위는 고정 층과 확산 층의 경계면에 가까운 미끄러운 면(slipping plane)에서의 전위를 나타낸다. 외부 층에는 양이온과 음이온이 각각 균형을 이루고 있다.

외부 전기장이 가해지면, 콜로이드 입자는 표면 전위의 부호와 반대 방향으로 이동하게 되며, 이때 입자의 이동 속도는 외부 전기장의 세기와 유체 역학적 인자(용매의 점도, 유전율 등)들에 의해 영향을 받는다. 이와 같은 영향들이 모두 고려되어 제타 전위가 결정된다.

제타 전위의 절대값이 크면, 입자들 사이의 반발력이 강하기 때문에, 분산된 입자의 안정성이 높아진다. 반면에, 제타 전위가 0에 가까우면, 입자들이 서로 뭉쳐서 응집되려고 한다. 따라서 제타 전위는 콜로이드 입자의 분산 안정성의 척도로서 사용될 수 있다.

Zeta potential(mV)	콜로이드의 안정성
0~±5	빠른 응집, floc 형성
±10~±30	대체로 불안정함
±30~±40	대체로 안정함
±40~±60	안정함
> ±60	매우 안정함

제타 전위는 직접 측정될 수 없고, 이론적 모형과 실험적으로 얻어지는 전기 영동 유동성 또는 동적 전기 영동 유동성을 바탕으로 계산될 수 있다. 최근 콜로이드의 제타 전위와 입도를 분석할 수 있는 상업적 장비들이 잘 보급되어 있다. 제타 전위는 분산매의 온도, 이온 세기 및 특히 pH에 영향을 크게 받으므로, 동일 조건의 분산매를 사용하여 측정하는 것이 바람직하다. 제타 전위는 전자 산업, 의약 제조, 제지 산업 등 콜로이드 나노 입자를 이용한 제품의 분산 안정성을 연구하는 데 응용된다.

▶ 관련 실험: 실험 17, 20

화합물의 성분 분석 3

실험실에서 합성한 물질의 분자식은 다음과 같이 세 단계를 거쳐 결정된다.

1. C, H, N, O, S, Cl 등에 대한 정성 원소 분석(qualitative elemental analysis)
2. 개개 원소의 상대적 개수(백분율 조성)를 정하기 위한 정량 원소 분석(quantitative elemental analysis)
3. 분자 질량(molecular mass) 또는 분자량(molecular weight)의 결정

단계 1과 2의 분석을 통하여 화합물의 **실험식**(empirical formula)을 구할 수 있으며, 단계 3의 결과로부터 **분자식**(molecular formula)을 결정할 수 있다.

1 원소 분석

C, H, N, O, S의 함량은 원소 분석기로 측정되며, 얻어진 결과는 각 원소의 질량 백분율(%)로 표시된다. 화합물이 금속을 함유한 경우, 실험 조건(1,200°C)에서 금속과 함께 음이온이 잔류(예를 들어 산화물로)하므로 열분석 등 추가적인 분석이 수행되어야 한다.

2 금속 이온의 분석

실험실에서는 화합물에 존재하는 금속 이온의 양을 무게 분석법이나 적정법을 이용하여 분석하지만, 실제적으로는 금속 이온의 양은 주로 **원자 흡수 분광법**(atomic absorption spectroscopy, AAS)이나 **유도 결합 플라즈마-원자 방출 분광법**(inductively coupled plasma-atomic emission spectroscopy, ICP−AES)으로 측정된다. 최근에는, 사용하기 불편한 AAS보다 ICP−AES가 선호되고 있다. 일반적으로 시료를 1.0 M HNO_3 또는 HCl 수용액에 용해시켜 분석하며, 시험 결과는 용액의 ppm 농도로 제공된다.

3 고체 시료의 비파괴 분석

반도체, 문화재, 지질 자원 등 비파괴 분석이 필요한 경우, **X-선 형광 분광법**(X-ray fluorescence spectroscopy, XRF)을 이용할 수 있다.

분광법

4

1 질량 분석법_Mass spectroscopy

질량 분석의 기본 원리는 Thomson이 규명한 전자의 질량 대 전하 비율(m/z) 측정 연구와 Wien의 양극선(anode ray)의 자기적 편향 연구를 기반으로 하고 있다. 가장 간단한 질량 분석기는 시료 주입구, 이온 공급원, 질량 분석부, 검출기, 데이터 시스템 등 5개의 구성 요소를 가지고 있다. 데이터 시스템으로부터 나오는 출력이 질량 스펙트럼(mass spectrum)이며, 이것은 질량 대 전하 비율을 가로축으로, 검출된 이온의 수(피크 세기)를 세로축으로 그린 그래프다.

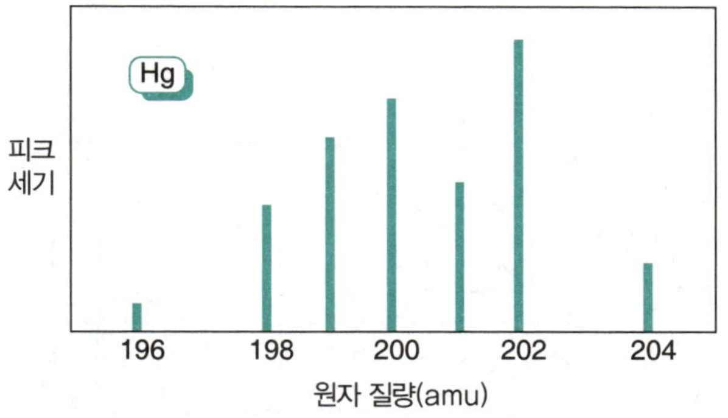

◀ Hg 원소의 질량 스펙트럼

질량 분석법은 다음과 같은 다양한 분야에 쓰이고 있다.

- 정밀 질량 결정, 동위원소 비율 데이터, 구조 분석과 조각 나기 방식 등의 자료로부터 분자량 및 분자식 결정
- 단백질, oligonucleotide, 다당류 등의 검정(assay)과 서열 분석(sequencing)
- 약물의 구조 분석 및 약물 대사
- 환경 모니터링
- 운동 선수의 도핑 테스트
- 전쟁 중 살포된 화학 약품의 검출
- 지질 자원의 탐사

2 적외선 분광법/라만 분광법_IR & Raman spectroscopy

분자가 적외선을 흡수하면, 분자의 진동 에너지가 더 높은 상태로 들뜨게 되고, 이 과정 역시 양자화된 과정이다. 분자는 특정한 진동수(에너지)의 적외선만 흡수한다. 적외선 흡수는 8~40 kJ/mol만큼의 에너지 변화량에 해당한다. 이 에너지 영역에서의 복사선은 대부분의 공유-결합 분자의 결합 신축(stretching) 및 굽힘(bending) 진동수의 영역에 해당한다. 흡수 과정에서 적외선 진동수는 분자의 고유 진동 진동수와 일치할 때 흡수되고, 흡수된 에너지가 그 분자 내 결합의 진동 운동의 진폭(amplitude)을 증가시킨다. 시간의 함수로 쌍극자 모멘트(dipole moment)의 변화가 있는 결합들만이 **적외선-활성**이고, 전자 밀도의 변화가 있는 결합들만이 **라만-활성**이다.

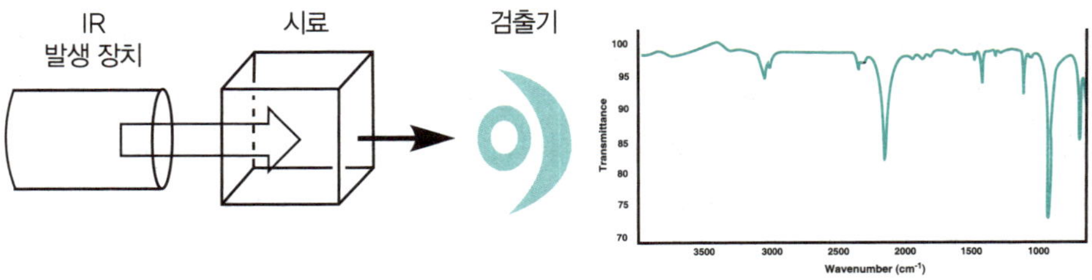

IR 분광기 모식도와 IR 스펙트럼 ▶

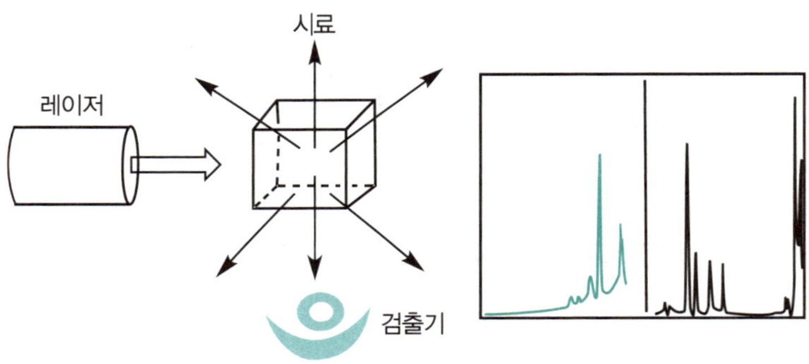

Raman 분광기 모식도와 Raman 스펙트럼 ▶

특정한 화학 결합이 흡수하는 복사선의 진동수는 고유하다. 하지만 특정한 화학 결합이 서로 다른 화합물에 존재할 때, 각 화합물에서 약간 다른 환경에 처해 있다. 따라서 특정한 화학 결합이 두 화합물의 적외선 스펙트럼에서 동일한 패턴(피크의 세기, 위치, 모양 등등)을 나타내지는 않는다. 그러므로 지문이 사람에 대하여 쓰이는 것처럼, 적외선 스펙트럼은 분자에 대하여 쓰일 수 있다. 같아 보이는 두 물질의 적외선 스펙트럼을 비교하면, 그것들이 정말로 같은지 아닌지 판단할 수 있다. 만일 두 물질의 적외선 스펙트럼의 띠들이 완전히 일치하면, 대체로 두 물질은 같은 것이다.

적외선 스펙트럼의 두 번째로 중요한 용도는 분자의 구조적 정보를 얻는 것이다. 각 형태의 결합(N—H, C—H, O—H, C—X, C=O, C—O, C—C, C=C, C≡C, C≡N 등)의 흡수는 적외선 영역의 어떤 좁은 영역에서만 고유하게 나타난다.

금속의 트라이카보닐(metal tricarbonyl) 화합물 $[M(CO)_3L_3]$의 가능한 두 이성질체는 다른 진동 방식들을 갖고 있기 때문에, 이것들의 IR 스펙트럼 패턴이 다르다. 즉, C_{3v} 점군을 갖는 *facial*-이성질체는 IR-활성 진동 2개를 갖고 있고, C_{2v} 점군을 갖는 *meridional*-이성질체는 IR-활성 진동 3개를 갖고 있다. 따라서 IR 스펙트럼으로 두 이성질체를 구별할 수 있다.

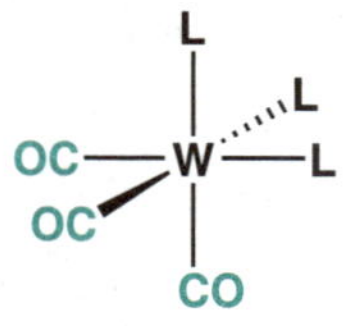

facial-이성질체

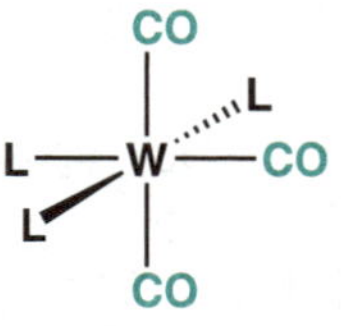

meridional-이성질체

▶ **관련 실험:** 실험 3, 4, 7~14, 16, 21, 22, 24, 26~28

3 UV/vis 분광법_UV/vis spetroscopy

연속적인 복사선이 투명한 물질을 통과할 때, 복사선의 일부가 흡수된다. 에너지 흡수는 원자나 분자의 낮은 에너지 상태(초기 또는 바닥 상태, ground state)를 높은 에너지 상태(들뜬 상태, excited state)로 들뜨게 한다. 흡수된 전자기 복사선은 들뜬 상태와 바닥 상태 사이의 에너지 차이와 동일한 에너지를 가지고 있다. 자외선과 가시광선 분광법의 경우에, 이 영역에서 전자기 복사선의 흡수로 일어나는 전이는 전자-에너지 준위(electronic energy level)들 사이의 전이이다. 다시 말하면, 화학종의 전자 배치가 바뀌게 된다.

전이 금속의 *d*–*d* 전이

결정장 이론(crystal field theory; CFT)은 전이-금속 착화합물의 성질을 이해하는 데 대단히 유용하다. $[Ti(H_2O)_6]^{3+}$ (d^1: $t_{2g}{}^1e_g{}^0$ 전자 배열) 착이온의 경우, H_2O 리간드가 Ti^{3+} 이온과 팔면체 착화합물을 형성하면, 동일-에너지 *d* 궤도함수(기체 상태의 자유 이온 *d* 궤도함수) 5개가 t_{2g}와 e_g 두 그룹으로 갈라진다. 적당한 파장의 빛과 착화합물이 상호작용을 하면, $t_{2g}{}^1e_g{}^0 \rightarrow t_{2g}{}^0e_g{}^1$ 전자 들뜸이 일어난다. 실험으로부터 팔면체장에서 d^1 시스템의 **결정장-갈라짐 에너지**(crystal field splitting energy, Δ_o)를 계산할 수 있다.

전이 형태	ε_{max} 값의 전형적인 범위 ($dm^3\ mol^{-1}cm^{-1}$)	화합물의 예
스핀-금지 *d*–*d*	< 1	$[Mn(H_2O)_6]^{2+}$(고스핀 d^5)
Laporte-금지, 스핀-허용 *d*–*d*	1~10	$[Ti(H_2O)_6]^{3+}$ 같은 반전성 착물
	10~1,000	$[NiCl_4]^{2-}$ 같은 비반전성 착물
전하 이동(완전 허용)	1,000~50,000	$[MnO_4]^-$

나노 입자의 표면 플라즈몬

나노 입자는 분자 하나와 벌크의 중간 성질을 갖고 있으며, 입자 크기가 바뀌면 그 성질도 바뀐다. 나노 입자의 밝은 색깔은 입자의 표면 전자가 빛과 상호작용하여 진동하는 것으로 설명될 수 있다. Mie와 Drude 식에 따르면, 나노 입자의 모양이나 크기가 커지면, **표면 플라즈몬**(surface plasmon)의 흡수 파장이 길어진다. 또 나노 입자의 모양이나 매질의 굴절률도 흡수 파장에 영향을 끼친다. 표면 플라즈몬 흡수 띠는 나노 입자들 사이의 거리에도 관련되어 있다. 나노 입자들이 모여 있으면, 입자–입자 상호작용으로 각각의 진동의 합이 되는 진동을 하게 되고, 흡수 띠의 위치가 바뀌게 된다.

유기 물질의 짝지음(conjugation) 시스템

분자가 에너지를 흡수하면, 전자는 점유 궤도함수에서 더 높은 위치 에너지를 갖는 비점유 궤도함수로 올라간다. 일반적으로, 가장 일어나기 쉬운 전이는 **최고-점유 분자 궤도함수**(highest occupied molecular orbital; HOMO)에서 **최저-비점유 분자 궤도함수**(lowest unoccupied molecular orbital: LUMO)로의 전이다. 대부분의 분자에서 전자 준위들 사이의 에너지 차이는 125~650 kJ/mol이다. 또한 대부분의 화합물에서 최저-에너지 점유 분자 궤도함수는 σ 결합에 해당한다. π 궤도함수는 σ 궤도함수보다 다소 높은 에너지 준위에 있으며, 비공유 전자쌍을 갖는 비결합성 궤도함수(nonbonding orbitals, n)는 이보다 더 높은 에너지를 갖는다. 비점유 또는 반결합성 궤도함수(antibonding orbitals)는, 즉, π^*와 σ^* 궤도함수는, 가장 높은 에너지의 궤도함수들이다. 바닥 상태 HOMO로부터 LUMO로의 전이에 필요한 에너지는 더 낮은 점유 분자 궤도함수로부터의 전이에 필요한 에너지보다 작다. $n \rightarrow \pi^*$ 전이는 $\pi \rightarrow \pi^*$ 전이보다 더 작은 에너지를 갖는다. 여러 가지 이유로 인하여 최저 에너지 전이가 가장 중요하다.

언뜻 보기에 가능할 것 같은 전이가 반드시 관찰되는 것은 아니다. 연구자가 스펙트럼을 해석할 때, 일정한 제한 즉 **선택 규칙**(selection rule)을 고려해야만 한다. 한 가지 중요한 선택 규칙은 전이 과정에서 전자의 스핀 양자수(spin quantum number)가 바뀌는 전이는 허용되지 않는다는 것이다. 이것을 **금지 전이**(forbidden transition)라고 한다. 한 번에 들뜰 수 있는 전자의 개수, 분자나 전자 상태의 대칭성, 그리고 다른 요인에 의한 선택 규칙에 대해서 여기에서는 논의되지 않는다. 금지 전이는 실제로 잘 관찰되지 않는다. 하지만 이론은 다소 근사적이기 때문에, 비록 선택 규칙에 의해 허용되는 전이보다 흡수 세기는 훨씬 더 낮은 경향은 있지만, 어떤 경우에는 금지 전이가 관찰되기도 한다. $n \rightarrow \pi^*$ 전이는 가장 일반적인 형태의 금지 전이이다.

정량 분석

분광 분석법은 화합물이 흡수 또는 방출하는 전자기 복사선(빛)의 흡수 또는 방출 세기를 측정하여 화합물의 농도를 알아내는 방법이다. Beer-Lambert 법칙은 단일 화학종(single species)의 흡수에 대해서 잘 적용된다.

주어진 파장에서 $$A = \log(\frac{I_0}{I}) = \varepsilon cl$$

A = 흡광도(absorbance)
I_0 = 시료에 들어가는 빛의 세기
I = 시료로부터 나오는 빛의 세기
c = 용질의 몰 농도
l = 시료 용기의 길이(cm)
ε = 몰 흡광 계수(molar absorptivity)

여기서 A는 흡광도, ε은 몰 흡광 계수, l은 투과 거리, c는 몰 농도다. 따라서 시료의 몰 흡광 계수와 투과 거리를 알고 있다면, 시료 용액의 흡광도를 측정하여 용액 속에 빛을 흡수하는 물질의 농도를 얻을 수 있다.

몰 흡광 계수가 모든 물질에 알려져 있는 것이 아니기 때문에, 정량 분석을 하기 위해서는 몇 개의 표준 용액으로부터 검정 곡선을 얻어야 한다. 몇 개의 표준 용액의 흡광도를 측정한 후, 세로축에 흡광도, 가로축에 용액의 농도를 나타내는 그래프를 도시한 후, 최소 제곱법으로 농도와 흡광도 사이의 선형 관계식을 얻는다. 전자계산기를 이용하여 최소 제곱법을 계산하여 기울기와 y-축 절편을 얻을 수 없다면, Origin, Sigma Plot 등 도시 프로그램을 이용하면 된다. 분광 광도계를 이용하여 미지의 시료의 흡광도를 측정한 후, 흡광도 값을 선형 관계식에 대입하면, 미지 시료의 농도를 계산할 수 있다.

▶ **관련 실험:** 실험 3~10, 12, 17, 19, 22, 23, 26, 30

4 핵자기 공명 분광법_Nuclear magnetic resonance, NMR

핵자기 공명은 원자핵의 자기적 특성에 기반을 둔 물리적 현상이다. NMR은 자기적으로 구별되는 원자의 개수에 대한 정보를 제공해 준다. 예를 들어 양성자(proton,

수소 원자핵)에 대한 연구를 할 때, 특정 양성자의 개수를 구할 수 있을 뿐만 아니라, 각 양성자의 환경 특성에 대한 정보도 얻을 수 있다. 탄소 핵의 경우에도 유사한 정보를 얻을 수 있다. 핵 스핀(nuclear spin)의 상태에 따라 핵 스핀 상태의 점유 밀도와 핵자기 모멘트가 다르므로, 그 에너지 차이에 해당하는 에너지가 흡수(공명)되어 **화학적 이동 값**(chemical shift)으로 나타난다. ^{1}H 스펙트럼의 경우, 피크 적분 값들의 정량적인 비교가 가능하다. 주변 환경에 의한 관심 양성자들의 화학적 환경 차이로 가림(shielding) 상태가 차이가 나므로, 양성자들이 다른 화학적 이동 값들을 나타낸다. 자기적 비등방성, 스핀-스핀 갈라짐, 짝지음 상수 등을 비교하여 분석 물질의 미세 구조를 규명할 수 있다. IR과 NMR 자료를 종합하면, 미지 물질의 구조를 거의 완벽하게 규명할 수 있다. NMR이 분석할 수 있는 핵종은 주로 ^{1}H, ^{13}C, ^{19}F, ^{27}Al, ^{29}Si, ^{31}P 등이다.

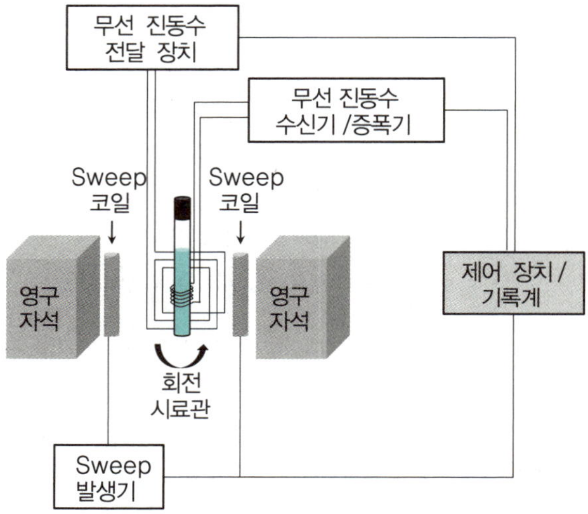

NMR 분광기의 모식도 ▶

용액 상태 NMR

일반적으로, NMR 분석은 중수소-치환된 용매에 물질을 녹여서 수행된다. 지름이 5 mm인 NMR 튜브가 주로 사용된다.

다차원 NMR

관심 있는 핵과 주변(골격 및 치환기)과의 상관관계를 이용하여 다차원 기법인 COSY 기법, HETCOR 기법, NOESY 기법, DEPT 기법 등의 실험으로 분자의 미세 구조를 규명할 수 있다.

고체 상태 NMR

시료가 고체인 경우, MAS(magic angle spinning, 요술 각 회전) NMR 기법으로 곱게 분쇄된 시료의 NMR 스펙트럼을 찍을 수 있다. 4 mm 또는 7 mm 지르코니아 튜브가 주로 사용된다. 규산염, 알루미노 실리케이트, 제올라이트, 점토 등의 연구에서 관심 핵종 주변의 화학적 환경 규명에 이 기법이 흔히 사용된다.

응용 분야

일반적으로, NMR 분광학은 화합물의 구조 규명을 하기 위한 강력한 도구다. 따라서 이 분석 방법은 배위 화합물의 구조 규명, 유기금속 화합물의 금속-리간드 결합, 생체 내 단백질의 구조와 기능, 생체 내 단백질의 반응 자리와 물질의 상호작용, 양성자-자리 이동(tautomerism), 양성자-교환 반응 등등의 분자 동역학적 분석, 약물의 검사, 신진대사 분석, 흡수 화학종의 정량 분석 등에 매우 유용하다.

무기 화합물의 특성 규명에서 NMR 분석의 한계

대부분의 상자기성 무기 화합물의 NMR 스펙트럼에서는, 금속의 전자 스핀이 리간드에 기인한 피크들의 화학적 이동 값을 낮은 장이나 높은 장 쪽으로 이동시키고 핵의 이완 시간을 줄여주기 때문에, 흔히 넓은-폭 피크들이 나타난다. 따라서 상자기성 무기 화합물의 NMR 분석은 매우 어렵다.

▶ **관련 실험:** 실험 4, 9, 12, 14, 21～23, 27

X-ray 방법

5

1 분말 XRD_Powder X-ray diffraction, PXRD

PXRD의 원리

결정 내에서 원자들이 쌓여 결정면을 형성한다. 결정면은 Miller 지수(hkl)에 의해 표현된다. 입사된 X-선은 각 면에 대한 회절에 의하여 보강 간섭과 상쇄 간섭을 한다. 면들 사이의 거리는 Bragg 식에 의해 결정된다.

$$2d\sin\theta = n\lambda$$

이때, d는 면과 면 사이의 거리, θ는 입사각, λ는 X-선의 파장, n은 자연수다.

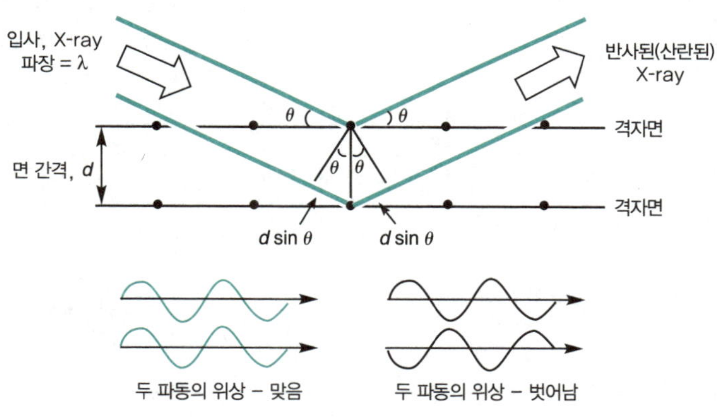

◀ 결정면들과 Bragg 식 사이의 관계

응용 분야

상(phase)의 확인: PXRD 패턴을 얻은 후, JCPDS card를 이용하거나, Rigaku 회사가 제공하는 'Search & Match' 프로그램을 이용하여 제조된 분말 또는 박막의 상을 규명할 수 있다. 특히, 시료가 단일 상을 갖고 있는지 또는 혼합 상을 갖고 있는지 알아낼 수 있다.

Vegard 법칙: 이 법칙에 의하면, 결정 구조의 변화 없이 형성된 고체 용액(solid solution)에서 격자 상수들(a, b, c)은 치환된 특정 원소의 몰 분율에 일차함수로 비례한다. 즉, 결정 격자의 변화 없이 작은 이온이 큰 이온을 치환한다면, 격자 상수들이 줄어든다. 따라서 이 법칙이 만족되는 범위에서, 고체 용액의 격자 상수로부터 화합물의 조성을 추산할 수 있다.

Scherrer 공식: 이 공식을 이용하여 PXRD 스펙트럼의 피크 모양으로부터 특정한 면 방향의 두께를 측정할 수 있다.

$$t = \frac{K\lambda}{B\cos\theta_B}$$

여기서 t는 결정의 두께, K는 결정 모양에 따른 상수(일반적으로 0.89), λ는 X-선의 파장, B는 피크 세기가 $\frac{1}{2}$인 곳에서의 피크 너비, θ_B는 Bragg 각이다. 일반적으로 λ는 1.54178 Å 이고, B는 라디안 단위로 사용된다.

▶ **관련 실험:** 실험 13~16, 19, 28

2 X-ray 광전자 분광법_X-Ray photoelectron spectroscopy, XPS

XPS와 **Auger 전자 분광법**(Auger electron spectroscopy, AES)은 시료에 1차 X-선을 쪼여준 후, 방출되는 내부 전자(core electron)의 운동 에너지(kinetic energy)를 측정하여 **내부 전자의 결합 에너지**(binding energy, E_B)를 측정하는 장치다. XPS의 경우, 대개 Al-Kα 또는 Mg-Kα의 1차 X-선 광자의 에너지를 분석하여 내부 전자의 결합 에너지 값을 얻을 수 있다.

$$E_B = h\nu - E_K - W$$

여기서 $h\nu$는 1차 X-선의 광자 에너지, E_B는 결합 에너지, E_K는 운동 에너지, W는 분광기의 일 함수다.

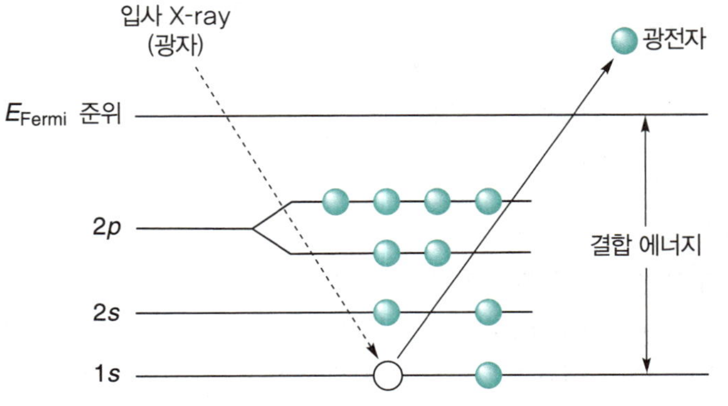

X-ray 광전자 분광기의 모식도 ▶

XPS는 고분자 표면, 촉매, 부식, 부착, 반도체, 유전체, 자성체, 박막 연구에 매우 중요한 분석 도구다.

▶ **관련 실험:** 실험 20

열 분석법

6

열 분석법은 온도 프로그램에 따라 물질의 온도를 바꾸면서 물질의 물리적 성질을 온도 또는 시간의 함수로 측정하는 방법이다. 일반적으로, 열 분석법은 중합체의 유리 전이 온도(T_g), 물질의 녹음, 고체 물질의 상 전이, 열분해, 열화학 반응 등에 수반되는 발열과 흡열 과정의 열적 거동을 온도 변화량 및 열 변화량으로 측정한다.

1 시차 주사 열량법_Differential scanning calorimetry, DSC

DSC 방법은 시료와 기준 물질의 온도를 일정한 속도로 변화시키면서 둘 사이의 온도 차이를 0으로 유지하기 위하여 필요한 에너지(enthalpy) 양을 측정한다. 시료 변성 시, 피크의 넓이 변화량을 이용하여 시료의 열에 대한 엔탈피 변화량 등에 대한 변수들을 정량적으로 측정할 수 있다. 이 열량법으로 비열, 녹는점, 증발열, 용해열, 용융열, 유리 전이 온도, 결정화열, 중합/산화/연소 반응열, 분해열, 흡착/탈착열, 활성화 에너지와 같은 다양한 물리적 성질을 측정할 수 있다.

2 열무게 분석법_Thermogravimetric analysis, TGA

TGA 방법은 특정한 무게의 시료를 일정한 속도로 가열하면서 시료의 무게를 연속적으로 측정한다. 그 결과로 나오는 감량 곡선을 이용하여 여러 종류의 정보를 얻을 수 있다. 질량-감소 곡선을 도함수(dTG)로 도시하면, 감량 위치를 알 수 있다. TGA 분석법으로 물질의 열분해 과정, 고체-상태 반응의 질량 변화량, 액체의 기화열 또는 고체의 승화열, 시료 중의 수분 또는 휘발성 유기물 함량, 탈수/흡수의 측정, 열에 의한 반응 속도, 여러-성분 시료의 조성 분석 및 분해 과정 등을 연구할 수 있다.

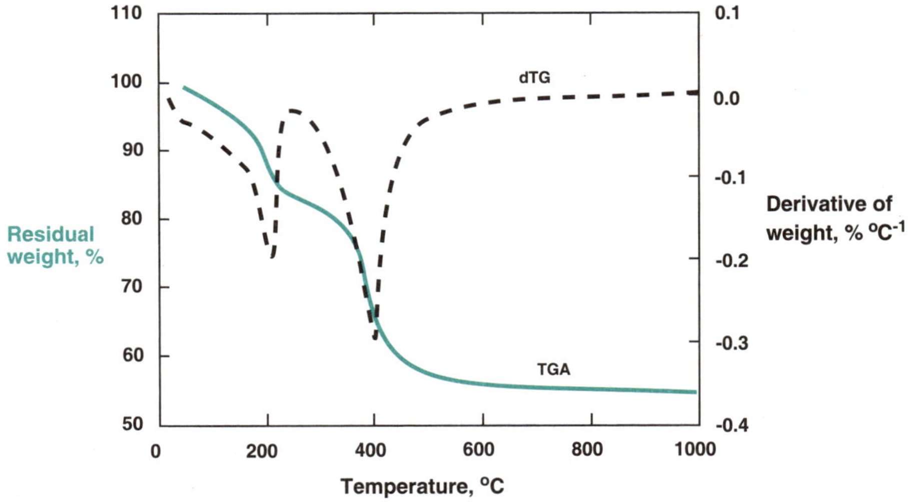

$MgAlCO_3$ LDH의 열 무게 분석 도표 ▶

3 시차열 분석법_Differential thermal analysis, DTA

시료와 기준 물질과의 열 거동 차이에 의한 온도차를 시간 또는 온도에 대하여 기록하는 방법으로 유기 화합물의 녹는점, 끓는점 및 분해 온도, 세라믹 분해 온도, 상전이, 녹는점과 결정화 온도, 열적 안정성 연구에 응용할 수 있다.

▶ **관련 실험:** 실험 13, 14, 27, 28

현미경(Microscope)

7

단결정 X-선 회절 방법으로 많은 무기 화합물의 구조가 밝혀졌다. 이 방법은 격자 내 원자들의 위치를 결정하여, 결합 길이, 결합각, 수소 결합을 비롯한 분자들 사이의 인력, 거울상 이성질체의 절대 구조 등등을 밝혀낸다. 최근 들어 나노 입자에 대한 연구가 시작되면서 입자의 형태(morphology) 분석이 중요한 현안이 되었다. 입자의 형태를 알아내기 위해서 다양한 종류의 현미경(microscope)이 사용되는데, 실험실에서 일반적으로 사용되는 현미경은 광학 현미경, 주사 전자 현미경, 투과 전자 현미경, 원자 힘 현미경 등이다.

1 광학 현미경_Optical microscope

네덜란드의 Jassen이 렌즈 두 개로 구성된 망원경 모양의 복합 현미경을 세계 최초로 발명한 이래로, 명시야 현미경, 암시야 현미경, 위상차 현미경, 간섭 현미경, 편광 현미경, 형광 현미경, 금속 현미경 등 다양한 종류의 광학 현미경이 개발되었다.

◀ 형광 물질 도포 실리카 비드의 패턴에 대한 간섭 현미경 이미지(왼쪽)와 형광 현미경 이미지(오른쪽)

2 주사 전자 현미경_Scanning electron microscope, SEM

SEM은 시료 표면에 미세 전자빔을 주사시켜 2차 전자를 발생하게 하여 입체감 있는 시료의 표면 형태에 대한 이미지를 얻는 장치다. 이러한 표면 상태를 관찰하여 입자의 형태, 조직의 치밀성 등을 평가할 수 있다. 또한 SEM에 에너지 분산 분광기(energy dispersive spectrometer, EDS)를 장착하여 표면의 구성 원소를 분석할 수 있다.

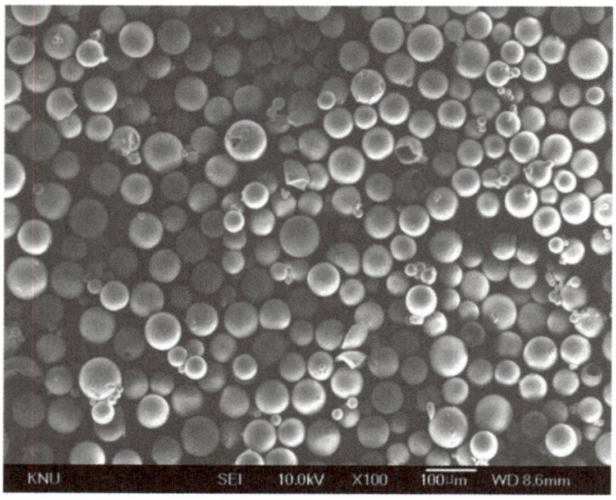

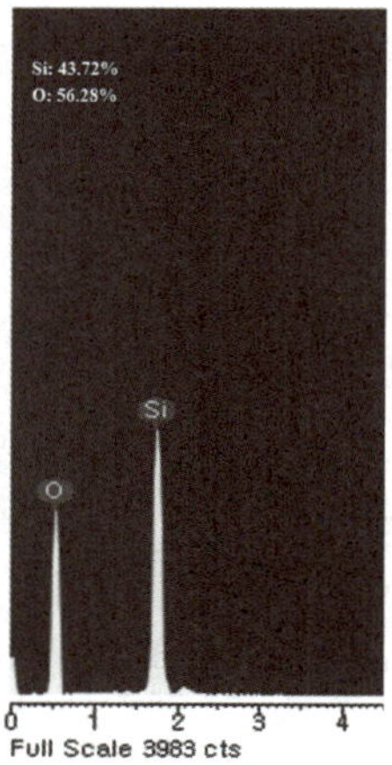

실리카 비드의 SEM 이미지(왼쪽)와 EDS 조성 분석 결과(오른쪽) ▶

3 투과 전자 현미경_Transmission electron microscope, TEM

TEM은 광원으로 빛 대신 가속 전자살(electron beam)을 시편에 투과시켜 물질의 형태에 대한 상을 얻는 장치다. 관찰하고자 하는 시료에 가속 전자를 투과시키면, 결정면이나 결함 등의 정도에 따라 투과할 수 있는 전자빔의 세기 차이가 발생하게 된다. 이때 투과된 빔 세기 차이에 의해 형광 스크린에 명암으로 나타난 이미지를 얻을 수 있다. 명시야, 암시야, 고분해능 영상법이 있다. 또한 결정 구조 및 상 분석을 위한 회절 분석법에는 제한 시야 회절법, 수렴성 빔 전자 회절법, Kikuchi 회절법 등이 있다. 화학 조성 분석을 위한 분광 분석법에는 특성 X-선 에너지 분산 분광법, 전자 에너지 손실 분광법 등이 있다.

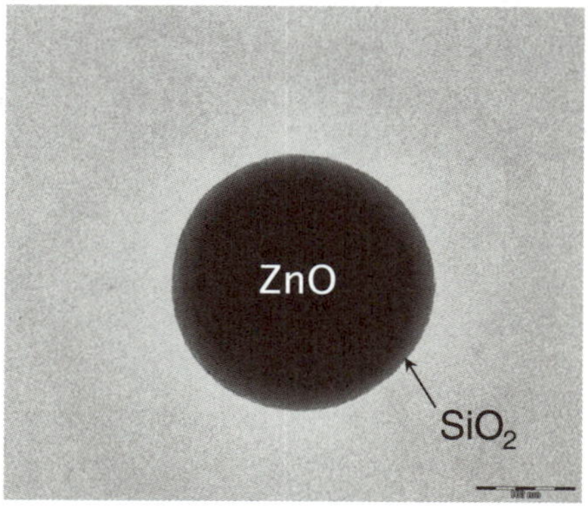

캡슐화된 복합 재료의 TEM 이미지 ▶

4 원자 힘 현미경_Atomic force microscope, AFM

AFM은 재료 표면을 캔티레버로 주사하여, 캔티레버에 붙어있는 탐침 말단의 원자와 시료 표면의 원자 사이의 상호작용(인력과 척력)을 측정하여, 표면 영상을 만들어낸다. 따라서 원자 단위 수준으로 구조를 파악할 수 있다. AFM은 반도체 부품, 전기 전자 부품, 광학 부품, 자동차 부품의 미세 표면 조도 관찰과 금속, 신소재, 세라믹, 펄프, 박막, 고분자 재료의 표면 특성을 관찰하는 데 이용된다.

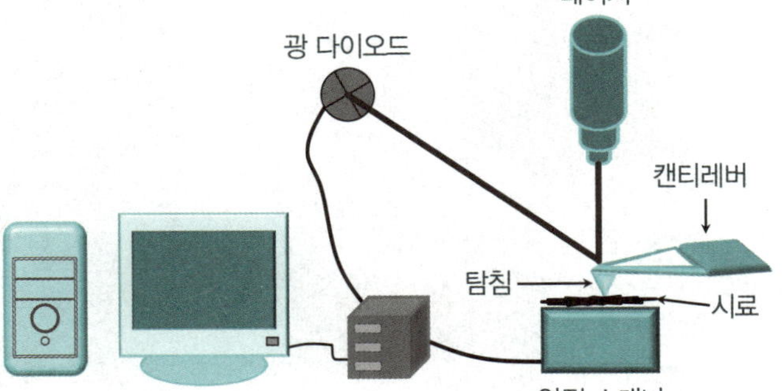

◀ AFM 분광기의 모식도

▶ **관련 실험:** 실험 13, 15, 28

제2부

실험편

1. 이온-결합성 화합물
2. 배위 화학
3. 고체 화학
4. 나노 화학
5. 유기금속 화학
6. 생무기 화학
7. 무기 고분자/세라믹
8. 무기 화합물에서 금속 이온의 정량 분석

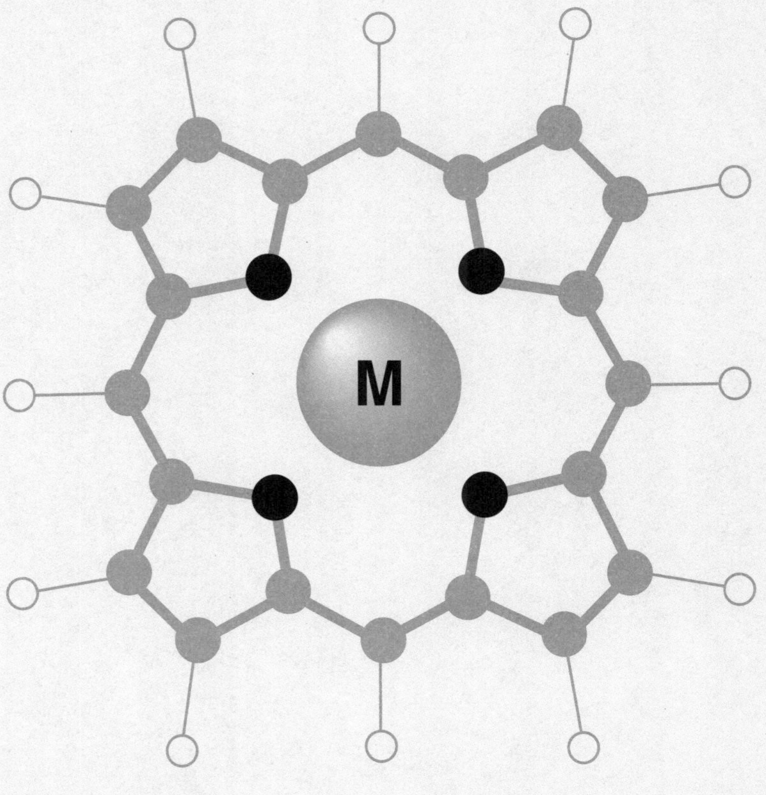

이온-결합성 화합물

☑ **실험 1.** 이온-결합성 화합물의 재결정

☑ **실험 2.** 복염 ammonium nickel(II) sulfate와 ammonium cobalt(II) sulfate의 합성

실험 1

이온-결합성 화합물의 재결정

이 실험의 핵심은 화학 실험의 기초가 되는 정제법을 다루기 위하여 이온-결합성 화합물의 온도에 따른 용해도의 차이를 이용하여 재결정을 하는 것이다. 무기 화합물의 경우, 단결정으로부터 결정 구조를 규명하는 경우가 무수히 많다. 학생들은 이 실험을 통하여 화합물을 합성하고 단결정을 성장시키는 기법을 익혀서 자신들의 실험 역량을 높일 수 있을 것으로 기대된다.

1 들어가며

물질의 **용해도**(solubility)는 특정 온도에서 주어진 용매 100 g 중에 녹는 용질의 최대량(g)이며, 온도에 따라 달라진다. 온도의 함수로 용해도를 그래프로 표시한 것이 **용해도 곡선**(solubility curve)이다. 화학자들은 관용적으로 물질의 용해성을 가용성(soluble), 난용성(slightly soluble), 불용성(insoluble)으로 분류한다.

아래에 나타낸 표는 이온-결합성 화합물의 용해도 지침이다.

이온-결합성 화합물의 용해도 지침

가용성 화합물	불용성 화합물
• 1족 원소의 화합물 • 암모늄(NH_4^+) 화합물 • Ag^+, Hg_2^{2+}, Pb^{2+}를 제외한 이온의 염화물(Cl^-), 브로민화물(Br^-), 아이오딘화물(I^-) • 질산염(NO_3^-), 아세트산염(CH_3COO^-), 염소산염(ClO_3^-), 과염소산염(ClO_4^-) • Ca^{2+}, Sr^{2+}, Ba^{2+}, Pb^{2+}, Hg_2^{2+}, Ag^+을 제외한 황산염(SO_4^{2-})	• 1족 원소와 암모늄 이온(NH_4^+)을 제외한 탄산염(CO_3^{2-}), 크로뮴산염(CrO_4^{2-}), 옥살산염($C_2O_4^{2-}$), 인산염(PO_4^{3-}) • 1, 2족 원소와 암모늄 이온(NH_4^+)을 제외한 황화염(S^{2-}) • 1, 2족 원소를 제외한 수산화물(OH^-), 산화물(O^{2-})
• $PbCl_2$는 난용성 염이다. • Ag_2SO_4는 난용성 염이다. • $Mg(OH)_2$는 난용성 염이다.	

혼합물에서 순수한 물질을 분리해 내는 것은 화학 실험의 중요한 부분을 차지한다. **재결정**(recrystallization)은 고체 물질의 특정 용매에 대한 용해도가 온도에 의존하는 점을 이용하는 정제 방법이다. 용해도는 용매 100 g에 녹는 용질의 g 수로 표시되는데, 화합물의 용해도는 용매의 정체성과 용매의 온도에 따라 달라진다. 일반적으로, 화합물이 용매에 녹는 용해 과정은 흡열 과정이기 때문에, 온도가 높을수록 물질의 용해도가 증가하지만, 이와 반대 경향이 나타나는 경우도 있다. 예를 들면, 아세트산 소듐(CH_3COONa)이 물에 용해되는 과정은 발열 과정이기 때문에, 이 화합물의 용해도는 온도가 높아질수록 감소한다. **포화 용액**(saturated solution)은 주어진 온도에서 어떤 물질을 용매에 더 이상 녹지 않을 때까지 녹인 용액이다. 다시 말하면, 용해되지 않은 용질과 평형을 이루고 있는 용액이 포화 용액이며, 특정한 온

도와 주어진 양의 용매에서 포화 용액을 형성하는 데 필요한 물질의 양이 그 물질의 용해도다.

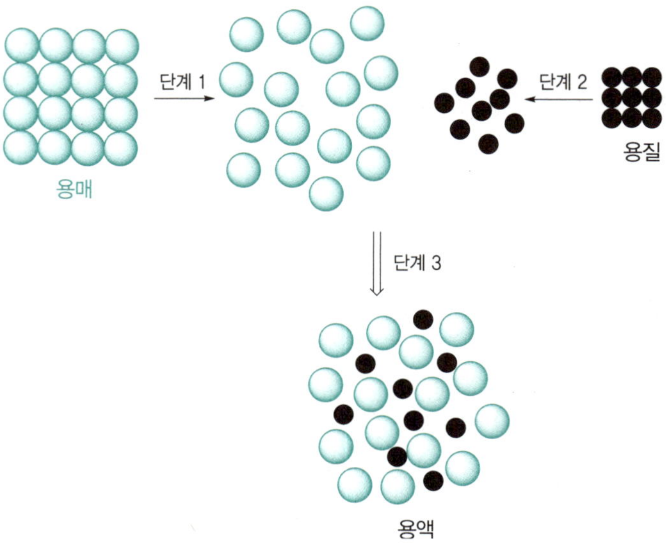

용질과 용매로부터 용액 형성 과정

일반적으로 고체의 용해도는 고온에서 높고 저온에서 낮다. 따라서 고체를 고온에서 녹여서 포화 용액을 만든 후, 이 용액을 냉각하면 결정들을 형성시킬 수 있다. 이런 과정을 거치면, 고체에 함유되어 있는 미량의 불순물(impurities)을 제거할 수 있다. 이러한 과정이 재결정이며, 재결정 과정에서 원래 고체에 함유되어 있던 불순물은 용액 중에 용해된 채로 남기 때문에 순수한 결정을 얻을 수 있다. 불순물의 양이 많은 경우에는, 한 번의 재결정으로 순수한 물질을 얻을 수 없으므로 재결정을 여러 번 반복하여 불순물의 양을 서서히 줄여나가야 한다.

재결정법에 사용되는 용매를 선택하는 방법

1. 시료 중에 포함되어 있는 불순물과 시료 자체가 용매에 완전히 녹아야 한다. 녹지 않는 물질들은 여과를 통하여 간단히 제거될 수 있다.
2. 시료를 녹일 때, 용매를 과량으로 사용하지 않는 것이 좋다. 다시 말하면, 포화 용액을 만드는 것이 좋다. 과량의 용매를 사용하면, 결정이 생성되지 않거나 동일한 과정을 반복하여 회수율을 높여야 하기 때문에, 시간적으로나 경제적으로 손실이 따른다.
3. 정제하고자 하는 물질은 이상적으로 뜨거운 용매에서는 가용성이고 차가운 용매에서는 다소 불용성인 반면, 불순물은 차가운 용매 속에서도 적절한 용해도를 가져야 한다.

재결정법 7단계 과정

1. 용매를 선택한다.
2. 선택한 용매에 용질을 녹여 포화 용액을 만든다.
3. 만약 용액이 불필요한 색을 띤다면, 활성탄 등으로 탈색한다.
4. 만약 용매에 녹지 않는 고체가 있다면, 여과하여 분리한다.
5. 용질을 결정화한다.
6. 결정을 모으고 세척한다.
7. 결정을 건조한다.

용해도가 온도에 따라 크게 변하지 않는 고체 물질인 경우, 물질의 진한 용액을 냉각시켜 재결정할 수 없다. 이 경우에는, 물질을 소량의 용매에 녹인 후, 그 결과 용액을 증발시켜 용액의 농도를 높이면(즉, 과포화 용액을 만들면), 결정들을 석출시킬 수 있다.

일반적으로, 수용액으로부터 제법 큰 단결정(single crystal)을 성장시키기 위하여 두 가지 방법이 사용된다. (1) 포화 용액을 서서히 냉각시켜 적절한 과포화 용액(supersaturated solution)으로 만들면, 결정들을 형성시킬 수 있다 (냉각법). (2) 일정한 온도에서 포화 용액의 용매를 서서히 증발시켜 결정들을 얻을 수 있다 (증발법). 소위 "씨앗 결정(seed crystal)"을 포화 용액에 넣어주면, 결정들이 씨앗 결정위에서 성장한다.

두 가지 이상의 화합물이 섞여 있는 혼합물을 분리하는 방법은 혼합물의 상태와 성질에 따라 달라진다. 그 중에서 고체 혼합물을 분리할 경우, 용해도 차이를 이용하는 방법이 있다. 이 방법은 용매에 대한 고체 용질들의 용해도 차이에 의한 것으로 온도의 영향을 크게 받는다. 온도에 따라 용해도가 크게 변하는 고체 물질의 포화 용액을 높은 온도에서 만들고, 이 용액을 저온으로 냉각시키면 용질을 순수한 결정으로 석출시킬 수 있다. 이와 같은 방법으로 혼합물을 분리하는 것을 **분별 결정법**(fractional recrystallization)이라고 한다.

2 실험

2.1 알루미늄으로부터 백반의 합성

KOH 11.2 g을 250 mL 비커에 넣고 증류수 50 mL를 가하여 완전히 녹인다.

> ⚠ KOH가 피부에 접촉되었을 경우, 즉시 과량의 물로 깨끗이 씻어 내야 한다.

작은 조각으로 만든 알루미늄 포일 1 g을 KOH 용액이 담겨진 비커에 조금씩 넣는다.

실험은 반드시 후드에서 한다. 수소가 발생하므로 주의한다.

더 이상 수소 기체가 발생하지 않을 때까지 계속 반응시킨다. 반응 혼합물을 여과하여 얻은 여과액을 새로운 250 mL 비커에 모은다. 여과액이 담겨진 비커에 9 M 황산 30 mL를 방울방울 떨어뜨린다.

장갑을 착용하고 H_2SO_4 용액을 조심스럽게 다루어야 한다.

비커 속에 생긴 고체가 다 녹을 때까지 유리 막대로 저어가면서 가열판 위에서 가열한다. 녹지 않은 고체 찌꺼기가 있으면 깔때기로 여과한다. 맑은 여과액이 담겨진 비커를 얼음 수조에 담근 후 유리 막대로 젓는다. 생성된 흰색 고체(백반과 여러 혼합물)를 감압 여과 장치를 이용하여 여과한 후, 차가운 에탄올로 씻어주고 5분 정도 감압 상태를 유지하여 고체를 건조한다. 얻어진 고체를 75°C 오븐에서 10분간 건조한 후 질량을 측정한다. 백반의 녹는점은 92°C이므로, 너무 높은 온도에서 고체를 건조하는 것을 피한다.

2.2 백반 씨앗 결정 만들기

다음과 같이 간단하게 씨앗 결정을 만들 수 있다. 100 mL 비커에 백반 결정과 증류수 50 mL를 넣고 50°C로 가열하여 녹인 다음, 더 이상 녹지 않는 고체가 있을 때, 용액을 뜨거운 채로 여과한다. 여과된 용액을 강하게 교반하면서 실온까지 온도를 낮춘다. 결정이 형성되지 않으면 작은 결정을 넣어준다. 15분 정도 용액을 더 교반을 한 후, 뚜껑을 막은 비커를 온도 변화와 진동이 없는 곳에 1일 이상 놓아둔다. 결정이 형성된 후, 용액을 조심스럽게 따라 제거한다. 결정을 여과지에 흩뿌려서 건조한다. 그 중에서 씨앗 결정으로 사용할 수 있는 적절한 크기의 결정을 얻을 수 있을 것이다. 씨앗 결정은 단결정이어야 하고, 실에 매달 수 있도록 3 mm 정도의 크기를 가져야 한다. 적절한 크기의 결정들을 모아둔다.

2.3 백반 결정 만들기

냉각법: 100 mL 비커에 증류수 50 mL를 넣고, 40°C에서 용액이 포화될 때까지 백반을 첨가하면서 녹인다. 백반을 완전히 녹인 후, 용액을 뜨거운 채로 여과한다. 실온에서 과포화 상태인 용액을 조심스럽게 100 mL 비커에 옮긴다. 온도가 실온보다 3°C 정도 높을 때, 씨앗 결정을 가는 실(나일론 실이 좋음)로 묶어서 용액의 중앙에 매달아 놓는다. 작은 구멍이 뚫린 파라필름으로 비커를 막고 실을 테이프로 고정한 후, 작은 구멍을 테이프로 막는다. 온도 변화와 진동이 없는 곳에 비커를 1일 이상 놓아둔다. 비커의 온도 변화를 막기 위하여, 비커를 솜, 종이컵, 스타이로폼 용기 등으로 감싸는 것이 좋다.

◀ 결정 성장 과정에서 씨앗 결정의 이용 방법

1~2시간 후에 비커를 확인한다. 씨앗 결정이 녹았을 경우, 씨앗 결정을 다시 설치하고 방치한다. 3~6일 정도 지나면, 결정들이 커다란 크기로 성장한다. 용액으로부터 결정을 꺼내어 거름 종이나 종이 타월로 조심스럽게 용액을 제거하고 건조한다.

증발법: 100 mL 비커에 증류수 50 mL를 넣고, 40°C에서 포화될 때까지 백반을 첨가하면서 녹인다. 백반을 완전히 녹인 후, 뜨거운 채로 여과한다. 실온에서 과포화 상태인 용액을 조심스럽게 100 mL 비커에 옮긴다. 온도가 실온보다 1~2°C 정도 높을 때, 씨앗 결정을 가는 실로 묶어서 용액의 중앙보다 낮은 쪽에 매달아 놓는다. 증발에 의하여 수위가 낮아지므로, 씨앗 결정은 항상 용액에 잠겨 있어야 한다. 비커를 천으로 막은 후, 실이나 고무 밴드로 천을 고정한다. 비커를 온도 변화와 진동이 없는 곳에 1일 이상 놓아둔다. 결정이 성장하는 속도는 용액에서 물의 증발 속도에 의존한다. 적절한 크기로 성장한 결정을 용액으로부터 꺼내어 거름 종이나 종이 타월로 용액을 조심스럽게 제거하고 건조한다.

3 결과 및 토의

3.1 백반의 화학식

혼합 금속의 황산염 수화물인 백반은 다음과 같은 일반식을 갖는다.

$$M^{I}M^{III}(SO_4)_2 \cdot nH_2O$$

M^{I}: Na^+, K^+, NH_4^+, Rb^+ 등
M^{III}: Al^{3+}, Ga^{3+}, V^{3+}, Cr^{3+}, Mn^{3+}, Fe^{3+}, Co^{3+} 등
n: 화합물에 따라 다름

순수한 백반은 팔면체 모양으로 결정화되고, 전이 금속 M(III) 이온이 백반의 색깔을 결정한다.

3.2 백반 형성에 대한 화학 반응식

백반이 알루미늄으로부터 형성되는 과정은 다음과 같다. 금속 알루미늄은 KOH 같은 강한 염기의 수용액에서 $Al(OH)_4^-$ 착이온을 함유한 가용성염과 수소를 생성하면서 용해된다.

$$2Al(s) + 2KOH(aq) + 6H_2O(l) \rightarrow 2KAl(OH)_4(aq) + 3H_2(g)$$

수소 가스가 더 이상 발생하지 않으면, 반응이 종결된 것이다. 이 결과 용액에 황산이 첨가되면, $Al(OH)_4^-$ 착이온이 불용성 $Al(OH)_3$으로 변환된다.

$$2KAl(OH)_4(aq) + H_2SO_4(aq) \rightarrow 2Al(OH)_3(s) + K_2SO_4(aq) + 2H_2O(l)$$

불용성 $Al(OH)_3$에 더 많은 황산을 첨가하면, 중화 반응으로 OH^-기가 물로 변환되고, 수용성 알루미늄 이온과 황산 이온은 물에 녹아 있다.

$$2Al(OH)_3(s) + 3H_2SO_4(aq) \rightarrow Al_2(SO_4)_3(aq) + 6H_2O(l)$$

용액이 냉각될 때, 수용액에 공존하는 K^+ 이온과 Al^{3+} 이온은 SO_4^{2-} 이온과 함께 복염 $KAl(SO_4)_2 \cdot 12H_2O$을 형성하며 용액으로부터 결정화된다.

3.3 합성 및 재결정에 대한 질문

- 알루미늄이 KOH에 용해되는 반응은 산화−환원 반응이다. 균형 반응식을 쓰고, 산화된 화학종과 환원된 화학종을 기술하라.
- 수득량 백분율을 구하고, 얻어진 결과에 대하여 토의하라.
- 용해와 관련된 각 단계의 열역학적 자료를 이용하여 이온-결합성 화합물의 온도에 따른 용해도의 차이를 기술하라.
- 혼합물의 용해도 차이에 의한 분리 방법인 분별 결정법에 대하여 기술하라.
- 결정 성장 과정에서 '핵 생성 속도'와 '결정 성장 속도'가 단결정 성장에 미치는 영향에 대하여 기술하라.

자료

- 알루미늄의 원자량: 26.9815 g/mol
- 백반의 화학식량: 474.389 g/mol
- 백반의 녹는점: 92∼93°C

백반의 용해도

온도(℃)	용해도[g/물 100 g)]
0	3.90
10	9.52
50	44.11
80	134.47

참고문헌

1. Dana, J. D. System of Mineralogy, 5th. Edition, 1868, New York: 652.
2. Britton, H. T. S. *J. Chem. Soc., Trans.*, **1922**, *121*, 982.

실험 2

복염 ammonium nickel(II) sulfate와 ammonium cobalt(II) sulfate의 합성

학생들은 이 실험에서 복염(double salt)의 개념 및 상 도표(phase diagram)를 이해하고 복염 몇 개를 합성해 본다. 또한, 무게 분석법, 부피 분석법, 그리고 분광 분석법으로 복염 화합물에 들어 있는 금속의 함량을 알아본다.

1 들어가며

복염은 두 종류 이상의 양이온 또는 음이온을 함유한 염이다. 두 개 이상의 염이 액체에 용해되어 함께 규칙적인 격자 형태로 결정화될 때, 복염이 형성된다. 좀 더 자세히 말하자면, 특정한 비율로 두 종류 이상의 양이온(음이온)과 음이온(양이온)이 전하 균형을 이루면서 결정 격자에 들어간 물질이 복염이다. 따라서 복염은 결정 상태에서는 하나의 물질이지만, 물에서는 구성-성분 염들로 이온화한다. 복염의 용해도가 일반적으로 구성-성분 염들의 용해도보다 낮기 때문에, 복염이 쉽게 석출(결정화)된다. 더구나, 복염은 구성-성분 염들보다 더 큰 결정을 형성하는 경향을 갖고 있다.

복염의 한 예로 $KCl \cdot MgCl_2$를 들 수 있다. 이 염에서 $[MgCl_3]^-$과 같은 착이온은 존재하지 않으며, 이온들이 K^+, Mg^{2+}, $3Cl^-$ 형태로 존재한다. 따라서 $KCl \cdot MgCl_2$는 복염이다.

$$KCl + MgCl_2 \rightarrow KCl \cdot MgCl_2\ (KMgCl_3)$$

반면에, 화학종 K_2PtCl_6에서는 Pt^{4+}과 Cl^- 이온들이 독자적으로 존재하지 않고, $[PtCl_6]^{2-}$이라는 착이온(complex ion)과 K^+ 이온 두 개가 존재한다. 따라서 K_2PtCl_6는 착염이다.

$$2KCl + PtCl_4 \rightarrow K_2PtCl_6\ (2KCl \cdot PtCl_4)$$

백반($K_2SO_4 \cdot Al_2(SO_4)_3 \cdot 24H_2O$)은 $K_2SO_4 \cdot [Al(H_2O)_6]_2(SO_4)_3 \cdot 12H_2O$와 같은 구조를 가지며, 이것은 K_2SO_4 단염과 $[Al(H_2O)_6]_2(SO_4)_3$ 착염(complex salt)으로 이루어진 복염이다.

2 실험

시료 준비

- Nickel(II) chloride hexahydrate ($NiCl_2 \cdot 6H_2O$) 포화 수용액 약 10 mL (25°C에서 약 12 g 필요)
- Cobalt(II) nitrate hexahydrate ($Co(NO_3)_2 \cdot 6H_2O$) 포화 수용액 약 10 mL (25°C에서 약 16 g 필요)
- Ammonium sulfate ($(NH_4)_2SO_4$) 포화 수용액 약 15 mL (25°C에서 약 20 g 필요)

2.1 Ammonium nickel(II) sulfate hexahydrate, $(NH_4)_2SO_4 \cdot NiSO_4 \cdot 6H_2O$의 합성

$NiCl_2 \cdot 6H_2O$ 포화 수용액 2.0 mL를 작은 비커에 넣고, 같은 부피(2.0 mL)의 증류수를 가하여 희석시킨다. $(NH_4)_2SO_4$ 포화 수용액 5.2 mL를 작은 비커에 넣고 같은 부피(5.2 mL)의 증류수를 가하여 희석시킨다. 만약 두 용액에 불용성 불순물이 있을 경우, 용액들을 걸러서 사용한다. 두 용액을 큰 비커(또는 결정 성장 접시)에 넣어 합한 후, 먼지가 들어가지 않게 거름 종이로 덮고 놓아둔다. 실온에서 약 10분이 지나면, 결정들이 석출되기 시작한다. 1~1.5시간 정도 기다린 후 연한 녹색 액체를 따라내고 결정들을 몇 장의 포개진 거름 종이 위로 옮긴 후, 몇 장의 포갠 거름 종이로 결정들을 눌러 물을 제거한 후 실온에서 건조시킨다.

2.2 Ammonium cobalt(II) sulfate hexahydrate, $(NH_4)_2SO_4 \cdot CoSO_4 \cdot 6H_2O$의 합성

$Co(NO_3)_2 \cdot 6H_2O$ 포화 수용액 2.0 mL를 작은 비커에 넣고 같은 부피(2.0 mL)의 증류수를 가하여 희석시킨다. $(NH_4)_2SO_4$ 포화 수용액 4.5 mL를 작은 비커에 넣고 3.0 mL의 증류수를 가하여 희석시킨다. 만약 두 용액에 불용성 불순물이 있을 경우, 용액들을 걸러서 사용한다. 두 용액을 큰 비커에 넣어 합친 후, 먼지가 들어가지 않게 거름 종이 등으로 덮고 놓아둔다. 위의 혼합 용액에 증류수 1.5 mL를 더 추가하여 희석시킨 후, 약 40분이 지나면 결정들이 석출되기 시작하며, 3시간 정도 결정화를 지속시킨다. 수 시간 후 또는 다음날, 연한 녹색 액체를 따라내고, 거름 종이로 결정들을 눌러 물을 제거한 후 실온에서 건조시킨다.

3 결과 및 토의

3.1 실험과 관련된 질문

- 이 실험에서 수득률을 구하기 위하여 어떤 염을 기준으로 해야 하는가? 그 이유는 무엇인가?
- 다음의 무게 측정법(gravimetric method)으로 얻은 $(NH_4)_2SO_4 \cdot NiSO_4 \cdot 6H_2O$의 Ni 함량을 구하여라.

0.3~0.4 g 정도의 범위에서 $(NH_4)_2SO_4 \cdot NiSO_4 \cdot 6H_2O$의 질량을 정확히 측정한 후, 500 mL 비커에 넣고 증류수에 녹인다. 이 용액에 5 mL의 묽은 염산(1:1, 6 M)을 넣은 뒤, 증류수를 가하여 200 mL로 희석시킨다. 결과 용액을 70~80℃까지 가열한 후, 약간 과량의 dimethylglyoxime 시약(에탄올을 용매로 0.10 M로 만든 용액. 존재하는 Ni 10 mg 당 최소한 5 mL)을 가하고, 즉시 교반하면서 침전이 생길 때까지 묽은 암모니아 용액(6 M, 6 mL)을 한 방울씩 떨어뜨린다. 침전이 생긴 후에 약간의 묽은 암모니아 용액(~1 mL)을 더 가한다. 20~30분 동안 증기 중탕에 세워 두어 용액 색깔을 확인하여 결정이 모두 석출되는지 확인한다. 1시간 동안 기다린 후, 1시간 정도 실온으로 냉각한다. 깔때기로 결과 용액을 여과한 후, 여과된 고체 시료를 110~120℃로 가열하고 데시케이터에서 냉각하여 질량을 측정한다. 찬물로 씻은 후 110~120℃에서 45~50분 동안 건조한 다음(Cl^- 제거) 데시케이터에서 냉각하여 질량을 측정한다. 질량이 일정할 때까지 이 과정을 반복한다. $Ni(C_4H_7O_2N_2)_2$ 형태로 질량을 측정한다. $Ni(C_4H_7O_2N_2)_2$에는 20.32%의 Ni이 함유되어 있다.

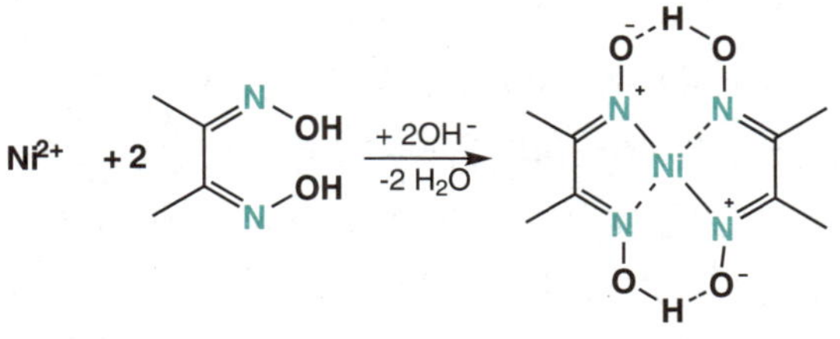

◀ Dimethylglyoxime과 Ni^{2+} 이온의 반응으로 합성된 착화합물의 구조

3.2 실험과 관련된 데이터

1. 실험에 사용된 각 염의 화학식량(무수물)과 25°C에서의 용해도

화합물	화학식량 (g/mol)	용해도(25°C) (g/물 100 g)
NH_4NO_3	80.0	208
NH_4Cl	53.5	39
$(NH_4)_2SO_4$	132.1	76
$Co(NO_3)_2$	182.9	102
$CoSO_4$	155	38
$NiCl_2$	129.6	66
$NiSO_4$	154.8	75.6
$(NH_4)_2SO_4 \cdot CoSO_4 \cdot 6H_2O$	395.2	
$(NH_4)_2SO_4 \cdot NiSO_4 \cdot 6H_2O$	395.0	
$(NH_4)_2SO_4 \cdot NiSO_4$	286.9	약 30

2. 25°C에서 포화 수용액의 밀도

- Ammonium sulfate: 1.26 g/mL
- Cobalt nitrate: 1.6 g/mL
- Nickel chloride: 1.4 g/mL

3.3 Ammonium cobalt(II) sulfate hexahydrate, $(NH_4)_2SO_4 \cdot CoSO_4 \cdot 6H_2O$의 합성을 위한 디자인

Cobalt nitrate 포화 수용액 2.0 mL의 질량은 3.2 g이며, 약 1.6 g 또는 8.7×10^{-3} mol의 cobalt(II) nitrate 무수물이 들어 있다. Ammonium cobalt(II) sulfate를 합성하려면, cobalt 1 mol 당 2 mol의 sulfate 이온이 필요하기 때문에, ammonium sulfate 0.017 mol(2.3 g)이 필요하다. Ammonium sulfate의 용해도가 (76 g)/(물 100 g)이므로, 포화 수용액 176 g이 ammonium sulfate 76 g을 함유하고 있다. 따라서 5.3 g의 포화 수용액은 2.3 g의 ammonium sulfate를 함유하고 있다. 포화 ammonium sulfate 용액의 밀도가 1.26 g/mL이므로, 5.3 g의 포화 수용액의 부피는 4.2 mL이다.

Cobalt nitrate 포화 용액 2.0 mL를 ammonium sulfate 포화 용액 4.2 mL와 섞으면, 총 부피는 6.2 mL가 되며, 1.4 g의 cobalt(II) sulfate, 즉 22 g/100 mL 용액이 된다. 이 조건에서는 순수한 cobalt(II) sulfate는 포화점보다 아주 낮은 농도이며, 복염은 포화점보다 아주 높은 농도이다. 따라서 복염의 결정화가 아주 빨리 일어난다. 만약 용액의 농도가 더 묽어지면, 결정화 속도가 느려져서 더 큰 결정을 얻을 수 있지만, 수득률이 낮아진다. 또한, ammonium nitrate는 물에 아주 잘 녹기 때문에, 실

험 조건에서 복염 결정의 오염에 심각한 영향을 미치지 않는다.

참고문헌

1. Mullin, J. W. Crystallization 4th ed. Butterworth-Heinemann Oxford 2001, pp 164.
2. Pass. G.; Sutcliff, H. Experimental Inorganic Chemistry 2nd Ed. CAS, Chemical Book, 7785-20-8 (CAS DataBase Reference)
3. Henisch, H. K. Crystal growth in gels, The Pennsylvania State University Press, USA 1973.
4. Murphy, J. C.; Bohanday, J. *J. Bul. Am. Phy. Soc.* **1967**, *12*, 327.
5. Dennies, J.; Henisch, H. K. *J. Elec. Chem. Soc.* **1967**, *114*, 263.
6. Lucchesi, P. J.; Glassom, W. A. *J. Am. Chem. Soc.* **1956**, *78*, 1347.
7. Barracough, C. G.; Tabe, M. L. *J. Chem. Soc.* **1961**, 1993.

배위 화학

- ☑ **실험 3.** Metal oxalate 착화합물의 합성
- ☑ **실험 4.** Metal acetylacetonate 착화합물의 합성 및 특성 규명
- ☑ **실험 5.** Co(III) 정팔면체 배위 화합물: $[Co(NH_3)_5X]^{n+}$ [X: NH_3 (n = 3), Cl (n = 2), CO_3 (n = 1)]와 $[Co(en)_3]^{3+}$]의 착염 합성
- ☑ **실험 6.** 기하 이성질체(geometric isomer): *cis*-, *trans*-dichlorobis (ethylenediamine)cobalt(III) chloride의 합성
- ☑ **실험 7.** 결합 이성질체(linkage isomer) pentaamminenitrocobalt(III) chloride와 pentaamminenitritocobalt(III) chloride의 합성
- ☑ **실험 8.** 라세미 혼합물 $Co(en)_3^{3+}$로부터 광학 이성질체의 분리
- ☑ **실험 9.** 리간드 산화 반응: 1,10-phenanthroline-5,6-quinone의 합성
- ☑ **실험 10.** Metal−DMSO 착화합물의 합성 및 특성 규명: MCl_n−DMSO (M = Cu, Sn, Pd)
- ☑ **실험 11.** 삼핵 옥소-망가니즈 화합물 $[Mn_3O(O_2CR)_6L_3]^{0,+}$의 합성
- ☑ **실험 12.** Nickel(II)의 Schiff-염기 착화합물의 합성

실험 3

Metal oxalate 착화합물의 합성

이 실험의 목적은 금속 이온과 가장 간단한 킬레이트 리간드인 옥살산 이온의 반응으로 metal oxalate 착화합물들을 합성하는 것이다. 학생들은 IR, UV-vis 스펙트럼을 해석하여, 합성된 착화합물의 구조 및 중심 원자의 전자 배치를 이해한다.

1 들어가며

분자나 이온들이 금속 또는 이온에 배위 결합하여 형성한 화합물이 소위 **배위 화합물**이다. 화학자들은 금속에 결합하는 원자나 이온을 **리간드**라고 부른다. 중심 금속은 Lewis 산으로 작용하며, 리간드는 Lewis 염기로 작용한다. 전이 금속들은 이와 같은 배위 화합물을 아주 쉽게 형성하며, 빈번하게 색깔을 나타낸다. 예를 들어, 산소-수송 물질인 헤모글로빈은 철 이온이 단백질 사슬 4개에 결합된 배위 화합물이다. 광합성에 관여하여 태양 에너지를 생명 에너지로 바꾸어 주는 클로로필 역시 배위 화합물이다. 이와 유사하게, 구리 배위 화합물이 갑각류들의 호흡 과정에 관여한다. 배위 화합물은 매우 다양한 환경 분야나 공업 분야에 활용된다. 예를 들어, 과학자들은 중금속을 제거하기 위하여 EDTA를 사용하고, 고분자(또는 중합체) 합성에 배위 화합물을 촉매로 이용한다. 배위 화합물의 연구와 이해를 통하여 생명 현상, 환경 문제, 공업적 응용에 대한 구체적인 이해를 높일 수 있다.

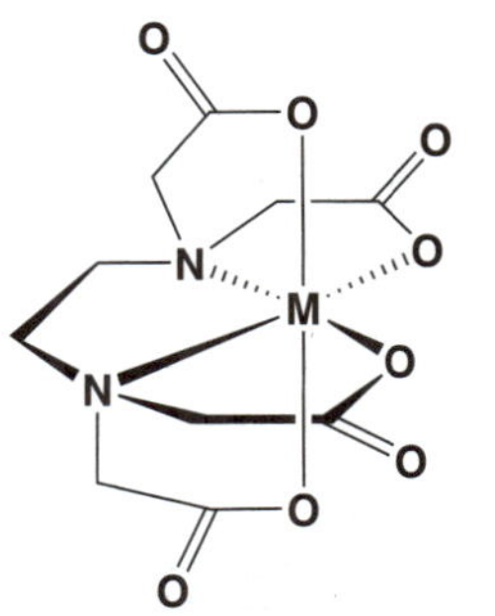

◀ 금속-ETDA 착화합물의 구조

분자식 $H_2C_2O_4$를 갖고 있는 옥살산(oxalic acid, HOOC−COOH)은 가장 간단한 형태의 다이카복실산이다. 옥살산은 이온화하여 아래와 같이 2가 음이온을 형성한다. 옥살산 음이온은 금속과 킬레이트 화합물을 형성하며, 킬레이트 고리는 금속, 산소 2개, 탄소 2개로 이루어진 5원자 고리다.

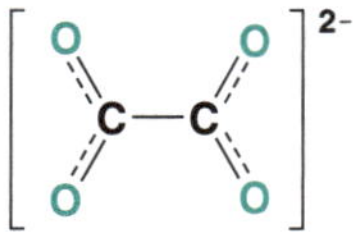

옥살산은 녹이나 잉크 등으로 인해 생긴 얼룩을 지우는 표백제로 흔히 사용된다. 철의 녹을 제거하기 위하여 옥살산 같은 약한 유기산이 사용된다. 옥살산은 다음과 같은 반응으로 가용성 착화합물로 변환한다.

$$Fe_2O_3 \cdot xH_2O(s) + 6H_2C_2O_4(aq)$$
$$\rightarrow 2[Fe(C_2O_4)_3]^{3-}(aq) + 6H^+(aq) + (3+x)H_2O(l)$$

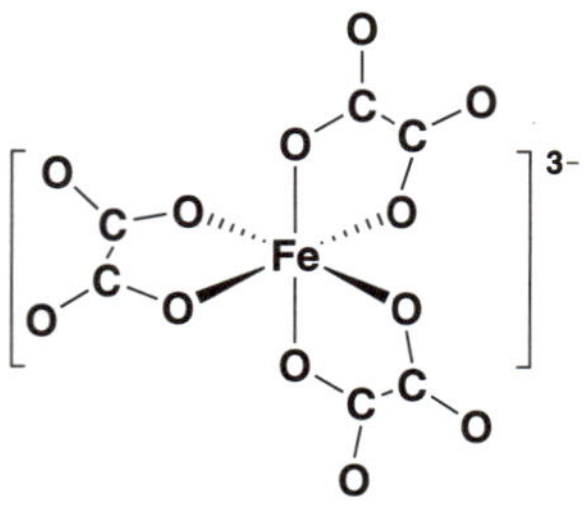

2 실험

2.1 Cupric oxalate complex: $K_2[Cu(C_2O_4)_2] \cdot 2H_2O$의 합성

반응식:

$$CuSO_4 \cdot 5H_2O + 2K_2C_2O_4 \cdot H_2O$$
$$\rightarrow K_2[Cu(C_2O_4)_2] \cdot 2H_2O + K_2SO_4 + 4H_2O$$

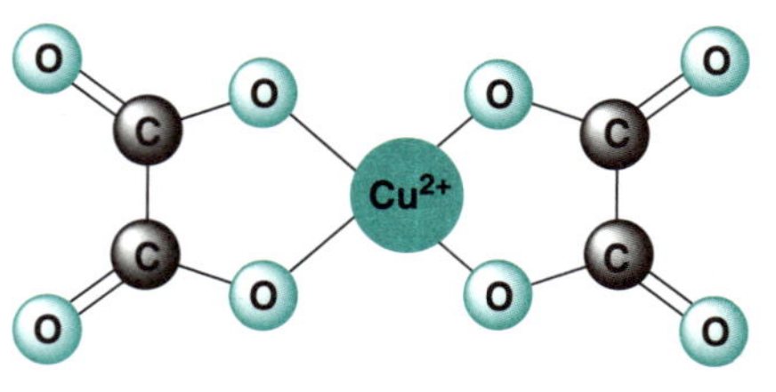

황산 구리(II) 5수화물($CuSO_4 \cdot 5H_2O$) 2.0 g을 50 mL 비커에 넣고, 증류수 10 mL를 첨가한 후, 가열판에서 약하게 가열하여 녹인다. 옥살산 포타슘 일수화물($K_2C_2O_4 \cdot H_2O$) 3.1 g을 50 mL 삼각 플라스크에 넣고, 증류수 15 mL를 첨가하여 실온에서 녹인다. 두 용액을 약 60°C로 가열한 후, 자기 교반하면서 황산 구리 용액을 옥살산 포타슘 용액에 천천히 첨가한다(만약 옥살산 포타슘 용액을 황산 구리 용

액에 첨가하면, 결정 크기가 너무 작아 여과 과정이 어려워진다). 결과 혼합물을 얼음 수조에서 냉각하면, 푸른색 결정들이 형성된다. 결정들을 거른 후에, 차가운 증류수 5 mL로 2회, 차가운 에탄올 10 mL로 1회 씻어낸 후, 결정들을 말린다.

2.2 Aluminum oxalate complex: $K_3[Al(C_2O_4)_3] \cdot 3H_2O$의 합성

반응식:

$$\begin{aligned} &Al + 3KOH + 3H_2C_2O_4 \cdot H_2O \\ &\rightarrow K_3[Al(C_2O_4)_3] \cdot 3H_2O + 6H_2O + \tfrac{3}{2}H_2 \end{aligned}$$

알루미늄 알갱이 0.10 g을 50 mL 비커에 넣고, 뜨거운 증류수 10 mL를 첨가한다. 6 M KOH 2.0 mL를 비커에 방울방울 떨어뜨린다.

> 실험을 후드 안에서 수행할 것.

격렬한 반응이 진행되면서, 수소가 발생한다. 반응이 종결될 때까지 비커를 후드에 놓아둔다. 반응이 종결되면, 가열판으로 용액을 가열하여 남아 있는 알루미늄을 완전히 반응시킨다. 끓지 않을 정도로 용액을 계속 가열한다.

옥살산 1.3 g을 25 mL 삼각 플라스크에 넣고, 증류수 10 mL를 첨가한다. 알루미늄 용액을 계속 가열하면서 옥살산 용액을 천천히 첨가한다. 옥살산 용액을 다 넣은 후, 결과 용액을 2분 동안 가볍게 끓인다. 용액의 가열을 멈추고, 비커를 얼음 수조로 옮겨 냉각시킨다. 차가운 95% 에탄올 5 mL를 용액에 첨가한다. 결정이 15분 이내에 형성될 것이다. 결정이 침전되지 않으면, 침전이 형성될 때까지 차가운 95% 에탄올 1 mL를 첨가한다. 결정이 형성되는 동안 비커를 얼음 수조에 놓아두고, 침전이 완료되면 결정을 여과한다. 결정을 50% 에탄올로 씻어낸 후 말린다.

2.3 Iron oxalate complex: $K_3[Fe(C_2O_4)_3] \cdot 3H_2O$의 합성

반응식:

$$\begin{aligned} &(NH_4)_2[Fe(H_2O)_2(SO_4)_2] \cdot 4H_2O + H_2C_2O_4 \cdot 2H_2O \\ &\rightarrow FeC_2O_4 + H_2SO_4 + (NH_4)_2SO_4 + 8H_2O \end{aligned}$$

$$\begin{aligned} &H_2C_2O_4 \cdot H_2O + 2FeC_2O_4 + 3K_2C_2O_4 \cdot H_2O + H_2O_2 \\ &\rightarrow 2K_3[Fe(C_2O_4)_3] \cdot H_2O + H_2O \end{aligned}$$

$(NH_4)_2Fe(SO_4)_2 \cdot 6H_2O$ 0.40 g을 50 mL의 비커에 넣고, 증류수 6 mL를 첨가하여 녹인다. 금속의 산화를 방지하기 위하여 6 M H_2SO_4 여섯 방울을 첨가한다.

> 실험을 후드 안에서 수행할 것.

옥살산 2.4 g을 25 mL의 비커에 넣고, 증류수 20 mL를 첨가한 후, 약하게 가열하면서 완전히 녹인다. 실온으로 냉각한 후, 자기 교반하면서 옥살산 용액을 철 용액에 천천히 첨가한다. 교반을 계속하면서 용액을 끓을 때까지 조심스럽게 가열하면, 옥살산 철(III) 결정(FeC_2O_4)이 형성된다. 가열을 멈추고 상층 용액(supernatant liquid)을 조심스럽게 따라내어 결정만 남긴다. 이에 옥살산 포타슘 일수화물 2.4 g을 물 8 mL에 녹여서 만든 용액을 첨가한다. 혼합물을 약 40°C로 가열한다. 후드에서 자기 교반을 하면서 조심스럽게 3% 과산화 수소수 8 mL를 용액에 방울방울 떨어뜨린다. 비커를 가열판에 올려놓고, 끓을 때까지 가열한다. 옥살산 0.80 g을 증류수 6 mL에 녹인 용액을 만든 후, 끓고 있는 용액에 옥살산 용액 4 mL를 넣는다. 잠시 후 나머지 옥살산 용액을 천천히 방울방울 넣는다.

옥살산 용액의 첨가가 완료된 후, 비커의 혼합물을 여과하여 여과된 용액만 취한다. 여과액을 얼음 수조에서 냉각하면서 차가운 95% 에탄올 3 mL를 넣는다. 30분 정도 후에 침전이 형성된다. 형성된 황록색의 결정을 여과한 후, 95% 에탄올 4 mL로 2회 세척한 후 말린다. 생성물을 시약병에 담은 후, 빛을 차단하기 위하여 알루미늄 포일로 시약병을 감싸놓는다.

생성물은 빛에 민감하다. 소량의 시료를 시계접시에 놓고 햇빛에 노출시킨 후, 색깔 변화를 관찰하라. 고체 시료의 IR 스펙트럼과 증류수에 녹인 용액의 UV-vis 스펙트럼을 얻어라.

3 결과 및 토의

3.1 실험과 관련된 질문

- $[Cu(C_2O_4)_2]^{2-}$의 대칭과 IR 스펙트럼에 관하여 논하여라.
- $[Al(C_2O_4)_3]^{3-}$의 거울상 이성질체(Λ-, Δ-형태)의 구조를 그려라.
- $[Fe(C_2O_4)_3]^{3-}$의 UV-vis 스펙트럼에 관하여 논하여라.
- $[Fe(C_2O_4)_3]^{3-}$는 빛에 의해 환원된다. 이 과정에서 착화합물은 광자를 흡수하고 분해되어 $[Fe(C_2O_4)_2]^{2-}$로 환원되며, CO_2를 방출한다. 철의 산화수는 +3에서 +2로 감소한다. 착화합물로부터 유리된 옥살산 이온은 이산화 탄소로 산화된다. 초록색을 띠는 $K_3[Fe(C_2O_4)_3]$ 용액을 햇빛에 2~3시간 노출시키면, 착이온은 다음과 같은 반응으로 오렌지색의 $[Fe(C_2O_4)_2]^{2-}$로 변환된다.

$$2[Fe(C_2O_4)_3]^{3-}(aq) + h\nu \rightarrow 2[Fe(C_2O_4)_2]^{2-}(aq) + C_2O_4{}^{2-}(aq) + 2CO_2(g)$$

참고문헌

1. Booth, H. S. "Inorganic Synthesis" Vol. 1, McGraw-Hill Book Company, Inc., New York/London, 1939, pp 35~38.
2. Greenwood, N. N.; Earnshaw, A. "Chemistry of the Elements:, 2nd ed. Butterworth-Heinemann, 1997.
3. Dudeney A. W. L.; Tarasova I. I. *Hydrometallurgy* **1998**, *47*, 243.
4. Zhang, L.-J.; Shen, X.-C.; Liang, H. *Acta Cryst.* **2009**, *E65*, m1276.
5. Fan, J.; Sun, W.-Y.; Okamura, T.-A.; Yu, K.-B.; Ueyama, N. *Inorg. Chim. Acta* **2001**, *319*, 240.
6. Oldham, C. in: Wilkinson, G.; Gillard, R. D.; McCleverty, J. A.(Eds.), "Carboxylates, Squarates and Related Species. Comprehensive Coordination Chemistry", Vol. 2, Pergamon Press, New York, 1987, pp. 435~459.
7. Michalowicz, A.; Girerd, J. J.; Goulon, J. *Inorg. Chem.* **1979**, *18*, 3004.
8. Real, J. A.; Borras, J.; Solans, X.; Font-Altaba, M. *Trans. Metal Chem.* **1987**, *12*, 79.
9. Parize, J. L.; Medouar, A.; Savariault, J. M.; Ballivet-Tkatchenko, D.; Galy, J. *Mat. Res. Bull.* **1989**, *24*, 1147.
10. Weichert, T.; Lohn, J. *Z. Kristallogr.* **1974**, *139*, 223.

실험 **4**

Metal acetylacetonate 착화합물의 합성 및 특성 규명

이 실험은 금속-킬레이트 배위 화합물의 합성과 정제로 구성되어 있다. 학생들은 물질의 녹는점을 측정하고, 배위 화합물의 리간드에서 일어나는 반응을 이해한다. IR, UV-vis, ¹H NMR 스펙트럼을 이용하여 배위 화합물의 구조를 규명하는 것도 이 실험의 주요 부분이다.

1 들어가며

Acetylacetone(2,4-pentanedione, Hacac) $CH_3COCH_2COCH_3$는 약산이며 수용액에서 이온화할 수 있는 전형적인 **β-diketone**이다.

$$CH_3COCH_2COCH_3 \rightleftharpoons H^+ + CH_3COCHCOCH_3^-$$

순수한 acetylacetone이 비극성 유기 용매에 녹으면, 이것의 **diketo 형태**와 **enol 형태**가 평형을 이루고 있다. 실온에서 얻어진 ¹H NMR 스펙트럼의 분석 결과에 의하면, 16%의 diketo-형태와 84%의 enol 형태가 평형을 이루고 있다.

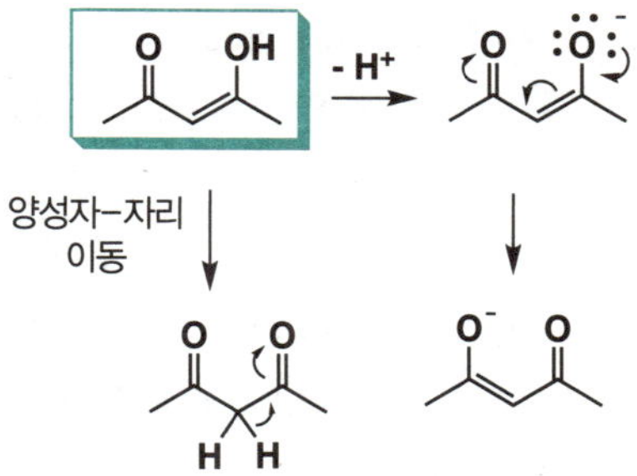

◀ Acetylacetone의 keto-enol 양성자-자리-이동(tautomerization) 현상

이때 생성된 음이온이 금속과 착화합물을 형성하는 리간드 역할을 한다. 일반적으로 결정성 고체로 분리되는 착화합물은 중성이기 때문에, 금속 이온(M^{x+})은 화학량적 착화합물(stoichiometric complex) $M(CH_3COCHCOCH_3)_x$를 형성한다.

$$xCH_3COCH_2COCH_3 + M^{x+} \rightleftharpoons xH^+ + M(CH_3COCHCOCH_3)_x$$

$M(acac)_x$ 착화합물에서 6-원자 고리(six-membered ring) MO_2C_3는 평면이며, π-전자 6개를 지니고 있기 때문에 약한 방향족성(aromaticity)을 가질 것이다. $M(acac)_3$ 착화합물에서 MO_6은 팔면체, $Cu(acac)_2$에서 CuO_4은 사각 평면, 그리고 $VO(acac)_2$에서 VO_5 배열은 사각 피라미드 구조를 갖는다.

M($acac)_3$의 구조 ▶

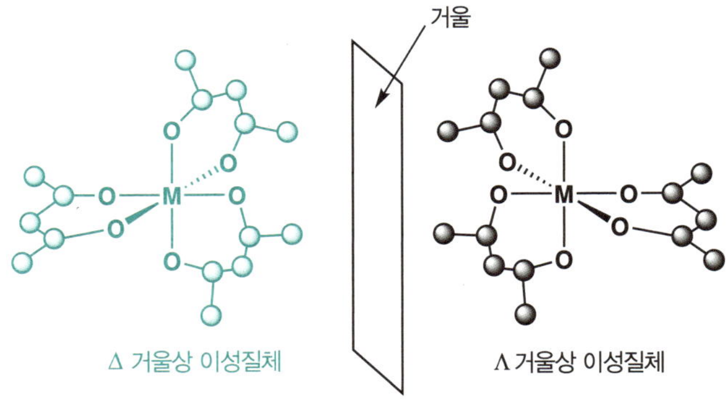

2 실험

2.1 $Al(acac)_3$ 착화합물의 합성

$$Al^{3+} + 3CH_3COCH_2COCH_3 \rightarrow 3H^+ + Al(CH_3COCHCOCH_3)_3$$

Acetylacetone 3 g(3 mL: 약 30 mmol)을 피펫을 이용하여 100 mL 삼각 플라스크에 넣는다. 이 플라스크에 증류수 40 mL와 5 M 암모니아 수용액(묽은 NH_4OH 수용액) 8 mL를 차례대로 첨가하여 염기성 acetylacetone 용액을 제조한다. 100 mL 비커에 차가운 증류수 30 mL를 넣고 황산 알루미늄($Al_2(SO_4)_3 \cdot 16H_2O$, 약 5 mmol) 3 g을 용해시킨 후, 염기성 acetylacetone 용액을 소량씩 첨가하면서 흔들어 준다. Acetylacetone을 모두 첨가한 후에, pH 시험지를 이용하여 용액의 pH를 확인한다. 이때 용액이 산성이면, 중성이 될 때까지 5 M 암모니아 수용액을 소량씩 첨가한다. 반응 혼합물을 15분 정도 놓아둔 후에 담황색의 생성물을 여과한다. 걸러진 생성물을 차가운 증류수 100 mL로 세척한 후, 건조한다.

시료 0.5 g 정도를 사이클로헥세인(cyclohexane)을 용매로 사용하여 재결정한다. 이때 형성되는 침상 결정을 여과한 후, 소량의 차가운 사이클로헥세인으로 씻는다. 건조된 결정의 녹는점을 측정한다.

2.2 $VO(acac)_2$ 착화합물의 합성

$$V_2O_5 + 4H^+ \rightarrow 2VO^{2+} + 2H_2O + \tfrac{1}{2}O_2$$
$$VO^{2+} + 2CH_3COCH_2COCH_3 \rightarrow 2H^+ + VO(CH_3COCHCOCH_3)_2$$

50 mL 둥근 바닥 플라스크에 증류수 5 mL를 넣은 후, 진한 H_2SO_4 5 mL를 천천히 첨가한다. 에탄올 12 mL를 넣은 후, 산화 바나듐(vanadium pentoxide, V_2O_5) 2.5 g(약 14 mmol)을 첨가한다. 혼합물을 함유한 반응 용기에 응축기를 장착하여 수돗물로 냉각시키면서 기름 중탕으로 약 1.5시간 정도 용액을 환류시킨다. 반응이 끝난 후

에 반응 혼합물을 찬 수돗물로 냉각시킨 후 여과한다(고체 잔류물은 버린다). 얻어진 여과액에 acetylacetone 6 mL를 첨가하면서 천천히 흔들어 준다. 증류수 150 mL에 Na_2CO_3 20 g을 녹인 용액을 자기 교반하면서 반응 혼합물에 첨가한다.

> ⚠ 중화 과정에서 CO_2가 발생하므로, 아주 천천히 첨가하여야 한다.

혼합물을 얼음 수조에서 15분 동안 냉각시킨 후 여과한다. 얻어진 진한 초록색의 생성물을 차가운 증류수(2 × 15 mL)로 세척한 후, 건조한다.

시료 0.5 g 정도를 dichloromethane(CH_2Cl_2)을 용매로 사용하여 재결정한다. 상층 액에 석유 에테르 20 mL를 첨가하고, 격렬하게 교반을 한 후 10분 정도 방치하면, 침전이 얻어진다. 이때 형성되는 결정을 여과한 후, 소량의 차가운 석유 에테르(2 × 30 mL)로 세척한다. 건조된 결정의 녹는점을 측정한다.

2.3 $Cr(acac)_3$ 착화합물의 합성

$$CO(NH_2)_2 + H_2O \rightarrow 2NH_3 + CO_2$$

$$Cr^{3+} + 3CH_3COCH_2COCH_3 + 3NH_3 \rightarrow 3NH_4^{+} + Cr(CH_3COCHCOCH_3)_3$$

100 mL의 삼각 플라스크에 $CrCl_3 \cdot 6H_2O$ 1.4 g(약 5 mol)을 넣은 후 증류수 50 mL로 용해시킨다. 이 용액을 조심스럽게 흔들어 주면서, $CO(NH_2)_2$를 2 g씩 5분 간격으로 5번 첨가한다. 이 혼합물에 피펫으로 acetylacetone 3 g(약 30 mmol)을 첨가한다. 이 혼합물을 흔들어 준 후에 시계 접시로 덮고 가열판으로 빠르게 90°C까지 가열한다(약 1.5시간).

> ⚠ 급격한 가열로 인하여 혼합물이 플라스크 밖으로 끓어 넘칠 수가 있다. 미리 끓여 놓은 물중탕을 이용하여 가열하는 것도 좋은 방법이다. 단, 물중탕을 이용할 경우, 수득률이 낮아진다.

가열에 의하여 용액의 색깔이 변하며, 결국에는 진한 적갈색 결정이 형성된다. 얻어진 생성 혼합물을 냉각한 후, 생성물을 진공 여과기로 여과한 후 건조한다.

시료 0.5 g 정도를 끓는 cyclohexane 70 mL에 용해시킨다. 상층 액을 조심스럽게 둥근 바닥 플라스크에 옮긴 후, 회전 감압 증발기(rotary evaporator)를 사용하여 부피를 반 정도로 감소시킨다. 이때 형성되는 결정을 여과한 후, 소량의 차가운 cyclohexane으로 세척한다. 건조된 결정의 녹는점을 측정한다.

2.4 $Mn(acac)_3$ 착화합물의 합성

$$Mn^{2+} + 2CH_3COCH_2COCH_3 \rightarrow 2H^{+} + Mn(CH_3COCHCOCH_3)_2$$

$$Mn(VII) + 4Mn(II) \rightarrow 5Mn(III)$$

$$MnO_4^- + 4Mn^{2+} + 15CH_3COCH_2COCH_3 \rightarrow$$
$$4H_2O + 7H^+ + 5Mn(CH_3COCHCOCH_3)_3$$
$$7H^+ + 7CH_3COO^- \rightarrow 7CH_3COOH$$

증류수 100 mL에 $MnCl_2 \cdot 4H_2O$ 2.6 g(약 13 mmol)과 CH_3COONa 6.8 g(약 50 mmol)을 용해시킨다. 이 혼합물에 acetylacetone 10 g(약 100 mmol)을 첨가한 후, 용액을 교반하면서 증류수 25 mL에 $KMnO_4$ 0.52 g(약 3 mmol)을 녹인 수용액을 피펫으로 천천히 첨가한다(10~15분). 반응 혼합물을 10분 정도 더 교반한 후, 증류수 25 mL에 CH_3COONa 6.3 g(약 46 mmol)을 녹인 수용액을 피펫으로 천천히 첨가한다. 혼합물을 교반하는 동안에 가열판을 이용하여 60~70℃로 15분 정도 가열한다. 얻어진 생성물을 실온으로 냉각시켜 여과한 후에, 차가운 증류수 60 mL로 세척하고 건조한다.

25 mL의 삼각 플라스크에 정제되지 않은 생성물 0.2 g과 cyclohexane 12 mL를 넣은 후에 1분 동안 물중탕에서 가열한다. 이 혼합물을 30초 동안 놓아둔 후 100 mL 삼각 플라스크에 상층 액을 조심스럽게 기울여 따라낸 후, 1분 동안 재가열하면 용액이 형성된다. 결과 용액을 실온으로 냉각한 후, 석유 에테르(bp 40~60℃) 40 mL를 첨가한다. 이것을 얼음 수조(ice water bath)에서 15분 정도 냉각시킨 후, 광택이 있는 검은색 바늘-모양의 침전물을 여과하고, 차가운 석유 에테르(10 mL)로 세척한 후, 건조하여 결정의 녹는점을 측정한다.

2.5 $Fe(acac)_3$ 착화합물의 합성

$$Fe^{3+} + 3CH_3COCH_2COCH_3 \rightarrow 3H^+ + Fe(CH_3COCHCOCH_3)_3$$

분말 상태의 염화철(III) 육 수화물($FeCl_3 \cdot 6H_2O$, 약 12 mmol) 3.3 g을 증류수 25 mL에 녹여 Fe^{3+} 수용액을 제조한다. 메탄올 10 mL에 acetylacetone 3.8 g(약 38 mmol)을 녹인 용액을 Fe^{3+} 수용액에 15분간 첨가한다. Acetylacetone 첨가 시, Fe^{3+} 수용액을 계속 교반한다. 증류수 15 mL에 CH_3COONa 5.1 g을 녹여 만든 수용액을 생성된 적색 혼합물에 가하면, 적색 결정들이 형성된다. 이 경우 5분 정도 시간이 소요되며, 반드시 교반을 해야 한다. 위에서 얻어진 혼합물을 빠른 속도로 교반하면서 가열판을 이용하여 15분 정도 가열(80℃)한 후, 차가운 수돗물을 사용하여 실온으로 냉각한다. 얼음 수조에서 한 번 더 냉각시킨 후, 진공 여과기를 이용하여 여과하고, 차가운 증류수 100 mL로 씻은 후 말린다.

25 mL 삼각 플라스크에 정제되지 않은 생성물 0.2 g과 증류수 3 mL를 넣고 따뜻하게 유지한 상태(물중탕, ~50℃)에서 생성물이 녹을 때까지 메탄올을 천천히 첨가한다. 이것을 얼음 수조에서 15~30분 정도 냉각시킨 뒤 여과한 후, 건조하여 녹는점을 측정한다.

2.6 $Co(acac)_3$ 착화합물의 합성

$$CoCO_3 + 2CH_3COCH_2COCH_3 \rightarrow CO_2 + H_2O + Co(CH_3COCHCOCH_3)_2$$

$$2Co^{2+} + H_2O_2 \rightarrow 2Co^{3+} + 2OH^-$$
$$2CoCO_3 + 6CH_3COCH_2COCH_3 + H_2O_2 \rightarrow$$
$$2Co(CH_3COCHCOCH_3)_3 + 2CO_2 + 4H_2O$$

100 mL 삼각 플라스크에 $CoCO_3$ 2.5 g(약 21 mmol)을 넣고, acetylacetone 20 mL (약 200 mmol)를 첨가한다. 이 혼합물을 저어주면서 가열판을 이용하여 ~90℃로 가열한다. 이때 10% H_2O_2 용액 30 mL를 피펫을 이용하여 30분간 첨가한다. H_2O_2를 첨가하는 동안, 플라스크를 시계 접시로 덮는다. 모든 H_2O_2를 첨가한 후에도 15분 정도 더 교반해야 한다. 얼음 수조에서 30분 정도 냉각시켜 여과한 후, 건조한다.

건조된 생성물 0.3 g을 톨루엔 10 mL에 넣고, 물중탕에서 5분 정도 가열한다. 이것을 1분 방치한 후에, 상층 액을 100 mL 플라스크에 조심스럽게 기울여 따른다. 여과해서 얻은 용액을 다시 가열한 후에 끓는 석유 에테르 20 mL를 첨가한 후, 실온으로 냉각하고 얼음 수조(15분)에서 냉각시킨다. 얻어진 결정을 여과하고 차가운 석유 에테르 50 mL로 세척한다. 건조한 순수한 결정의 녹는점을 측정한다.

2.7 $Cu(acac)_2$ 착화합물의 합성

$$Cu^{2+} + 2CH_3COCH_2COCH_3 \rightarrow 2H^+ + Cu(CH_3COCHCOCH_3)_2$$

$CuCl_2 \cdot 2H_2O$ 4g(약 25mmol)을 250 mL 삼각 플라스크에 넣고, 증류수 25 mL를 넣어 녹인다. 이 용액을 저으면서 메탄올 10 mL에 acetylacetone(약 50 mmol) 5 mL를 녹인 용액을 20분간에 걸쳐 첨가한다. 증류수 15 mL에 CH_3COONa 6.8 g을 녹인 수용액을 이 혼합물에 5분간 첨가한다. 이 용액을 빠른 속도로 교반하면서 가열판을 이용하여 80℃에서 15분 동안 가열한다. 결과 용액을 실온으로 냉각한 후, 얼음 수조에서 냉각시켜 생성물을 여과한다. 차가운 증류수 100 mL로 생성물을 세척한 후에 건조한다.

정제되지 않은 생성물 0.2 g, 메탄올 25 mL, 그리고 끓임쪽(boiling chip)을 100 mL 삼각 플라스크에 넣고, 물중탕으로 5분 정도 끓인다. 이 과정에서 나타날 수 있는 고체 잔류물을 제거해야 한다. 뜨거운 메탄올 5 mL를 넣은 100 mL 플라스크에 위에서 얻은 청색 용액을 조심스럽게 기울여 따른다. 이것을 실온으로 냉각한 후, 바늘-모양의 결정성 생성물을 여과하고 소량의 차가운 메탄올로 세척한 후, 건조한다.

2.8 Cobalt(III) acetylacetonate 나이트로화 반응

배위 화합물의 리간드에서 치환 반응이 일어날 수 있다. $M(acac)_3$ 착화합물에서 6-원자 고리 MO_2C_3는 평면이며 π-전자 6개를 지니고 있기 때문에, 약한 방향족성을 갖는다. Acetylacetone의 α-수소가 나이트로화(nitration) 반응으로 쉽게 NO_2로 치환된다.

M(acac)$_3$ 착화합물의 리간드에서 치환 반응 X = halide, NO_2 ▶

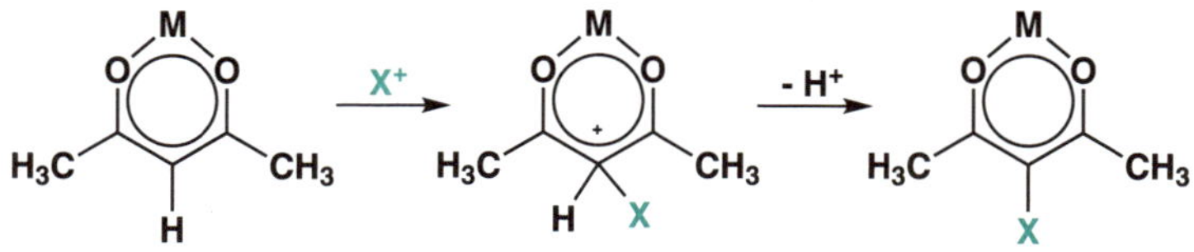

고운 분말 형태의 $Cu(NO_3)_2 \cdot 3H_2O$ 2.7 g과 무수 아세트산 50 mL를 250 mL 둥근 바닥 플라스크에 넣은 후, 입구에 $CaCl_2$ 건조관을 장착한 후, 0°C 얼음 수조에서 15분간 교반한다. 얻어진 곤죽 상태의 혼합물에 $Co(CH_3COCHCOCH_3)_3$ 1.25 g을 넣고, 0°C 얼음 수조에서 2시간 동안 교반한 후, 실온에서 1시간 더 교반한다. 얻어진 청록색의 용액에 물 150 mL과 얼음 150 g, CH_3COONa 4 g을 넣는다. 두 액체상으로 분리된 혼합물을 2시간 동안 교반하면, 아주 고운 초록색 침전이 형성되기 시작한다. 끈적끈적한 물질이 모두 사라질 때까지 계속해서 교반한다(아주 고운 초록색 침전과 초록색 용액의 혼합물이 된다). 초록색 침전을 여과한 후, 증류수 15 mL로 2회, 에탄올 15 mL로 1회 세척한다.

건조된 시료를 끓는 $CHCl_3$ 10 mL에 녹인 후, 뜨거운 에탄올 10 mL를 조심스럽게 첨가한다.

> ⚠ $CHCl_3$는 유독한 용매이기 때문에 반드시 후드에서 다룬다.

$CHCl_3$는 점차 증발되어 제거되며, 결정이 형성된다. 혼합물을 실온으로 냉각한 후, 얼음 수조에서 냉각한다. 고체 생성물을 여과한 후, 차가운 에탄올 5 mL로 2회 세척한다. 생성물의 분해되는 온도를 측정한다. 두 물질의 IR 스펙트럼을 얻어 각 피크를 비교분석하고, $CDCl_3$ NMR 용매를 이용하여 ^1H NMR 스펙트럼을 찍는다. 두 물질을 $CHCl_3$에 녹여 UV-vis 스펙트럼을 얻는다.

3 결과 및 토의

3.1 실험과 관련된 질문

- $Fe(acac)_3$ 착화합물 합성에서 CH_3COONa, $Cr(acac)_3$ 착화합물 합성에서 요소, $Co(acac)_3$ 착화합물 합성에서 탄산 이온의 역할은 각각 무엇인가?
- 착화합물의 형성 과정에서 킬레이트 효과에 대하여 기술하라.
- M(acac)$_3$의 대칭과 IR 스펙트럼에 관하여 논하라.
- M(acac)$_3$의 거울상 이성질체(Λ-, Δ-형태)의 구조를 그려라.

- Fe(acac)$_3$ 및 Co(acac)$_3$의 UV-vis 스펙트럼에 관하여 논하라.
- Co(acac)$_3$의 나이트로화 반응에서 도입되는 친전자체 NO_2^+는 다음과 같은 메커니즘으로 형성된다.

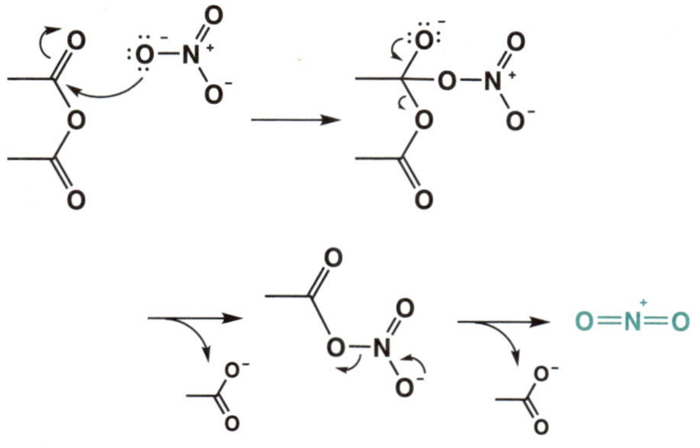

3.2 스펙트럼의 해석

^{1}H NMR

Co(CH$_3$COCHCOCH$_3$)$_3$의 ^{1}H NMR 스펙트럼

아래 그림에 400 MHz에서 얻은 Co(CH$_3$COCHCOCH$_3$)$_3$의 ^{1}H NMR 스펙트럼이 제시되어 있다. 0.0 ppm에 나타나는 피크는 기준 물질인 TMS의 양성자 피크다. 7.24 ppm에 나타나는 피크는 용매로 사용한 $CDCl_3$의 양성자화된 형태, 즉 $CHCl_3$에 의한 피크이다. 2.20 ppm에 나타나는 피크는 리간드 CH$_3$COCHCOCH$_3$의 −CH$_3$의 양성자에 의한 피크이다. 5.52 ppm에 나타나는 피크는 α-양성자(−CH−)에 기인한 피크다. α-양성자에 의한 피크는 카보닐 기에 의해 강하게 벗겨져 있으므로(deshielded) 낮은 장에서 나타난다. (−CH$_3$의 양성자):(−CH− 양성자) 적분 비는 6.33:1.00으로, 화합물 속에 존재하는 양성자의 비(6:1)와 일치한다.

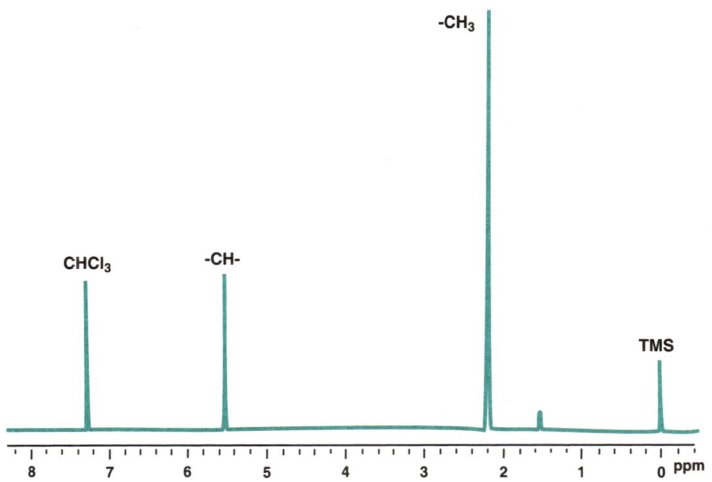

◀ Co(CH$_3$COCHCOCH$_3$)$_3$의 ^{1}H NMR 스펙트럼. 용매 $CDCl_3$

$Co(CH_3COC(NO_2)COCH_3)_3$의 ^{1}H NMR 스펙트럼

아래 그림에 400 MHz에서 얻은 $Co(CH_3COC(NO_2)COCH_3)_3$의 ^{1}H NMR 스펙트럼이 제시되어 있다. 0.0 ppm에 나타나는 피크는 기준 물질인 TMS의 양성자 피크다. 7.24 ppm에 나타나는 피크는 용매로 사용한 $CDCl_3$의 양성자화된 형태, 즉 $CHCl_3$에 의한 피크다. 2.20 ppm에 나타났던 리간드 $CH_3COCHCOCH_3$의 $-CH_3$의 양성자에 의한 피크는 2.51 ppm으로 낮은 장으로 이동하였다. 이런 현상은 α-탄소 위치에 치환된 $-NO_2$ 작용기의 전자-끌기 효과 때문이다. 5.52 ppm에 나타났던 α-양성자(−CH−)에 의한 피크는 $-NO_2$ 작용기의 치환으로 사라졌다.

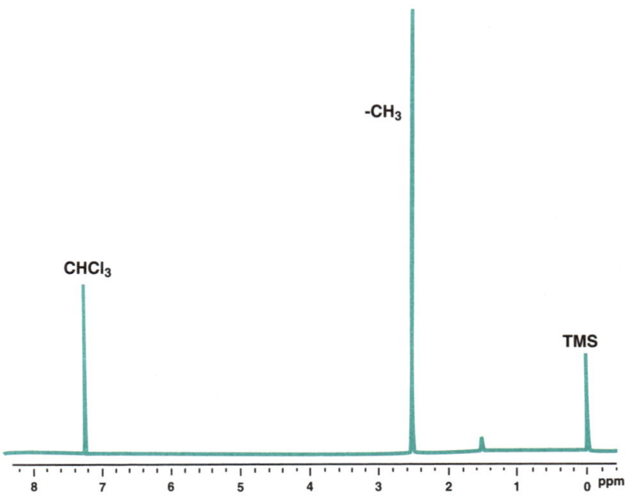

$Co(CH_3COC(NO_2)COCH_3)_3$의 ^{1}H NMR 스펙트럼. 용매 $CDCl_3$ ▶

$Fe(CH_3COCHCOCH_3)_3$의 UV-vis 스펙트럼

아래 그림에 헥세인에 녹여 얻은 UV-vis 스펙트럼이 제시되어 있다.

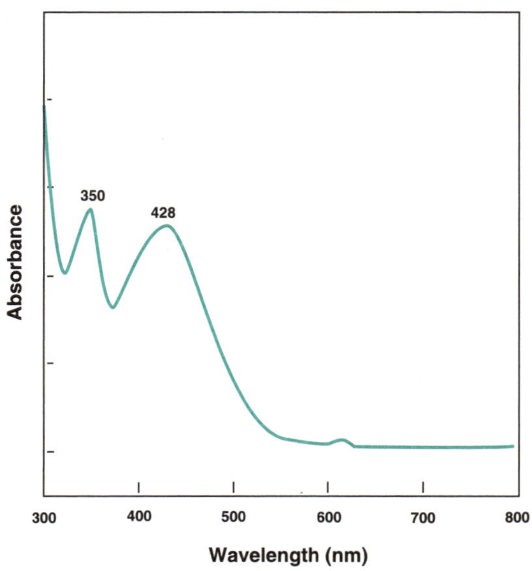

$Fe(CH_3COCHCOCH_3)_3$의 UV-vis 스펙트럼. 용매 hexane ▶

IR 스펙트럼

아래 그림에 IR 스펙트럼이 제시되어 있다. 리간드에 존재하는 CH_3, −CH−, C=O 신축 및, 금속과 리간드의 M−O 신축에 해당하는 피크를 밝혀라.

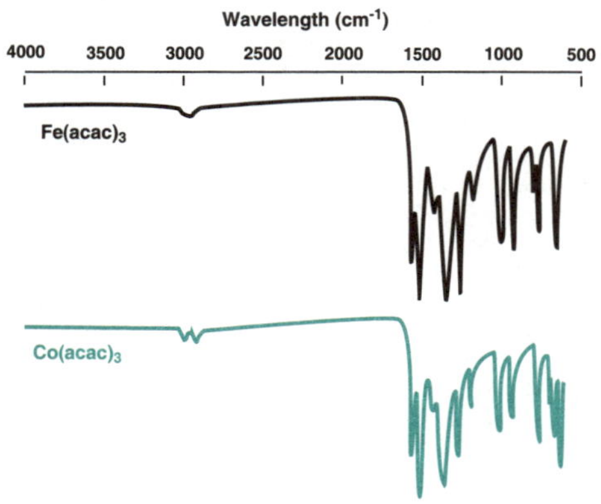

전자 전이에 대한 이해

착화합물 $Fe(acac)_3$, $Cr(acac)_3$, $Co(acac)_3$ 내 중심 금속의 *d*-전자 배치를 밝히고, 이 전자 배치를 바탕으로 착화합물의 색깔 및 상자성을 논하여라.

참고문헌

1. Popp C. J.; Ragsdale, R. O. *J. Am. Chem. Soc.* **1969**, *91*, 610.
2. Kremer, S.; Henke, W.; Reinen, D. *Inorg. Chem.* **1982**, *21*, 3013.
3. Cotton F. A.; Orvig, C. *Inorg. Chem.* **1981**, *20*, 3051.
4. Gutlich, P. Struct. Bond. **1981**, *44*, 83.
5. Doedens, R. J. *Prog. Inorg. Chem.* **1976**, *21*, 209.
6. Collman, J. P.; Marshall, R. L.; Young, W. L.; Golby, S. D. *Inorg. Chem.* **1962**, *1*, 704 .
7. Nakamoto, K.; McCarthy, P. J.; Ruby, A.; Martell, A. E. *J. Am. Chem. Soc.* **1961**, *83*, 1066.
8. Fernelius, W. C.; Blanch, J. E. *Inorg. Synth.* **1957**, *5*, 130.
9. Charles, R. G. *Inorg. Synth.* **1963**, *7*, 183.
10. 이순원, 권영욱, "*이공학을 위한 무기화학 강의*" 사이플러스, 2012.
11. Shalhoub. G. M. *J. Chem. Educ.* **1980**, *57*, 525.
12. Bryant. B. E.; Fernelius, W. C. *Inorg. Synth.* **1957**, *5*, 188.

실험 **5**

Co(III) 정팔면체 배위 화합물: $[Co(NH_3)_5X]^{n+}$ [X: NH_3 (n=3), Cl (n=2), CO_3 (n=1)]와 $[Co(en)_3l^{3+}]$의 착염 합성

이 실험은 6-배위 Co(III) 착화합물의 합성에 관련된 고전적인 실험이다. 학생들은 이 실험에서 착화합물을 합성하여 구조를 알아내고, 10*Dq* 값을 구할 것이다. 이런 실험을 통하여 배위 화학에 대한 다양한 지식을 습득할 수 있다.

1 들어가며

많은 전이-금속 배위 화합물이 독특한 색깔을 갖고 있다. 색깔은 스펙트럼의 가시광선 영역의 흡수와 방출에 의한 것이다. 스펙트럼의 파장에 해당하는 빛은 낮은 에너지 준위로부터 높은 에너지 준위로의 d-전자 들뜸으로 기인한 것이다. 이와 같이 전자의 위치 에너지와 관련된 스펙트럼이 **전자 흡수 스펙트럼**(electronic absorption spectrum)이다.

분광학은 원자 및 분자 구조와 관련한 에너지 전이(energy transition)를 연구하는 학문 분야다. 실온에서 대부분의 원자와 분자는 바닥 상태(에너지가 가장 낮은 상태)에 존재한다. 원자 혹은 분자가 전자기 복사선(electromagnetic radiation; light)과 상호작용을 할 때, 에너지를 흡수하여 들뜬 상태가 된다. 이런 에너지 흡수는 원자 또는 분자의 전자 구조와 입사광(incident radiation)의 파장에 따라 달라진다. 이와 같이 화학종의 에너지 흡수에 기인한 스펙트럼이 **흡수 스펙트럼**(absorption spectrum)이다.

가시광선과 보색

흡수된 색	파장 범위	투과된 색(흡수된 색의 보색)
빨강	700~620	초록
주황	620~580	파랑
노랑	580~560	보라
초록	560~490	빨강
파랑	490~430	주황
보라	430~380	노랑

분자와 상호작용하는 다양한 형태의 복사선은 파장(wavelength, λ), 진동수(frequency, ν) 또는 파수(wavenumber, $\bar{\nu}$)로 서술할 수 있으며, 이것들 사이의 관계와 에너지에 대한 표현은 다음과 같다.

$$\bar{\nu} = \frac{1}{\lambda} = \frac{\nu}{c}$$

$$E = h\nu = \frac{hc}{\lambda} = hc\bar{\nu}$$

우리가 잘 알고 있는 것처럼, 양자 에너지(quantum energy)의 크기는 복사선의 진동수에 따라 변하며, 일반적으로 접하는 복사선의 에너지 순서는 다음과 같다.

라디오파 < 마이크로파 < 적외선 < 가시광선 < 자외선

가시광선 및 자외선은 적외선보다 더 큰 에너지를 지니고 있으며, 낮은-에너지 궤도함수로부터 높은-에너지 궤도함수로 분자 내 전자를 들뜨게 할 수 있다. 전자 전이((electronic transition)는 진동 전이와 회전 전이를 수반한다. 그러나 흡수보다 방출 결과로 관찰되는 원자의 전자 스펙트럼은 **선 스펙트럼**(line spectrum)으로 나타난다. 왜냐하면 전자 전이가 일어날 때 진동 및 회전 전이가 동반되지 않기 때문이다. 전자 전이에 관련되는 양자 크기(quantum size) 때문에, 분자의 전자 전이는 항상 진동과 회전 변화를 수반하게 되므로, **띠 스펙트럼**(band spectrum)으로 나타난다. 일반적으로, 이때 생성되는 띠는 적외선 스펙트럼의 띠보다 폭이 더 넓으며, 혼합물 확인 목적에는 별로 이용되지 않는다.

전이 형태	ε_{max} 값의 전형적인 범위 ($dm^3mol^{-1}cm^{-1}$)	화합물의 예
스핀-금지 d–d 전이	< 1	$[Mn(H_2O)_6]^{2+}$(고스핀 d^5)
Laporte-금지, 스핀-허용 d–d 전이	1~10	$[Ti(H_2O)_6]^{3+}$(d^1) 같은 반전성 착물
	10~1,000	$[NiCl_4]^{2-}$ 같은 비반전성 착물
전하 이동(완전 허용)	1,000~50,000	$[MnO_4]^-$

결정장 이론(crystal field theory; CFT)은 착화합물의 전자-흡수 스펙트럼을 이해하는데 유용하다. 단순한 경우로서 $[Ti(H_2O)_6]^{3+}$ 착이온(d^1: $t_{2g}{}^1e_g{}^0$ 전자 배치) 스펙트럼을 예로 들어 보자. 이 이온의 스펙트럼은 20,300 cm^{-1}(510 nm) 부근에서 단일 흡수 띠를 나타낸다. 리간드 H_2O가 Ti^{3+} 이온과 팔면체 착화합물을 형성하면, 동일-에너지 d-궤도함수들(즉, 기체 상태의 자유-이온 d-궤도함수들)이 2개의 묶음(t_{2g}와 e_g)로 분리되며, 바닥-상태 전자 배치는 $t_{2g}{}^1e_g{}^0$다. 적당한 파수의 빛과 착화합물이 상호작용을 하면, $t_{2g}{}^1e_g{}^0 \rightarrow t_{2g}{}^0e_g{}^1$ 전자 들뜸이 일어난다. 실험으로부터 파수 20,300 cm^{-1} 빛이 필요한 것을 알면, 리간드가 물일 때 팔면체장에서 d^1의 **결정장-갈라짐 에너지**(crystal field splitting energy, Δ_o)를 계산할 수 있다.

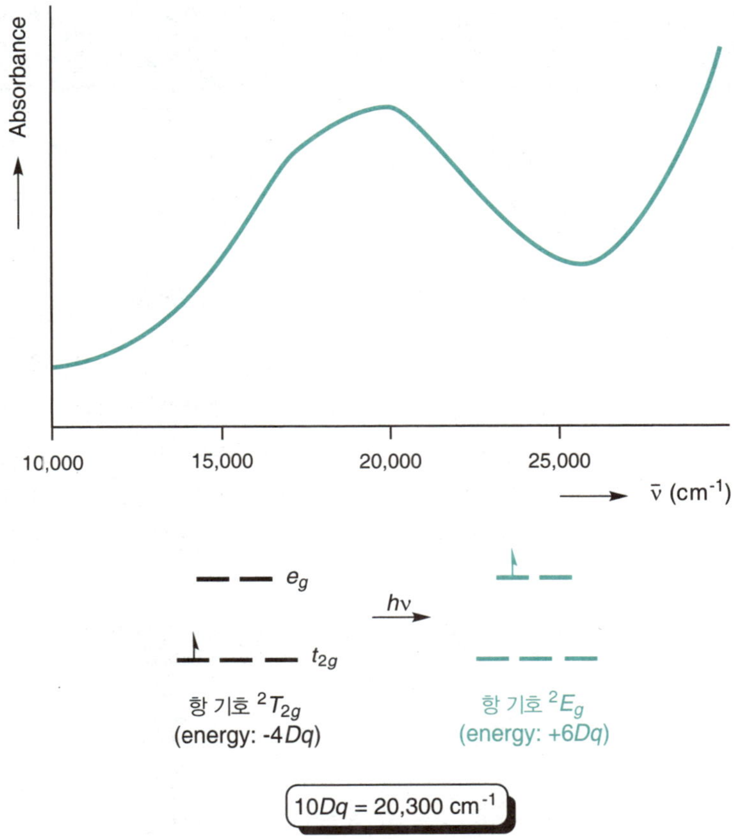

◀ 정팔면체장에서 $[Ti(H_2O)_6]^{3+}$ (d^1)의 에너지 준위 도표(위) 및 d–d 전자 전이(아래)

몇 가지 수화 이온의 결정장 갈라짐 에너지

에너지(cm^{-1})	Ti	V	Cr	Mn	Fe	Co	Ni	Cu
$\Delta(M(H_2O)_6^{2+})$		12,200	13,900	7,800	10,400	9,700	8,500	12,500
$\Delta(M(H_2O)_6^{3+})$	20,300	19,000	17,400	21,000	14,000	20,000		

+3가 코발트 배위 화합물은 열역학적으로 매우 안정하며, 쉽게 환원되지 않는다. 대부분은 6-배위 정팔면체 배위 화합물이고, 이것들에 대한 연구는 다른 금속의 배위 화합물에 대한 연구보다 많이 이루어졌다. 이 화합물에 대한 연구는 배위 화합물의 전도도, 결정장 이론, 결정장 갈라짐 에너지($\Delta = 10Dq$), 리간드장 이론(ligand field theory) 등 착이온(complex ion)의 특성을 잘 설명해준다.

이온으로 구성된 착염(complex salt)을 정성 분석하는 데 한 가지 중요한 방법이 전기 전도도를 측정하는 방법이다. 착염을 구성하는 이온 개수가 많을수록, 전기 전도도 값이 크다. 같은 1 M의 용액이라도 $[Co(NH_3)_4Cl_2]Cl$보다 $[Co(NH_3)_5Cl]Cl_2$이, $[Co(NH_3)_5Cl]Cl_2$보다 $[Co(NH_3)_6]Cl_3$의 전기 전도도 값이 더 크다. 몰 전도율(molar conductivity)은 용액에 따라 차이가 있으며, 다음 도표는 각 용액에서의 전해질의 수와 몰 전도율을 나타낸 것이다.

몰 전도율, $\Omega^{-1}cm^2mol^{-1}$				
용매 \ 전해질의 수	1:1	1:2	1:3	1:4
물	120~130	230~270	400~450	560~
Nitromethane	70~100	150~180	220~260	290~330
Acetonitrile	120~160	220~330	340~420	470~
Methanol	80~115	160~220		
DMF	65~90	130~170	200~240	

또한, 정팔면체 코발트(III) 화합물은 결정장 이론과 리간드장 이론을 설명하는 모형 화합물로서도 유용하다. 특히 낮은 스핀의 정팔면체 d^6 착화합물의 스펙트럼은 비교적 간단하기 때문에 해석하기 쉬우며, 리간드의 종류에 따라 $10Dq$ 값이 달라진다. 이 값은 전자 전이에 관련된 흡수 에너지와 관계가 있으며, $10Dq$ 값이 클수록 짧은 파장의 빛이 흡수된다. 아래 도표는 몇 가지 대표적인 코발트(III) 착화합물의 색깔과 흡수 파장을 나타낸 것이다.

착이온	관찰되는 색	흡수 파장, nm
$[Co(NH_3)_6]^{3+}$	노랑	430
$[Co(NH_3)_5(NCS)]^{3+}$	주황	470
$[Co(NH_3)_5(H_2O)]^{3+}$	빨강	500
$[Co(NH_3)_5Cl]^{3+}$	보라	530
trans-$[Co(NH_3)_4Cl_2]^{3+}$	녹색	680

2 실험

실험에 필요한 시약은 cobalt(II) chloride hexahydrate, ammonium chloride, ammonia water, methanol, diethylether, acetone, hydrochloric acid, ethylenediamine, hydrogen peroxide, ammonium carbonate이며, 모든 시약은 시약급(reagent grade)이며 정제하지 않고 사용된다.

2.1 Hexaamminecobalt(III) chloride

$$4CoCl_2 + 4NH_4Cl + 20NH_3 + O_2 \rightarrow 4[Co(NH_3)_6]Cl_3 + 2H_2O$$

$CoCl_2 \cdot 6H_2O$ 24 g(0.1 mol)과 NH_4Cl 16 g을 증류수 20 mL에 넣는다. 반응 혼합물을 교반하여 대부분의 염을 녹인 후, 활성탄 0.4 g과 진한 암모니아수 50 mL를 첨가한다. 빨간색 용액이 황갈색으로 변할 때까지 공기를 주입한다(약 4시간). 이때 공기 주입관은 코발트(III) 화합물이 달라붙어 막히는 것을 방지하기 위하여 10 mm 정

도 직경의 굵은 것이 좋다. 결정과 활성탄을 감압 깔때기로 거른 후, 진한 염산 15~30 mL를 물 150 mL에 녹인 용액을 첨가한다. 용액을 가열한 후, 용액이 뜨거운 상태로 여과한다. 여과액에 진한 염산 40 mL를 첨가한 후 얼음 수조에서 0°C까지 천천히 냉각하면, $[Co(NH_3)_6]Cl_3$가 얻어진다. 침전을 거른 후, 60% 에탄올과 95% 에탄올로 세척한다. 생성물을 80~100°C에서 건조한다.

2.2 Tris(ethylenediamine)cobalt(III) chloride

$$4CoCl_2 + 8NH_2CH_2CH_2NH_2 + 4NH_2CH_2CH_2NH_2 \cdot HCl + O_2 \rightarrow 4[Co(en)_3]Cl_3 + 2H_2O$$

30% 에틸렌다이아민($NH_2CH_2CH_2NH_2$, *en*) 30 g을 6 M HCl 8 mL로 부분적으로 중화시킨 후, 혼합물을 $CoCl_2 \cdot 6H_2O$ 12 g을 증류수 38 mL에 녹아 있는 용액에 첨가한다. 공기를 주입시켜 산화시킨 다음(약 3시간), 전체 용액이 10 mL가 될 때까지 가열하여 농축시킨다. 여기에 진한 염산 7.5 mL와 에탄올 15 mL를 첨가한다. 이 용액을 얼음수조로 냉각한 후, 얻어진 $[Co(en)_3]Cl_3$ 결정을 거른 후, 다이에틸에테르로 세척하고 오븐에서 건조한다.

2.3 Chloropentaamminecobalt(III) chloride

$$CoCl_2 + 2NH_4Cl + 8NH_3 + H_2O_2 \rightarrow 2[Co(NH_3)_5(H_2O)]Cl_3$$
$$[Co(NH_3)_5(H_2O)]Cl_3 \rightarrow [Co(NH_3)_5Cl]Cl_2 + H_2O$$

NH_4Cl 25 g(0.47 mol)을 진한 암모니아수(14.7 M) 150 mL에 녹인다. 곱게 갈은 $CoCl_2 \cdot 6H_2O$ 50 g(0.21 mol)을 녹을 때까지 천천히 저어주면서 조금씩 첨가한다. 열이 발생되면서 노란-핑크색의 $[Co(NH_3)_6]Cl_2$의 침전이 생성된다.

> 다음의 모든 과정은 후드 안에서 수행한다.

50~60°C로 가열한 $[Co(NH_3)_6]Cl_2$ 곤죽(slurry)을 잘 저어주면서, 30% H_2O_2 40 mL (0.39 mol)를 뷰렛으로 천천히 첨가한다. 이 반응은 발열 반응이고, 거품이 발생한다. 거품이 사라지면, 진한 붉은 색의 $[Co(NH_3)_5(H_2O)]Cl_3$가 생성된다. 여기에 진한 HCl(12 M) 150 mL(1.8 mol)를 천천히 첨가한다. 이 중화 반응 중에 반응 혼합물의 온도가 상승하며 자주색 결정이 생성되고, 용액은 파란색을 띤 초록색이 된다. 이 혼합물을 15분 동안 90°C로 가열한 후, 실온으로 냉각하여 감압 여과한다. 얻어진 침전물을 얼음물로 세척한 후(총 100 mL), 같은 양의 차가운 6 M 염산으로 세척한다. 에탄올과 아세톤으로 씻은 후 100~110°C에서 1~2시간 동안 건조한다.

2.4 Carbonatopentaamminecobalt(III) nitrate

$$4Co(NO_3)_2 + 4(NH_4)_2CO_3 + 16NH_3 + O_2$$
$$\rightarrow 4[Co(NH_3)_5(CO_3)]NO_3 + 4NH_4NO_3 + 2H_2O$$

증류수 15 mL에 $Co(NO_3)_2 \cdot 6H_2O$ 30 g(0.103 mol)을 가한 후, 증류수 45 mL에 $(NH_4)_2CO_3$ 45 g(0.468 mol)과 진한 암모니아수(밀도 0.88 g/mL, 28%) 75 mL를 녹인 용액을 완전히 혼합한다. 24시간 동안 공기를 불어 넣은 후, 혼합물을 얼음–소금 수조에서 하룻밤 놓아둔다. 생성물을 여과하여 5 mL 이상의 얼음물로 세척한 후, 에탄올과 다이에틸에테르로 세척한다. 생성물을 50℃에서 건조시킨다. 이것을 증류수에서 재결정하여 순도를 높일 수 있다. 생성물 18 g을 증류수 55 mL에 넣고 90℃에서 교반한다. 이것을 여과한 후, 여과액을 4℃ 냉장고에 넣어둔다. 생성된 결정을 여과한 뒤, 차례로 얼음물 5 mL, 에탄올, 다이에틸에테르로 세척한 후, 50℃에서 건조시킨다.

추가 실험

1. Hexaamminecobalt(III) chloride, chloropentaamminecobalt(III) chloride 및 carbonatopentaamminecobalt(III) nitrate의 몰 전도율을 측정하라.
2. 증류수를 용매로 사용하여 각각의 화합물의 UV-vis 스펙트럼을 측정하고 화합물의 색깔을 비교하라.
3. Carbonatopentaamminecobalt(III) nitrate의 IR 스펙트럼을 측정하라.

3 결과 및 토의

3.1 실험에 관련된 질문

- UV-vis 스펙트럼에서 각각의 전이는 어떤 에너지 항들 사이의 전이에 해당하는가?
- Tanabe–Sugano 도표를 이용하여, 실험에서 얻은 각 화합물의 UV-vis 스펙트럼의 피크들의 $10Dq$ 값을 구하고, 분광화학적 계열을 만들어 보아라. 단, 모든 화합물의 구조를 정팔면체로 가정하라.
- $[Co(NH_3)_5(CO_3)]NO_3$의 IR spectrum에서 CO_3^{2-}는 기본 전이 띠(fundamental transition band) 몇 개를 갖겠는가? 단, CO_3^{2-} 리간드와 결합한 pentaammine-cobalt(III) 자리는 구로 가정하여라.

3.2 스펙트럼과 분광화학적 계열

UV-vis 분광기를 이용하여 착화합물의 최대 흡수 파장을 측정하면, Co(III) 배위 화합물의 결정장-갈라짐 에너지($\Delta = 10Dq$)를 구할 수 있다. 최대 흡수 파장이 짧을수록, 결정장-갈라짐 에너지가 크다. 이러한 결정장-갈라짐 에너지에 영향을 미치는 요소들은 중심 금속의 산화수, 금속의 종류, 배위수, 구조, 리간드의 종류 등이 있다. 본 실험에서와 같이 금속의 종류와 산화수 및 기하 구조가 같을 때는, 리간드의 종류에 따라 결정장-갈라짐 에너지가 차이가 난다. 분광학 방법으로 리간드들의 장의 세기를 측정하여, 세기 순서로 나열한 것이 **분광화학적 계열**(spectrochemical series)이다. 이 계열은 다음과 같다.

$I^- < Br^- < S^{2-} < SCN^- < Cl^- < NO_3^- < N_3^- < F^- < OH^- < C_2O_4^{2-} \approx H_2O < NCS^- < CH_3CN <$ *py*(pyridine) $< NH_3 <$ *en*(ethylenediamine) $<$ *bipy*(2,2′-bipyridine) $<$ *phen*(1,10-phenanthroline) $< NO_2^- < PPh_3 < CN^- \approx CO$

한편 cobalt(III) d^6의 전자-흡수 스펙트럼을 아래의 **Tanabe–Sugano 도표**를 이용하여 해석할 수 있다. 높은 스핀(high spin)의 경우, 스핀-허용 전이는 오직 $^5T_{2g} \rightarrow {}^5E_g$의 하나밖에 없으며, 흡수 띠 한 개만 나타난다. 그러나 낮은 스핀(low spin)의 경우, 낮은 에너지(가시광선) 영역에서 $^1A_{1g} \rightarrow {}^1T_{1g}$와 $^1A_{1g} \rightarrow {}^1T_{2g}$의 두 개의 스핀-허용 전이가 가능하며, 이보다 높은 에너지의 전이는 완전-허용 전이(totally allowed transition)에 가려 관찰할 수 없다.

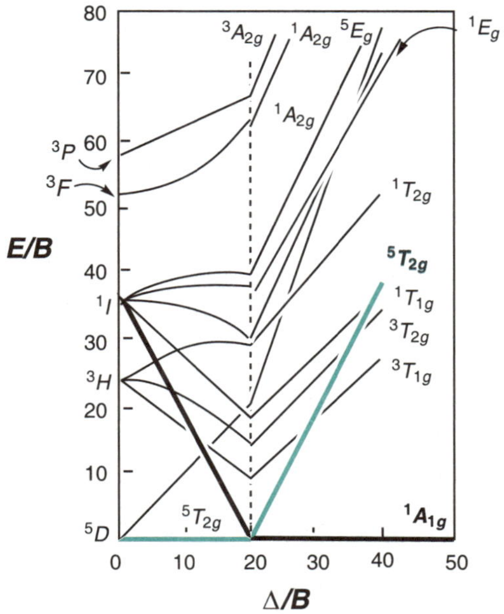

◀ 정팔면체 구조의 d^6 전자 배치에 대한 Tanabe–Sugano 도표

참고문헌

1. Allcock, H. R. Inorg. Synth. **1946**, Vol 2. pp 216~225, and references are therein.
2. Allcock, H. R. Inorg. Synth. **1953**, Vol 4. pp 171~172, and references are therein.
3. Allcock, H. R. Inorg. Synth. **1967**, Vol 9. pp 160~163, and references are therein.
4. Lever, A. B. P. Inorganic Electronic spectroscopy, 2nd ed.: Elsevier; New York, 1986.
5. Joergensen, C. K. Mordern Aspects of Ligand Field Theory; Elsevier, New York, 1971, Chap. 26.
6. Mead, A. *Trans, Faraday Soc.* **1934**, *30*, 1052.
7. Tanabe, Y; Sugano, S. *J. Phys. Soc. Jpn.* **1954**, *9*. 766.

실험 6

기하 이성질체(geomtric isomer): *cis*-, *trans*-dichlorobis(ethylenediamine)cobalt(III) chloride의 합성

이 실험에서 학생들은 *trans*-dichlorolbis(ethylenediamine)cobalt(III) chloride와 *cis*-dichlorobis(ethylenediamine)cobalt(III) chloride를 합성한다. 6-배위 Co(III) 화합물의 이성질체 합성 실험을 통하여, 착화합물의 기하 이성질체들의 특성에 대한 다양한 지식을 습득할 수 있다.

1 들어가며

이성질체들(isomers)은 같은 화학식을 갖고 있지만 다른 구조식을 가진 화합물들이다. 배위 화합물의 **이성질 현상**(isomerism)은 많은 연구의 대상이며, 일반적으로 다음과 같이 구분될 수 있다.

- 기하 이성질 현상(geometrical isomerism)
- 광학 이성질 현상(optical isomerism)
- 이온화 이성질 현상(ionization isomerism)
- 수화 이성질 현상(hydrate isomerism)
- 배위 이성질 현상(coordination isomerism)
- 결합 이성질 현상(linkage isomerism)

기하 이성질 현상

기하 이성질체들은 리간드들이 중심 원자에 다르게 배위되어 있는 화합물들이다. 예를 들면, MA_4B_2 (M = 금속, A, B = 한-자리 리간드)의 화학식을 갖는 정팔면체 착화합물에서, 두 종류의 리간드들이 중심 금속에 각각 4개와 2개가 배위되어 있으며, 이것들의 가능한 배위 방식들이 아래에 제시되어 있다. 이 경우, 가능한 기하 이성질체 개수는 두 개다. 기하 이성질체들은 서로 다른 성질들을 갖기 때문에 완전히 다른 화합물들이다. 따라서 두 이성질체가 함께 얻어지는 대부분의 합성에서, 이성질체의 용해도 차이와 반응성 차이를 이용하여 이성질체들을 분리할 수도 있다.

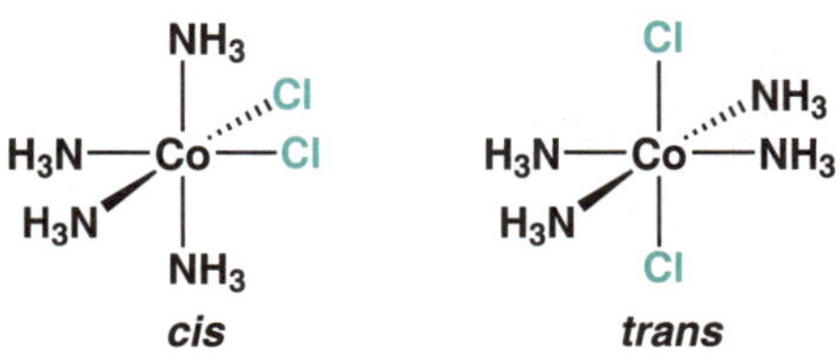

◀ Tetraamminedichlorocobalt(III) 이온의 *cis*-이성질체(왼쪽), *trans*-이성질체(오른쪽)

기하 이성질체들은 빈번하게 ethylenediamine(*en* = $H_2NCH_2CH_2NH_2$) 같이

두-자리(bidentate) 리간드를 함유하고 있다. Co(III) 착화합물의 치환 반응은 다른 금속 착화합물의 치환 반응에 비해 상당히 느리다. 이러한 상대적 안정성 때문에, 정팔면체 착화합물에 관련된 많은 이론이 Co(III) 착화합물로부터 얻어졌다. 또한 Co(III) 이온은 ammonia, amine, NCS^-같은 질소-주개 리간드와 강하게 결합하는 경향성을 갖고 있다. $Co(en)_2Cl_2 \cdot 6H_2O$와 *en* 혼합물에 진한 염산을 첨가한 후, 수용액 상에서 공기 중의 산소로 Co(II) 이온을 Co(III) 이온으로 산화시켜 *trans*-$[Co(en)_2Cl_2]Cl$를 합성할 수 있다. Co(III)은 물과 반응하기 때문에, Co(II) 화합물이 사용된다.

$[Co(en)_2Cl_2]^+$의 기하 이성질체들: *cis*-이성질체(왼쪽)와 *trans*-이성질체(오른쪽)의 구조 ▸

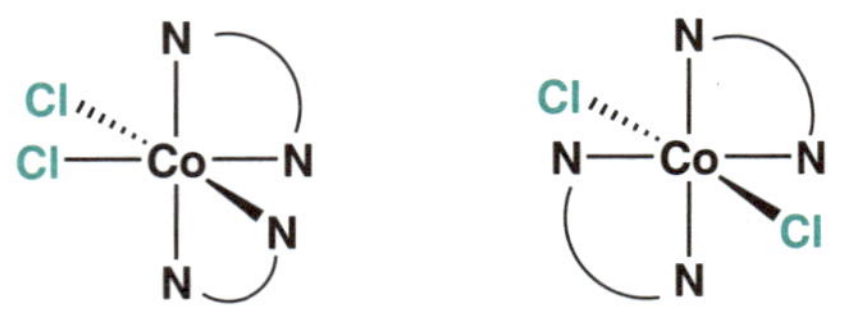

2 실험

2.1 *trans*-$[Co(en)_2Cl_2]Cl$의 합성

다음 그림과 같이, 가지-달린 시험관에 $CoCl_2 \cdot 6H_2O$ 6 g(25.2 mmol), 물 10 mL, 10% *en* 20 mL(29.9 mmol)를 넣는다. 클램프를 이용하여 반응 시험관을 80°C 물중탕에 넣고 아스피레이터를 연결한다. 용액을 통하여 공기가 느리지만 일정한 속도로 빠져나가도록 아스피레이터를 틀어준다. 반응 혼합물이 자주색으로 변하면, 그 상태에서 1시간 동안 유지시킨다. 줄어든 물의 부피를 보충하기 위해 공기 주입구를 통하여 가끔 물을 첨가한다. 아스피레이터를 제거하고 물중탕으로부터 반응 시험관을 꺼낸 후 50~60°C로 냉각시킨다. 진한 염산 12 mL를 공기 주입구를 통하여 넣고, 몇 분 동안 손으로 흔들어주면, 반응 혼합물이 진한 자주색으로 변한다. 시험관을 다시 물중탕에 넣은 후, 아스피레이터에 연결하여 10분 정도 공기를 불어 넣어준다. 용액을 100 mL 비커에 옮겨 부은 후, 생성물 결정이 생길 때까지 계속해서 용액의 부피(원래 용액 부피의 $\frac{1}{2}$~$\frac{1}{3}$)를 줄여 준다. 물중탕에서 비커를 꺼낸 후 얼음 수조에서 냉각시켜 결정을 키운다. 형성된 결정을 감압 깔때기로 거른 후 다이에틸에테르로 세척한다. 생성물을 말린 뒤에, 수득률을 계산한다.

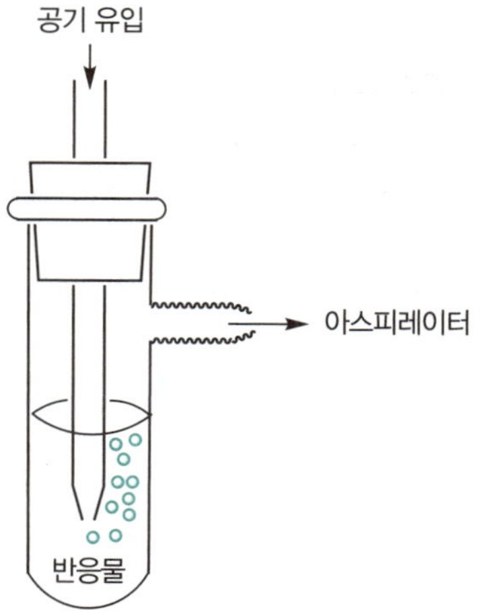

2.2 *cis*-$[Co(en)_2Cl_2]Cl$의 합성

100 mL 비커에 *trans*-$[Co(en)_2Cl_2]Cl$ 0.45 g(1.57 mmol)을 넣고 5 mL의 물에 녹인다. 용액을 뜨거운 가열판 위에 10~20초간 놓아두면 보라색으로 변한다. 이 결과물을 얼음 수조에서 급히 냉각시킨다. 가열되면 *cis*-형태가 *trans*-형태로 바뀌므로, 용액을 실온에서 일주일간 방치시켜 물을 완전히 증발시킨다.

두 형태의 이성질체의 수용액의 UV-vis 스펙트럼을 측정하여 두 화합물의 결과를 비교한다.

3 결과 및 토의

- 기하 이성질체의 구별법을 제시해보라.
- 두 기하 이성질체 중에서 광학 이성질체를 갖는 것은 무엇인가?
- 두 기하 이성질체 착이온의 쌍극자 모멘트에 대하여 기술하라.
- *cis*-, *trans*-이성질체의 UV-vis 스펙트럼을 측정하여 두 화합물의 결과를 비교하라.
- *cis*-, *trans*-이성질체 사이에 변환시킬 수 있는 방법을 제시해보라.

참고문헌

1. Bailer, J. C., Jr., "Research in the Stereochemistry of cobalt Complexes" in Stereochemistry of Optically Active Transition metal Compounds, ACS Symposium Series No. 199, Bosie E. D.: Saito Y., Eds., American Chemical Society: Washington, DC, 1980.
2. Bailer, F. C. Jr. *Inorg. Syn.* **1946**, *2*, 222.

3. Baldwin, M. E. *J. Chem. Soc.,* **1960**, 4369.
4. Chatt, J. *J. Chem. Soc.,* **1951**, 2532.
5. Quagliano, J. V. *J. Am. Chem. Soc.* **1958**, *80*, 527.
6. Jones, M. M., "Elementary Coordination Chemistry", Prentice-Hall, New York, 1964.
7. Lee, D. J. "Concise Inorganic Chemistry", 4th Ed., Chapman & Hall, London, 1991, p. 194.

실험 7

결합 이성질체(linkage isomer) pentaamminenitrocobalt(III) chloride와 pentaamminenitritocobalt(III) chloride의 합성

배위 화합물이 나타내는 여러 이성질 현상 중에서 결합 이성질 현상을 이해하고, 결합 이성질체들을 합성하여 분광학적 특성을 확인하는 것이 본 실험의 목표다.

1 들어가며

몇몇 리간드는 두 종류 이상의 주개 원자를 통하여 전이 금속에 배위하는 소위 여러-자리 리간드(multidentate 또는 polydentate 리간드)다. 이러한 여러-자리 리간드는 결합하는 주개 원자에 따라 서로 다른 이성질체를 만든다. 화학자들은 이러한 이성질 현상을 **결합 이성질 현상**(linkage isomerism)이라고 부른다. 여러-자리 리간드들 중에서 두 종류의 주개 원자를 가진 리간드가 양쪽성 또는 두-자리 리간드(ambidentate ligand)며, 그 예로 CN^-, SCN^-, NO_2^- 등을 들 수 있다. 이것들 중에서 가장 먼저 보고되고 철저히 연구된 예는 $[Co(NH_3)_5(NO_2)]^{2+}$와 $[Co(NH_3)_5(ONO)]^{2+}$가 함유하고 있는 NO_2^- 리간드다. NO_2^-가 산소를 통하여 금속에 배위하면 (즉, *O*-배위) **나이트라이토**(nitrito) 리간드고, 질소를 통하여 금속에 배위하면 (즉, *N*-배위) **나이트로**(nitro) 리간드다.

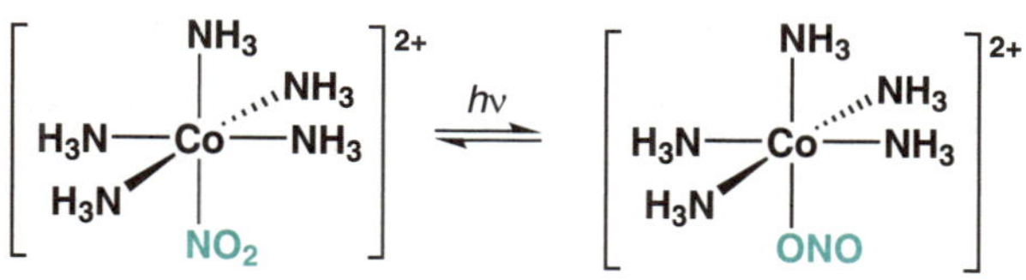

◀ pentaamminenitrocobalt(III) 착이온(왼쪽)과 Pentaamminenitritocobalt(III)착이온(오른쪽)

SCN^- 리간드 역시 두-자리 리간드며, *S*-배위하면, **싸이오사이아네이토**(thiocyanato) 리간드고, *N*-배위하면, **아이소싸이오사이아네이토**(isothiocyanato) 리간드다.

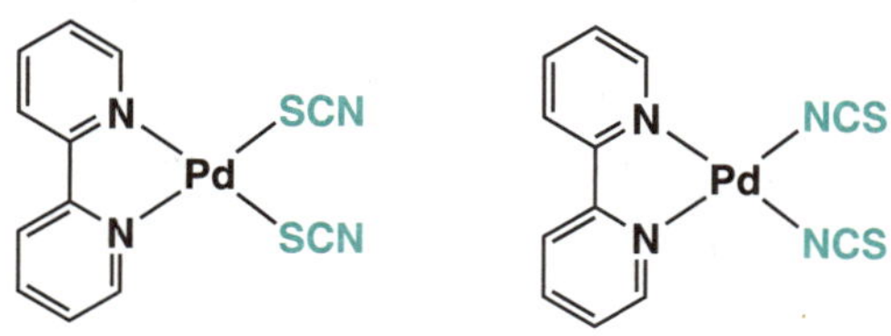

◀ SCN^- 리간드의 *S*-배위(왼쪽)와 *N*-배위(오른쪽)

일반적으로, 결합 이성질체들이 모두 동일한 안정성을 갖고 있지는 않다. 예를 들어 위의 그림에서 왼쪽 *S*-배위 화합물에 열이 가해지면 오른쪽 *N*-배위 화합물로 변환된다. 왜냐하면 *N*-배위 화합물이 더 안정하기 때문이다. 또한, 모든 경우에서 결합 이성질체들이 함께 얻어지지는 않는다. 즉, 한 이성질체가 다른 이성질체에 비해 매우 안정하다면, 그 이성질체만 얻을 수 있다. 아래 그림에서 SCN^- 리간드가 왼쪽 착화합물에서는 *S*-배위하고 있고, 오른쪽 착화합물에서는 *N*-배위하고 있다.

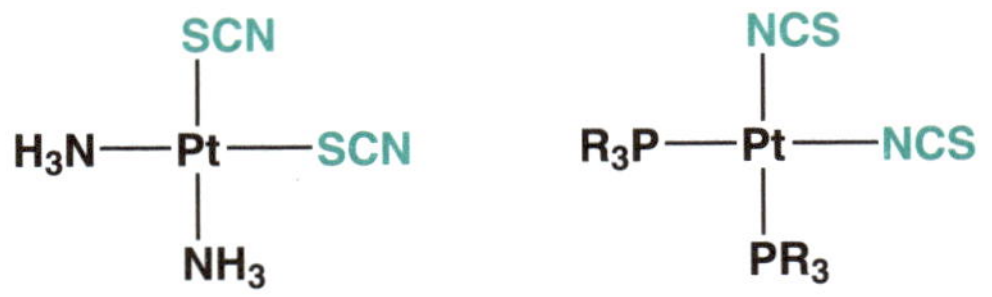

이러한 특정한 결합 이성질체의 안정성은 전자 효과, 공생(symbiosis) 관계, 입체 장애 등으로 설명될 수 있다.

2 실험

실험에 필요한 시약은 chloropentaamminecobalt(III) chloride ($[Co(NH_3)_5Cl]Cl_2$), sodium nitrite ($NaNO_2$), 암모니아 수(NH_4OH, 밀도 0.88 g/mL)며, 모든 시약은 시약 등급(reagent grade)으로 정제하지 않고 사용한다.

2.1 Pentaamminenitritocobalt(III) chloride의 합성

$[Co(NH_3)_5Cl]Cl_2$ 2.0 g을 물 30 mL와 NH_4OH 10 mL(밀도 0.88 g/mL) 혼합 용액에 녹인다. 필요하다면 착화합물이 다 녹을 때까지 따뜻하게 유지한다. 결과 용액을 4 M HCl로 중화시킨 후 (리트머스 종이로 확인할 수 있다) 냉각한다. $NaNO_2$ 2.0 g을 가한 후 용액을 1~2 시간 놓아둔다. 얼음에서 냉각한 후, 빨간색 생성물을 거른 후 얼음물과 에탄올로 세척한다. 실온에서 건조한다.

2.2 Pentaamminenitrocobalt(III) chloride의 합성

$[Co(NH_3)_5Cl]Cl_2$ 2.0 g을 2 M NH_4OH 30 mL에 녹인다. 착화합물이 녹을 때까지 물중탕에서 따뜻하게 유지한다. 이를 냉각한 후 pH = 4가 될 때까지 4 M HCl을 첨가한다. $NaNO_2$ 3.0 g을 가한 후 처음에 생긴 빨간색 침전이 녹을 때까지 천천히 가열한다(어떤 경우에는 빨간색 침전이 순간적으로 생겼다가 사라진다). 이 용액을 냉각한 후, 진한 염산 30 mL를 조심스럽게 가한다. 얼음으로 냉각시킨 후 노란색 결정을 걸러서 에탄올로 세척한다.

2.3 추가 실험

- 두 이성질체의 IR 스펙트럼을 측정하라. 측정에 필요한 시료는 합성 과정에서 얻은 생성물을 즉시 사용하라.

- 두 이성질체를 150℃ 정도로 가열하면 어떤 현상이 발생하는지 관찰하라.
- 두 이성질체의 색깔을 비교해 보고, 물을 용매로 사용하여 UV-vis 스펙트럼을 얻어라. 합성 과정에서 얻어진 생성물을 측정용 시료로 즉시 사용하라. 또한, 각각의 저장 용액을 형광등 불빛 아래 1시간 동안 방치한 후, UV-vis 스펙트럼을 측정하여 처음 얻은 스펙트럼과 비교해 보아라.

3 결과 및 토의

3.1 실험과 관련된 질문

- SCN^-, NO_2^-, 그리고 CN^-과 같은 양쪽성 리간드가 결합된 결합 이성질체는 특정 주개 원소로 결합했을 때 더 안정하다. 다음 화합물의 타당한 구조를 그려라.

  Pentaamminecobalt(III)-μ-thiocyanato-pentacyanocobalt(III)
  Pentaamminecobalt(III)-μ-cyano-pentacyanocobalt(III)

- Pentaamminenitrocobalt(III) chloride와 pentaamminenitritocobalt(III) chloride 중에서 어느 것이 더 안정한 화합물인가? 수행한 실험을 근거로 이유를 설명하라.

3.2 이성질체의 성질

두 화합물의 합성은 모두 처음에 $[Co(NH_3)_5Cl]^{2+} + NO_2^- \rightarrow [Co(NH_3)_5NO_2]^{2+} + Cl^-$의 반응으로 반응이 진행되며, Co(III)에 *O*-배위된 nitrito 이성질체가 먼저 생성된다. 여기에 열을 가하면 *N*-배위된 nitro 이성질체로 변환된다. 액체 상태에서는 다음과 같이 평형이 존재하며, 평형 상수는 조건에 따라 다르다. 예를 들면, 산이나 빛에 의하여 평형이 오른쪽으로 이동한다. 전자 흡수 스펙트럼은 nitrito 이성질체와 nitro 이성질체를 확인하는 데 별로 도움을 주지 않는다.

$$[Co(NH_3)_5(ONO)]^{2+} \rightleftharpoons [Co(NH_3)_5(NO_2)]^{2+}$$

실온에서 고체 상태에서는, 위의 평형 반응이 아주 느리게 진행된다. 따라서 고체-상태 IR 스펙트럼은 두 이성질체를 구분하는 데 매우 유용하다. 다음은 두 이성질체의 IR 스펙트럼 피크들이다.

$[Co(NH_3)_5NO_2]Cl_2$	$[Co(NH_3)_5ONO]Cl_2$
~3200 vs (vb)	~3200 vs (vb)
~1600 m (vb)	~1600 m (vb)
–	1450 s
1425 vs	–
1345 w	–
1315 vs	1315 vs
1220 w	1220 w
–	1060 vs
840 s (b)	840 s (b)
820 s	–
590 m	–
495 w	–
430 w (b)	–

참고문헌

1. Faust, J. P.; Quagliano J. V. *J. Am. Chem. Soc.* **1954**, *76*, 5346

2. Svatos, C. F.; Curran, C,; Quagliano J. V. *J. Am. Chem. Soc.* **1955**, *77*, 6159.

3. Penland, R. B.; Lane, T. J.; Quagliano J. V. *J. Am. Chem. Soc.* **1956**, *78*, 887.

4. Beatie, I. R.; Satchell, D. P. N. *Trans, Faraday Soc.* **1960**, *52*, 1590.

5. Norbury, A. H. *Adv. Inorg. Chem. Radiochem.* **1975**, *17*, 232.

6. Basolo, F.; Burmeister, J. L.; Poe, A. J. *J. Am. Chem. Soc.* **1963**, *85*, 1700.

7. Basolo, F. *Inorg. Chem.* **1964**, *3*, 1587.

8. Burmeister, J. L.; DeStefano, N. J. *Chem. Commun.* **1970**, 1968.

9. Meek, D. W.; Nicpon, P. E.; Meek, V. I. *J. Am. Chem. Soc.* **1970**, *92*, 5351.

10. Clark, G. R.; Palenik, G. J. *Inorg. Chem.* **1970**, *9*, 2754.

실험 8

라세미 혼합물 $[Co(en)_3]^{3+}$로부터 광학 이성질체의 분리

이 실험의 핵심은 라세미 $[Co(en)_3]^{3+}$을 합성하고, (+)와 (−) 이성질체를 분리한 후, 이것들의 UV-vis과 IR 스펙트럼 및 편광계를 통해 고유 광회전도를 구하고, 광학적 순도를 계산하는 것이다. 그러므로 이 실험은 광학 이성질체, 분광학(UV-vis과 IR) 및 편광계 등과 관련되어 있다. 학생들은 이 실험을 통하여 화합물을 합성하고 스펙트럼을 해석하는 기법을 익혀서 자신들의 실험 역량을 높일 수 있을 것으로 기대된다.

1 들어가며

광학 활성(optical activity)은 거울상 이성질체가 편광(polarized light)을 시계 방향(clockwise) 또는 시계 반대 방향(counter-clockwise)으로 회전하는 현상이다. 좀 더 엄밀하게 말하자면, 화합물이 어떠한 대칭 원소도 가지지 않는 **비대칭**(asymmetric)이거나 대칭 원소들 중에서 반사−대칭축(rotation−reflection axis)을 가지지 않은 **불완전-비대칭**(dissymmetric)일 때, 광학 활성을 나타낸다. 광학 이성질체(optical isomer)들은 서로 거울상이며, 거울상들끼리 겹쳐지지 않는 손대칭성(chirality)을 가진다.

일반적으로 광학 이성질체의 화학적·물리적 성질은 동일하다. 하지만, 광학 이성질체들이 다른 광학 이성질체와의 반응을 통해 **부분 입체 이성질체**(diastereomer)들을 형성하면, 이것들은 다른 화학적 성질을 갖는다. 따라서 부분 입체 이성질체들의 생성 반응은 소위 **분할**(resolution)로 알려진 광학 이성질체의 분리 방법으로 이용된다.

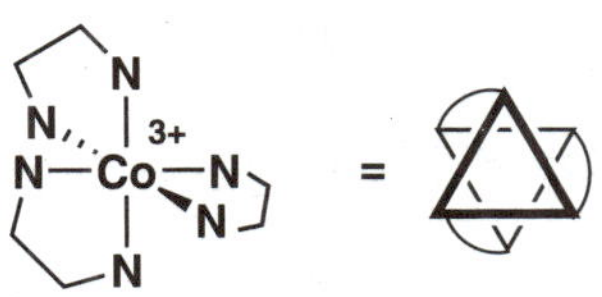

d(+) $Co(en)_3^{3+}$

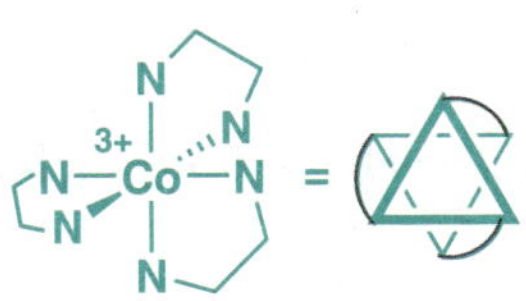

l(+) $Co(en)_3^{3+}$

1912년 Werner는 팔면체 코발트 착화합물 $[Co(en)_3]^{3+}$가 거울상 이성질체들을 갖는다고 보고하였다. 여기서 *en*은 리간드 $NH_2CH_2CH_2NH_2$를 표기한다. Werner가 분리한 두 개의 이성질체는 C_3-회전축을 가진 불완전 비대칭 분자들이며, 편광면을 오른쪽으로 회전시키는 이성질체는 Δ(dextrorotatory) 혹은 (+)로 표기되고, 편광면을 왼쪽으로 회전시키는 이성질체는 Λ(levorotatory) 혹은 (−)로 표기된다. 편광면의 회전 정도는 편광계(polarimeter)로 측정될 수 있다. 편광계의 대략적인 모식도는 아래와 같다.

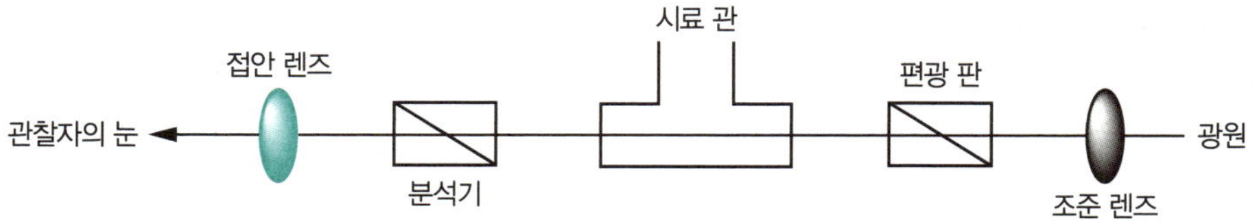

편광계에 가장 많이 사용되는 광원은 589.3 nm 파장의 소듐 D선이다. 우리 눈은 황색 빛보다는 녹색 빛을 더 잘 구별할 수 있기 때문에, 편광계의 광원으로 소듐 D선 대신에 가끔 546.1 nm의 수은 녹색 선이 사용되기도 한다. 편광계의 편광판과 분석기는 방해석 프리즘이 주로 사용되고, 시료 관에는 유리가 주로 사용된다. 광학 활성을 가지는 물질이 시료 관에 존재하게 되면, 편광면의 회전이 일어난다. 한 쌍의 광학 이성질체들은 편광면을 같은 정도로 회전시키지만, 회전 방향들이 반대다. 편광계에서 측정하는 시료의 농도를 c (단위: g/mL), 광원의 경로 길이(또는 시료 길이)를 l (단위: decimeter), 관찰·측정된 고유 광회전도(specific rotation) $[\alpha]$, 알려진 특정 파장의 광원에 대한 고유 광회전도를 $[\alpha]_d$라고 할 때, 특정 파장의 고유 **광회전도** $[\alpha]_d$는 아래와 같이 표현된다.

$$[\alpha]_d = [\alpha]/(l \cdot \mathrm{c})$$

파장이 589.6 nm인 광원을 사용하고, 시료 길이 l이 1 dm인 시료 관에서 농도 c가 1 g/mL인 시료를 사용할 때 관찰되는 회전도로 $[\alpha]_d$ 값이 정의된다.

이 실험의 목적은 먼저 라세미 $[Co(en)_3]Cl_3$을 합성하고, 얻어진 화합물을 이용하여 차례로 $[(+)\text{-}Co(en)_3][(+)\text{-tart}]Cl \cdot 5H_2O$와 $[(-)\text{-}Co(en)_3][(+)\text{-tart}]Cl$의 부분 입체 이성질체들 및 $[(+)\text{-}Co(en)_3]I_3 \cdot H_2O$와 $[(-)\text{-}Co(en)_3]I_3 \cdot H_2O$의 부분 입체 이성질체들을 합성하고 분리하는 것이다.

$[Co(en)_3]Cl_3$ 합성을 다음 반응식으로 나타낼 수 있다.

$$2CoCl_2 \cdot 6HO + 6en + 2HCl + H_2O_2 \rightarrow 2[Co(en)_3]Cl_3 + 14H_2O$$

합성된 $[Co(en)_3]Cl_3$는 라세미 화합물이기 때문에, 이것들의 분리를 위해 광학적으로 순수한 (d)-tartrate가 사용된다. 부분 입체 이성질체들은 다른 용해도를 갖기 때문에, 분별 결정 방법으로 분리될 수 있다. 즉, $[(+)\text{-}Co(en)_3][(+)\text{-tart}]Cl$가 $[(-)\text{-}Co(en)_3][(+)\text{-tart}]Cl$보다 낮은 용해도를 갖고 있기 때문에, $[(+)\text{-}Co(en)_3][(+)\text{-tart}]Cl \cdot 5H_2O$의 형태로 용액에서 쉽게 분리될 수 있다. 이 과정을 다음 반응식으로 표시할 수 있다.

$$\begin{matrix} [(+)\text{-}Co(en)_3]Cl_3 \\ [(-)\text{-}Co(en)_3]Cl_3 \end{matrix} + (+)\text{-tart} \xrightarrow[H_2O]{Cl^-} \begin{matrix} [(+)\text{-}Co(en)_3][(+)\text{-tart}]Cl \cdot 5H_2O \downarrow \\ [(-)\text{-}Co(en)_3]Cl_2[(+)\text{-tart}]Cl \end{matrix}$$

$[(+)\text{-}Co(en)_3][(+)\text{-tart}]Cl$은 I^-와 반응하여 $[(+)\text{-}Co(en)_3]I_3 \cdot H_2O$로 쉽게 변

환될 수 있다.

$$[(+)\text{-Co}(en)_3][(+)\text{-tart}]\text{Cl} + 3\text{I}^- \rightarrow [(+)\text{-Co}(en)_3]\text{I}_3\cdot\text{H}_2\text{O}\downarrow + (+)\text{-tart} + \text{Cl}^-$$

$[(+)\text{-Co}(en)_3][(+)\text{-tart}]\text{Cl}\cdot5\text{H}_2\text{O}$가 석출되고 남은 용액에 I^-를 반응시켜 나머지 광학 이성질체 $[(-)\text{-Co}(en)_3]\text{I}_3$를 얻을 수 있다. I^-와 반응에서 석출되는 고체는 $[(+)\text{-Co}(en)_3]\text{I}_3$와 $[(-)\text{-Co}(en)_3]\text{I}_3$가 섞여 있는 라세미 화합물이다. 순수한 $[(-)\text{-Co}(en)_3]\text{I}_3$ 화합물을 얻기 위해서는, $[(-)\text{-Co}(en)_3]\text{I}_3$의 뜨거운 물에 대한 높은 용해도가 이용된다.

이 실험은 다음과 같은 세 가지 목적을 갖고 있다.

- 코발트에 에틸렌다이아민(*en*)이 배위된 팔면체 배위 화합물의 합성과 구조의 이해
- 라세미 $[\text{Co}(en)_3]\text{Cl}_3$의 부분 입체 이성질체들의 용해도 차이를 이용한 광학 이성질체의 분리 및 정제
- 편광계를 이용한 고유 광회전도의 측정 및 광학적 순도의 계산과 이해

위의 실험 목적을 바탕으로, 학생들은 조교의 도움을 받아 아래의 실험들을 수행한다.

- 배위 화합물의 합성, 분리 및 재결정
- UV-vis과 IR 스펙트럼, 편광계를 이용하여 고유 광회전도를 측정하기 위한 시료 준비
- 분광학 자료 수집

2 실험

2.1 라세미 혼합물 $[\text{Co}(en)_3]\text{Cl}_3$의 합성

필요한 시약: 30% 에틸렌다이아민 수용액, 염산, $\text{CoCl}_2\cdot6\text{H}_2\text{O}$, 30% H_2O_2, 에탄올, 다이에틸에테르

> ⚠ 학생들은 고무장갑을 반드시 껴야 하며, 시약이 직접 몸에 닿는 것을 피해야 한다.

100 mL 비커에 30% 에틸렌다이아민 수용액 15 mL, 증류수 40 mL, 진한 염산 2.3 mL를 넣고 교반시킨다. 이 용액에 막자 사발에서 곱게 빻은 $\text{CoCl}_2\cdot6\text{H}_2\text{O}$ 3 g을 넣고, 반응 용기를 0°C로 냉각한다. 반응 용기에 30% H_2O_2 3.2 mL를 천천히 넣어준다. H_2O_2의 첨가가 끝나면, 반응 혼합물을 90°C로 가열하여 가능한 많은 용매를 제거한다(약 30분간 가열한다). 용액 5 mL 가량 들어 있는 비커를 0°C로 냉각하고, 잘 저

어주면서 진한 염산 1.4 mL와 에탄올 3 mL를 넣는다. 그 다음에 비커를 냉각하면, 고체가 석출된다. 얻어진 결정성 고체를 거름 종이로 거른다. 거름 종이에 걸러진 밝은 주황색의 결정성 고체를 여과액이 무색이 될 때까지 에탄올로 계속 씻어준다. 만약 얻어진 고체가 녹색이면, 고체를 물에 녹인 후 에틸렌다이아민을 더 넣어주어야 한다. 결정성 고체를 다이에틸에테르 3 mL로 씻은 후, 말려서 수득률을 계산한다.

2.2 [(+)-Co(*en*)$_3$][(+)-tart]Cl·5H_2O와 [(−)-Co(*en*)$_3$][(+)-tart]Cl 부분 입체 이성질체의 합성 및 분리

필요한 시약: sodium potassium *d*-tartrate tetrahydrate, 에탄올, 다이에틸에테르

> ⚠ 학생들은 고무장갑을 반드시 껴야 하며, 시약이 직접 몸에 닿는 것을 피해야 한다.

[Co(*en*)$_3$]Cl_3 2.44 g을 100 mL 비커에 넣고 증류수 10 mL를 넣은 후, 반응 용액이 끓을 때까지 온도를 올린다. [Co(*en*)$_3$]Cl_3가 증류수에 완전히 녹은 후, 끓고 있는 용액에 sodium potassium *d*-tartrate tetrahydrate 2.0 g을 넣어준다. 첨가가 끝나면, 얼음을 이용하여 반응 용기의 온도를 낮추어 혼합 용액을 충분히 냉각한다. 이때 용액이 흔들리면, 결정이 잘 생기지 않는다. 따라서 용액을 냉각할 때, 용액을 흔들지 않도록 한다. 용액을 충분히 냉각하면, 오렌지색 결정이 생긴다. 오렌지색 결정은 (+)-tris(ethylenediamine)cobalt(III) *d*-tartrate chloride pentahydrate ([(+)-Co(*en*)$_3$][(+)-tart]Cl·5H_2O)이다. 결정을 걸러내고 남은 용액에는 [(−)-Co(*en*)$_3$][(+)-tart]Cl이 녹아 있는데, 다음 실험을 위해 이것을 잘 보관한다.

오렌지색 결정을 에탄올로 잘 씻어주고, 뜨거운 물 2 mL에 녹여 재결정한다. 용액의 온도를 0°C로 낮추면, 결정을 얻을 수 있다. 결정을 거름 종이로 거른 후, 에탄올 6 mL와 다이에틸에테르 6 mL로 씻어준다. 결정을 오븐에서 말리고, 수득률을 계산한다. 합성한 화합물 0.5 g을 증류수 10 mL에 녹인 용액의 고유 광회전도를 편광계로 측정하고, 광학적 순도를 계산한다. 보다 정밀한 광학적 순도 계산을 위해서는, 화합물의 질량과 증류수의 부피가 정확하게 측정되어야 한다. 순수한 [(+)-Co(*en*)$_3$][(+)-tart]Cl·5H_2O의 $[\alpha]_d$ 값은 +102°로 알려져 있다.

2.3 [(+)Co(*en*)$_3$]I_3·H_2O의 합성 및 분리

필요한 시약: 진한 암모니아수, NaI, 에탄올, 다이에틸에테르

> ⚠ 학생들은 고무장갑을 반드시 껴야 하며, 시약이 직접 몸에 닿는 것을 피해야 한다.

앞에서 얻은 [(+)-Co(*en*)$_3$][(+)-tart]Cl·5H_2O를 뜨거운 증류수 3 mL에 녹인 후, 진한 암모니아수(15 M) 0.4 mL를 첨가한다. 잘 저어주면서 뜨거운 물 1 mL에 NaI 2.04 g을 녹인 용액을 반응 용기에 첨가한다. 반응 용기의 온도를 낮추어 주면, 적갈

색의 바늘 모양의 결정이 석출되기 시작한다. 결정을 완전히 석출하기 위해서, 0°C의 온도를 30분 정도 유지한다. 거름 종이로 결정을 거른 후, 과량의 tartrate를 제거하기 위해 차가운 30% NaI 수용액 2 mL로 씻어준 후, 에탄올 2 mL, 다이에틸에테르 2 mL로 차례로 씻어준다. 결정을 잘 말린 후에, 질량을 측정하고 수득률을 계산한다.

합성한 화합물 0.5 g을 증류수 10 mL에 녹인 용액의 고유 광회전도를 편광계로 측정하고, 광학적 순도를 계산한다. 보다 정밀한 광학적 순도 계산을 위해서는 화합물의 질량과 증류수의 부피가 정확하게 측정되어야 한다. 순수한 $[(+)\text{-Co}(en)_3]I_3 \cdot H_2O$의 $[\alpha]_d$ 값은 +89°로 알려져 있다. 또한, 측정되는 최대 흡광도가 1.00을 넘지 않고, 흡광 계수의 값이 약 50 정도가 되도록 적절한 농도의 용액을 만들어 이 화합물의 UV-vis 스펙트럼을 측정한다.

2.4 $[(-)\text{Co}(en)_3]I_3 \cdot H_2O$의 합성 및 분리

필요한 시약: 진한 암모니아수, NaI, 에탄올, 아세톤

> 학생들은 고무장갑을 반드시 껴야 하며, 시약이 직접 몸에 닿는 것을 피해야 한다.

앞에서 용액으로 얻은 $[(-)\text{-Co}(en)_3][(+)\text{-tart}]Cl$에 진한 암모니아수 1 방울을 떨어뜨리고, 반응 용기를 80°C로 가열한다. 잘 저어주면서 뜨거운 물 1 mL에 NaI 2.04 g을 녹인 수용액을 반응 용기에 첨가한다. 반응 용기의 온도를 낮추어주면, 불순물이 섞여 있는 오렌지색의 $[(-)\text{-Co}(en)_3]I_3$ 고체가 석출되기 시작한다. 고체를 완전히 석출하기 위해서, 0°C의 온도를 30분 정도 유지한다. 거름 종이로 결정을 거른 후, 과량의 tartrate를 제거하기 위해 차가운 30% NaI 수용액 2 mL로 씻어준다. 그 다음에 결정들을 에탄올 2 mL, 아세톤 2 mL로 차례로 씻어주고 공기 중에서 말린다. 불순물을 제거하기 위해, 얻어진 고체를 증류수 4 mL에 녹인 후, 50°C로 가열한다. 녹지 않는 불순물을 걸러내고, 용액을 다시 50°C로 가열한 후, NaI 0.6 g를 첨가한다. 반응 용기의 온도를 낮추면, $[(-)\text{-Co}(en)_3]I_3$이 결정화되기 시작한다. 얻어진 결정을 에탄올 2 mL과 아세톤 2 mL로 차례로 씻어주고, 공기 중에서 잘 말린다. 질량을 측정하고 수득률을 계산한다.

합성한 화합물 0.5 g을 증류수 10 mL에 녹인 용액의 고유 광회전도를 편광계로 측정하고, 광학적 순도를 계산한다. 보다 정밀한 광학적 순도 계산을 위해서는 화합물의 질량과 증류수의 부피가 정확하게 측정되어야 한다. 순수한 $[(-)\text{-Co}(en)_3]I_3 \cdot H_2O$의 $[\alpha]_d$ 값은 −89°로 알려져 있다. 또한, 측정되는 최대 흡광도가 1.00을 넘지 않고, 흡광 계수 값이 약 50 정도가 되도록, 적절한 농도의 용액을 만들어 이 화합물의 UV-vis 스펙트럼을 측정한다.

3 결과 및 토의

- 라세미 혼합물이란 무엇인가? 이 혼합물을 분리하는 방법을 간단히 설명하라.
- 부분 입체 이성질체란 무엇인가?
- 착화합물 $[Co(en)_3]^{3+}$의 두 입체 이성질체를 그리고, 각 이성질체를 명명하라.
- 착화합물 $[Co(en)_3]Cl_3$와 sodium potassium *d*-tartrate tetrahydrate의 반응으로부터 두 부분 입체 이성질체를 합성하는 반응 조건들은 무엇인가?

참고문헌

1. Work, J. B. *Inorg. Synth*. **1946**, *2*, 221.
2. Kirschner, S. "Optically Active Coordination Compounds" in Preparative Inorganic Reactions, Vol. 1. W. L. Jolly, Ed., Interscience Publishers, NewYork, 1964, p 29.
3. Hawkins, C. J. Absolute Configuration of Metal Complexes, Wiley-Interscience, New York, 1971.
4. Serpone, N, Bickley in Progress in Inorganic Chemistry, Vol 17, J. O Edwards, Ed., Interscience Publishers, New York, 1972, p 391.

실험 **9**

리간드 산화 반응: 1,10-phenanthroline-5,6-quinone의 합성

본 실험에서 학생들은 +2가 및 +3가 산화수를 가진 코발트 착화합물 tris(phenanthroline)cobalt 착이온의 합성, 리간드의 반응에 미치는 배위의 효과, 그리고 리간드의 산화 반응 및 치환 반응에 대하여 다루게 될 것이다. 다시 말하면, 본 실험은 착화합물 형성, 중심 금속의 산화, 리간드의 반응 등을 다룬다. 더욱이, 학생들은 중간 생성물을 분리하여, IR, UV-vis 및 NMR 스펙트럼을 찍어서 이것의 특성을 규명하게 될 것이다.

1 들어가며

착화합물 내 금속에 결합되어 있는 리간드는 삽입 반응과 치환 반응뿐만 아니라 **산화-환원** 반응도 할 수 있다. 금속에 결합된 리간드는 자유-상태 리간드와 다른 구조적 또는 입체적 성질을 갖고 있기 때문에, 결합된 리간드의 반응 속도와 자유-상태 리간드의 반응 속도는 상당히 다르다.

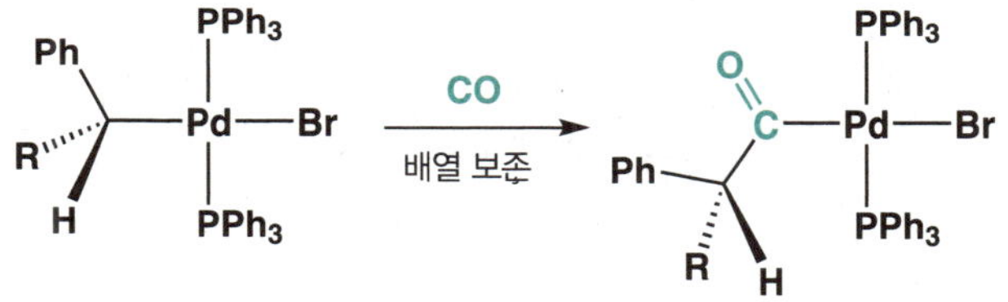

◀ 1,1-삽입 반응

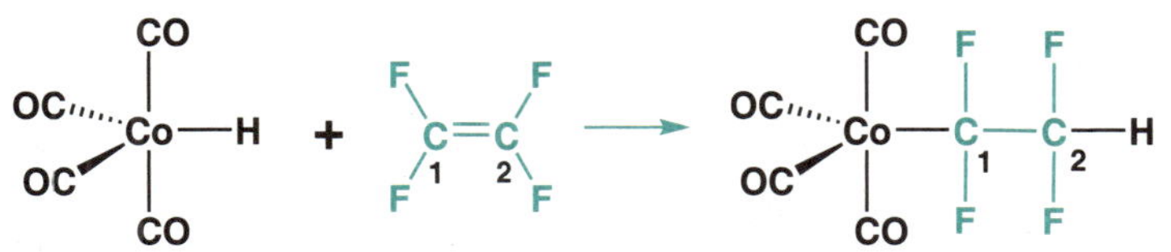

◀ 1,2-삽입 반응

많은 유기금속 화합물이 화학 반응에서 촉매로 작용한다. 아래에 제시되어 있는 반응은 알켄의 수소-첨가(hydrogenation) 반응에서 Rh 화합물의 촉매 작용을 보여주고 있다.

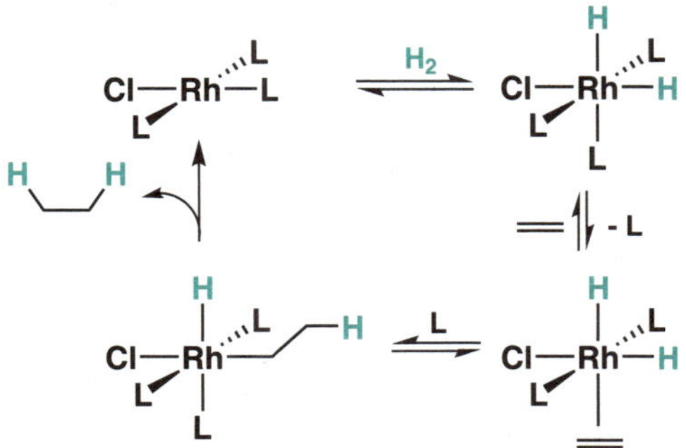

(L = PPh_3)

◀ 알켄의 수소-첨가 반응에서 Rh 화합물의 촉매-순환 반응

Phenanthrene은 벤젠 고리 세 개가 서로 모서리를 공유하면서 접합된(fused) 여러-고리 화합물(polycyclic compound)이다. 산성 조건에서 phenanthrene은 vanadate, 과아이오딘산 이온, 크롬산 등에 의해 9,10-위치에 산화가 쉽게 일어나 9,10-phenanthrenequinone으로 산화된다.

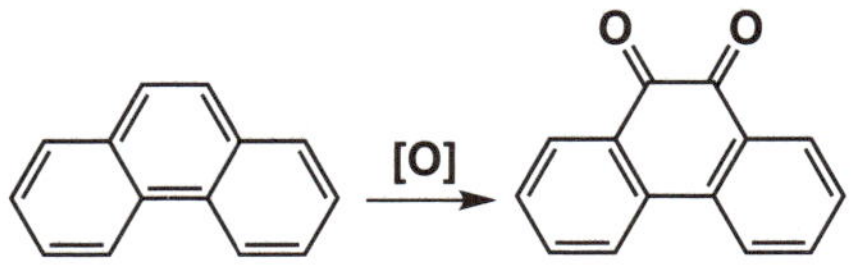

하지만 자유 **1,10-phenanthroline** (phen) (**1**)은 황산/질산 혼합물의 산화제로 상응하는 1,10-phenanthroline-5,6-quinone (quin) (**2**)로 산화되지 못한다. 이 산화 조건 하에서 화합물 **2**의 수득률은 약 1%에 불과하며, 5-nitrophenanthroline이 주성분으로 얻어진다. MnO_4^- 이온으로 화합물 **1**을 산화시키면, 2,2′-biphenyl-3,3′-dicarboxylic acid가 얻어진다.

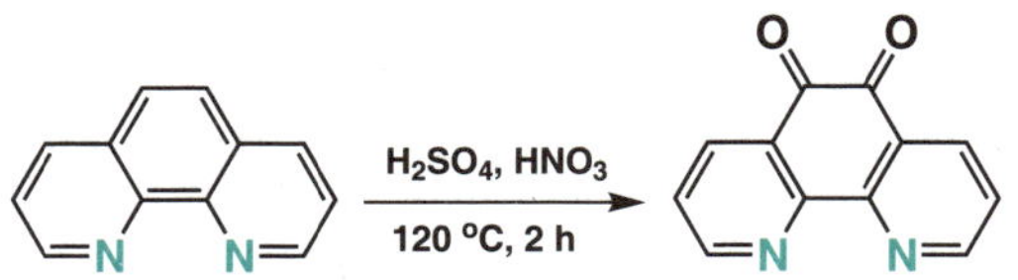

1 2

Gillard 등은 phenanthroline **1**을 코발트(II)에 배위시킨 후, 금속과 리간드를 모두 산화시켜 $[Co(quin)_3]^{3+}$를 얻은 후에, 이것을 Na_2H_2EDTA로 처리하여 비교적 높은 수득률(15～25%)로 quinone **2**를 얻었다.

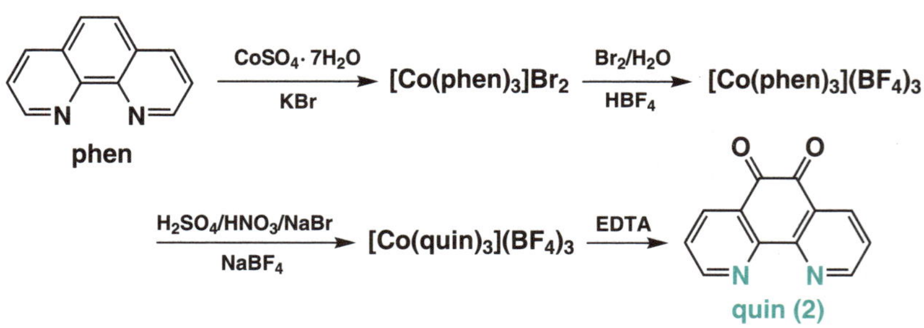

2 실험

> 1,10-Phenanthroline-5,6-quinone을 흡입하면 코와 기관지 내벽이 손상된다. 따라서 학생들은 반드시 장갑을 착용하고 후드에서 실험해야만 한다.

2.1 Tris(1,10-phenanthroline)cobalt(II) bromide의 합성

황산 코발트(II) 3.0 g과 1,10-phenanthroline 6.0 g을 100 mL 삼각 플라스크에 넣고 증류수 45 mL에 녹인 후, KBr 2.5 g을 첨가한다. 침전이 더 이상 생기지 않을 때까지 유리 막대로 몇 분 동안 용액을 가볍게 저어 준다. 형성된 황갈색 침전을 여과한 후, 증류수 15 mL로 2회 세척한 후, 감압 하에서 건조한다. 생성물의 IR과 UV-vis 스펙트럼을 찍는다.

2.2 Tris(1,10-phenanthroline)cobalt(III) tetrafluoroborate의 합성

250 mL 둥근 바닥 플라스크에 $[Co(phen)_3]Br_2$ 4.0 g, 포화 브로민수 80 mL, 증류수 40 mL를 차례로 넣는다. 용액을 자기(magnetic) 교반하면서 온화하게 가열하여 25분 동안 환류시킨다. 뜨거운 용액에 48% HBF_4 수용액 8 mL를 첨가하고, 혼합물을 0°C로 냉각한다. 노란색 생성물을 여과한 후, 감압 하에서 건조한다. 생성물의 IR과 UV-vis 스펙트럼을 찍는다.

2.3 Tris(1,10-phenanthroline-5,6-quinone)cobalt(III) tetrafluoroborate의 합성

> 반드시 실험을 후드에서 수행한다.

100 mL 둥근 바닥 플라스크를 얼음 수조에 넣고 진한 황산 20 mL를 넣는다. 그 다음에 $[Co(phen)_3](BF_4)_3$ 3.0 g과 NaBr 1.5 g을 넣고 녹인다. 진한 질산 20 mL를 서서히 가한 후, 혼합물을 가열하여 40분 동안 환류시킨다. 용액이 아직 뜨거울 때, 이 용액을 $NaBF_4$ 4.0 g을 증류수 200 mL에 녹인 용액에 천천히 첨가한다. 결정화가 완결될 때까지 용액을 0°C에서 냉각한다(약 12~24 h). 노란색 결정성 생성물을 여과한 후, 증류수 25 mL로 3회 세척한 후 감압 하에서 건조한다. 생성물의 IR 스펙트럼을 찍는다.

2.4 1,10-Phenanthroline-5,6-quinone, 2의 분리

50 mL 둥근 바닥 플라스크에 $[Co(quin)_3](BF_4)_3$ 1.5 g과 Na_2H_2EDTA 1.5 g을 넣고, 증류수 20 mL로 녹인다. 필요하다면, 반응 혼합물을 가열한다. $NaHCO_3$를 고체 상태로 소량씩 첨가하여 용액의 pH를 5.5로 맞춘다. 용액을 1시간 동안 환류시킨다. 환류시키는 동안 용액의 색깔이 노란색에서 붉은색으로 바뀐다. 용액을 실온으로 냉각한 뒤, 여과하여 고체 시료를 얻는다. 여과 용액을 20 mL $CHCl_3$로 3회 추출한다. 추출액을 모아서 무수 $MgSO_4$ 층을 통과시켜 물을 제거한다. 용매를 증발시켜 정제되지 않은 화합물 **2**를 얻는다. 불순물을 함유한 화합물 **2**를 모두 모아서 메탄올로 재결정하며, 바늘 모양의 결정이 얻어진다. 생성물의 IR 스펙트럼을 찍고, 녹는점을 측정한다.

3 결과 및 토의

다음과 같은 사항에 대하여 토의하여라.

- 자유 1,10-phenanthroline과 금속 이온에 배위된 리간드 1,10-phenanthroline의 산화-환원 반응의 차이에 대하여 설명하라.
- 배위에 따른 1,10-phenanthroline의 IR, ^{1}H NMR 스펙트럼의 변화
  - $[Co(phen)_3]^{3+}$의 IR 흡수 띠 (cm^{-1}): 3659, 1609, 1524, 1433, 839, 557
  - $[Co(phen)_3]^{3+}$의 ^{1}H NMR 스펙트럼 (DMSO-d_6, ppm): 9.19 (d, 6H), 8.58 (s, 6H), 7.98 (dd, 6H), 7.68 (d, 6H)
- $EDTA^{4-}$와 Co(III) 이온의 결합으로 quinone **2**가 유리되는 과정에 대하여 기술하여라.

참고문헌

1. Richter, F. *J. Am. Chem. Soc.* **1944**, *66*, 398.
2. Kermack, W. O.; M. Kail, J. W. "Heterocyclic Compounds"; Rodd, E. H., Ed.; Wiley, New York, 1961, Vol. 7, 344.
3. Vleck, A. A. *Inorg. Chem.* **1967**, *6*, 1425.
4. Li, X.; Wu, S.; Zhang, D.; Su, Z.; Lei, P.; Zhang, Z.; Hu, Z.; Li, W. *Syn. Metals* **2010**, *160*, 390.

실험 10

Metal–DMSO 착화합물의 합성 및 특성 규명: MCl_n–DMSO(M = Cu, Sn, Pd)

이 실험의 핵심은 다이메틸 설폭사이드(dimethyl sulfoxde, DMSO), 금속–DMSO 착화합물, DMSO의 산화 생성물(dimethyl sulfone, $DMSO_2$)의 UV-vis 스펙트럼과 IR 스펙트럼을 이용하여 화학 결합의 전자 분포를 밝히는 것이다. 그러므로 이 실험은 화학 결합 이론, 전자 배치, 산화, 분광학(UV-vis과 IR) 등과 관련되어 있다. 학생들은 이 실험에서 화합물을 합성하고 스펙트럼을 해석하는 기법을 익혀서 자신들의 실험 역량을 높일 수 있을 것으로 기대된다.

1 들어가며

화학 결합에 대한 혼성화(hybridization) 이론을 포함한 **원자가-결합 이론**(valence bond theory)과 전자 구조에 대한 **분자 궤도함수 이론**(molecular orbital theory) 모두 분자의 바닥 상태와 들뜬 상태의 성질들을 논의하는 데 적절하다고 알려져 있다. 현대 화학의 많은 문제점들을 해결하는 데 분광학적 방법들이 유용하게 쓰인다. 분광학적인 방법들은 흔히 분자에 빛을 쪼여서 결합 성질들을 측정한다.

자외선 분광법과 적외선 분광법은 화학자들이 분자의 구조 특징과 결합 성질에 대한 정보를 얻으려고 항상 사용하는 가장 중요한 기법들이다. 비공유 전자쌍을 갖고 있는 산소, 질소, 황 원자를 함유한 화합물들은, 일반적인 UV 영역 180~260 nm에서 나타나는 n–σ^* 전이때문에, 흡수 띠들을 나타낼 수 있다. IR 영역 1000~4000 cm^{-1}에서는 화합물의 작용기들을 알아낼 수 있고, 작용기들이 다른 원자에 결합하거나 착화합물 형성 시 이것들의 흡수 진동수 이동(shift)을 확인할 수 있다.

설폭사이드 화합물(sulfoxides)과 설폰 화합물(sulfones)인 경우, 이 작용기들의 전자 분포 등에 관련된 화학적 규명이 잘 확립되어 있다. 아래에 제시되어 있는 바와 같이, 설폭사이드–설폰 산화 반응에서 황의 산화수는 증가하고, 산소의 산화수는 감소한다. 왜냐하면 S–O 공유 결합이 형성될 때, S 원자의 비공유 전자쌍이 O 원자에 제공되기 때문이다.

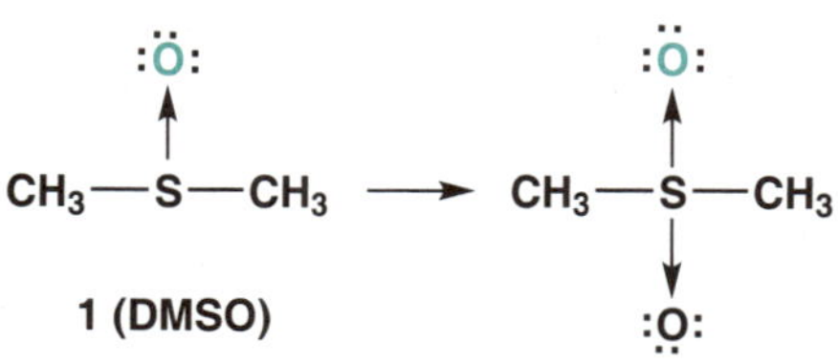

1 (DMSO)

2 ($DMSO_2$)

위에 기술된 산화 반응과 정제된 생성물을 분리하는 실험을 수행하면서, DMSO와 $DMSO_2$의 UV-vis과 IR 스펙트럼을 얻은 후에, 각각의 흡수 에너지(SO와 SO_2 작용기)를 결정하고, 이것들을 이용하여 S–O 결합 세기와 전하 분포를 해석할 수 있다. 이와 유사하게, 금속−DMSO 착화합물을 합성하고, 이것의 IR 스펙트럼을 얻으면, 흡수-에너지 이동 값을 이용하여 금속에 결합된 S—O 작용기의 구조적 특징을 결정할 수 있다.

DMSO의 1차 분광학 반응에 관련된 전자 들뜸, 결합 겹침 입자 수(bond overlap population, 설폭사이드가 설폰으로 변환되면 증가함), S—O 전자 제공을 감소시키는 데에 대한 *d* 궤도함수들의 역할 및 분자 진동에 대한 해석에 의하면, 설폭사이드가 설폰으로 변화되면 UV-vis과 IR 흡수에서 들뜸 에너지가 증가한다.

결합 세기와 결합 말단에 있는 원자의 질량은 들뜸 진동 에너지에 영향을 주므로, IR 분광법으로 측정되는 결합된 원자들의 진동수에도 영향을 준다. 결합 세기가 강할수록, 흡수 진동수가 높아진다. DMSO와 $DMSO_2$에서 결합된 원자의 종류가 같고, 메틸 치환기 두 개가 동일하게 존재하기 때문에, $DMSO_2$의 S—O 결합이 더 큰 흡수 진동수를 가질 것으로 예상된다. 실제로, DMSO의 S—O 결합의 IR 흡수 진동수는 1050 cm^{-1}인 반면, $DMSO_2$의 S—O 결합의 IR 흡수 진동수는 1160 cm^{-1}이다.

금속−DMSO 착화합물 내에서 S—O 흡수는 순수한(또는 자유) DMSO의 흡수 진동수보다 (1) 낮은 진동수에서 일어날 수도 있고 (S—O 결합의 전자 밀도가 새롭게 형성된 산소−금속으로 이동하여 S—O 결합이 약해짐. 구조 **3**), (2) 높은 진동수에서 일어날 수도 있다(금속−황 결합 형성으로 원래의 S—O 결합이 강해짐. 구조 **4**).

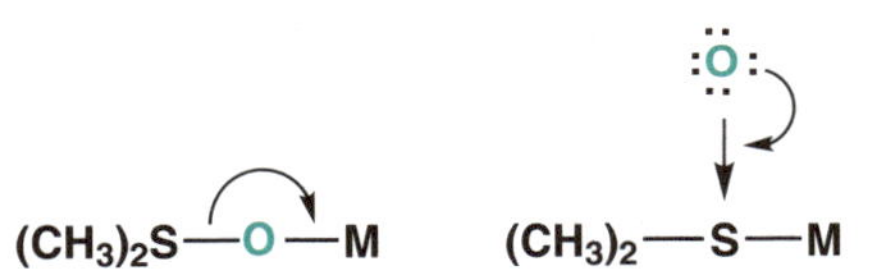

3 **4**

따라서 이 실험은 아래와 같이 세 가지 목적을 가지고 있다.

- DMSO를 이용하여 금속−DMSO 착화합물과 $DMSO_2$ 합성
- 반응물들과 생성물들의 UV-vis 스펙트럼과 IR 스펙트럼 찍기
- S의 산화수, S—O 결합 세기, SO와 SO_2 그룹 내 전자(전하) 분포, 배위된 DMSO(DMSO 리간드), 그리고 $DMSO_2$ 개념을 이용하여, 실험에서 얻은 분광학 자료를 이론적으로 예측한 자료와 비교하여 해석하기

위의 실험 목적을 바탕으로, 학생들은 조교의 도움을 받아 아래의 실험들을 수행한다.

- 금속−DMSO 착화합물 합성
- DMSO를 산화시켜 $DMSO_2$ 합성
- UV-vis 스펙트럼과 IR 스펙트럼을 얻기 위한 시료의 준비 및 자료의 기록

2 실험

2.1 금속-DMSO 착화합물 합성

다음에 열거한 금속-DMSO 착화합물 세 개에 대한 합성법은 참고문헌 8에 상세히 기술되어 있다. 따라서 학생들은 실험 수업에 앞서 참고문헌 8의 내용을 익혀야 한다.

$MCl_n + 2(CH_3)_2SO$ $MCl_n + 2(CH_3)_2SO$

5~7   **8~10**

		수득률(%)
5: M = Cu; n = 2	8: M = Cu	80~89
6: M = Sn; n = 4	9: M = Sn	23~58
7: M = Pd; n = 2	10: M = Pd	80

2.2 DMSO → $DMSO_2$ 산화

> 학생들은 이 실험을 후드 안에서 수행해야 하며, 고무장갑을 반드시 착용해야 한다. 특히, DMSO가 직접 피부에 닿는 것을 피해야 한다.

50 mL 비커에 DMSO 1.6 mL(0.0225 mol), 증류수 4 mL, 빙초산(glacial acetic acid) 6 mL를 넣고, 혼합 용액을 교반시키면서, 15% H_2O_2(hydrogen peroxide) 용액 10 mL를 아주 천천히 방울방울 첨가한다. H_2O_2 용액을 첨가한 후, 반응 혼합물을 서서히 90°C 가열시킨 후에, 이 온도에서 7분 동안 유지시킨다. 70~80°C에서 원래 용액 부피의 $\frac{1}{4}$이 될 때까지 혼합 용액을 증발시킨다. 이 용액을 얼음 수조(ice/water bath)에서 냉각시키면, 약 5분 후에 흰색 바늘 모양의 $DMSO_2$가 결정화된다. 형성된 결정을 Büchner 깔때기로 거른 후, 차가운 다이에틸에테르(Et_2O)로 씻어주고, 공기 중에서 말린다. 수득량은 거의 화학량적(stoichiometric)이다.

3 결과 및 토의

3.1 합성에 관련된 질문

- 다음 화학 반응식의 계수를 맞추고, 어느 화합물 또는 원자가 산화 또는 환원되는지를 밝혀라.

$$(CH_3)_2SO + H_2O_2, H_2O/CH_3COOH \rightarrow$$

- 반응 혼합물의 부피를 원래 용액 부피의 $\frac{1}{4}$까지 왜 줄여야 하는가?
- $DMSO_2$의 UV-vis 흡수 파장과 IR 흡수 진동수(혹은 파수)가 DMSO의 UV-vis 흡수 파장과 IR 흡수 진동수보다 높아지는가? 아니면 낮아지는가? 실제(actual) 실험 결과를 이용하여 이 사실을 설명하여라.

3.2 스펙트럼의 해석

DMSO 착화합물, DMSO, $DMSO_2$의 S—O 결합의 흡수 띠의 λ_{max} 값과 위치(파장 또는 파수)가 표에 주어져 있다.

적합한 이론과 DMSO의 S—O 결합의 전자 밀도보다 더 높은 $DMSO_2$의 S—O 결합의 전자 밀도를 근거로, UV-vis과 IR에서 $DMSO_2$의 들뜸 에너지가 더 높을 것으로 예상된다. 실제로, $DMSO_2$의 UV (210 nm)와 IR (1140 cm^{-1}) 흡수 에너지가 DMSO의 UV (228 nm)와 IR (1050 cm^{-1}) 흡수 에너지보다 상당히 높다. 이런 실험 결과는 이론적 계산을 입증해 주고 있다.

이와 대조적으로, Cu–DMSO와 Sn–DMSO 착화합물 내에 있는 S—O 결합은 자유 DMSO 내 S—O 결합보다 약해지기 때문에, IR 스펙트럼에서 S—O 신축 진동수가 낮은 진동수로 이동한다. 하지만, Pd–DMSO 착화합물은 예외다. Pd-DMSO 착화합물의 S—O 결합의 신축 진동수는 DMSO의 S—O 결합의 신축 진동수보다 더 높다. DMSO가 Pd에 결합할 때 *S*-배위하는 것으로 S—O 결합 세기가 증가하는 현상을 설명할 수 있다(구조 **11**).

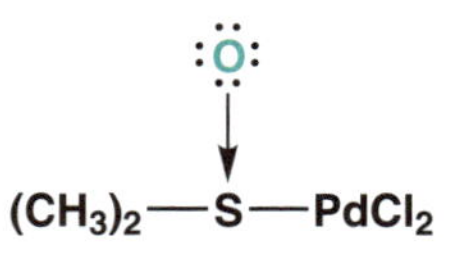

11

DMSO, 금속-DMSO 착화합물, $DMSO_2$의 UV와 IR 흡수 에너지

화합물	UV: λ_{max} (nm)[a]	IR: S–O 띠 (cm^{-1})	참고문헌
DMSO	228	1050[c]	IR: 1050[8]
$CuCl_2 \cdot 2DMSO$	209	925[d]	IR: 923[8]
$SnCl_4 \cdot 2DMSO$	221	925[d]	IR: 920, 905[8]
$PdCl_2 \cdot 2DMSO$	208, 241	1115[d]	IR: 1120[8]
$DMSO_2$	210	1140[b]	UV: 180[12]
		1310[e,f]	IR: 1130, 1280[13]

[a]95% EtOH 용매, [b]비대칭 S=O 신축 진동, [c]얇은 액체 필름, [d]Nujol, [e]$CHCl_3$ 용매, [f]대칭 S=O 신축 진동

참고문헌

1. Zoller, U.; Lubezky, A.; Danot, M. *J. Chem. Educ.* **1991**, *68*, A274.

2. DeKock, R. L.; Gray, H. B. Chemical Structure and Bonding; Benjamin/Cummings: Menlo Park, 1980.

3. Dyer, J. R. Application of Absorption Spectroscopy of Organic Compounds; Prentice-hall: Englewood Cliffs, NJ, 1965.

4. Williams, D. A.; Fleming, I. Spectroscopic Methods in Organic Chemistry; MaGraw-Hill: London, 1973.

5. Silverstein, R. M.; Bassler, G. C.; Morril, T. C. Spectroscopic Identification of Organic Compounds; Wiley: New York, 1981.

6. Patai, S.; Rappoport, Z.; Stirling, C., Eds. The Chemistry of Sulfones and Sulfoxides; Wiley: Chichester, 1988.

7. Reynolds, W. L. Dimethyl Sulfoxide in Inorganic Chemistry: Interscience: New York, 1970: Vol. 12. pp 199.

8. Boschmann, E. *J. Chem. Educ.* **1983**, *60*, 413.

9 Giesler, G.; Hanschmann, G. *J. Mol. Struct.* **1971**, *8*, 293.

10. Neckers, D. C. Mechanistic Organic Photochemistry; Van Vostrand: New York, 1967.

11. Pouchert, C. J. The Aldrich Library of Infrared Spectra; 2nd Ed., # 470A.

실험 11

삼핵 옥소-망가니즈 화합물 ($[Mn_3O(O_2CR)_6L_3]^{0,+}$)의 합성

이 실험에서 학생들은 다리-놓는 리간드를 함유한 배위 화합물을 합성하고, 특성을 규명할 것이다. 이 실험을 통하여 두 개 이상의 금속에 결합하는 다리-놓는 리간드를 이해하고 분광학적으로 규명할 수 있을 것이다.

1 들어가며

다핵(polynuclear) **화합물**은 두 개 이상의 금속을 함유한 배위 화합물이다. 다핵 화합물 내에서 금속 원자들을 연결하는 **다리-놓는 리간드**(bridging ligand)에는 기호 μ_n가 사용된다. 이때 아래 첨자 n 값은 다리-놓는 리간드에 연결된 금속 원자들의 개수를 나타낸다. 연결되는 금속의 개수가 2개일 때는, 일반적으로 아래 첨자 2는 표기되지 않는다. 아래 그림에서 아마이드 리간드와 하이드록사이드 리간드는 각각 코발트 이온 두 개를 연결하고 있다.

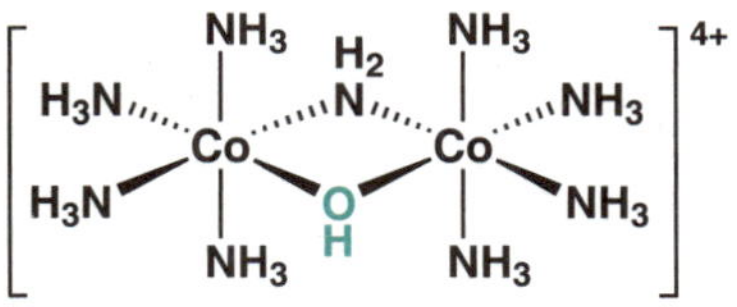

◀ μ-amido-μ-hydroxo bis(tetraamminecobalt(III)) 이온

CO 리간드는 두 금속 사이에 다리-놓는 경향을 갖고 있다. 제2 금속이 말단의 CO를 친핵성 공격하여 다리-놓는 CO 리간드가 형성된다.

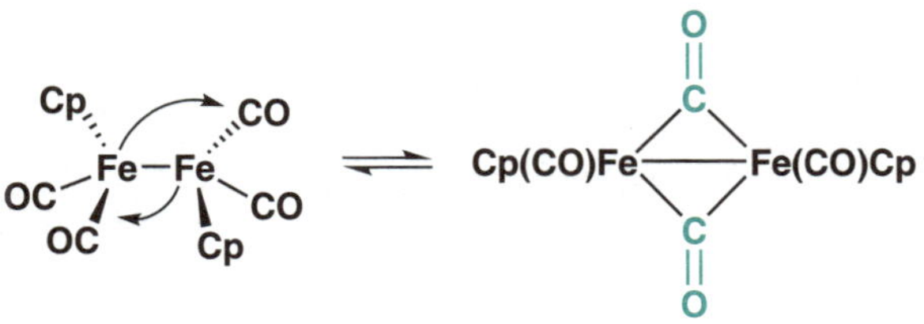

최근 $[Mn_3O(O_2CR)_6L_3]$ (R = 알킬기, L = 중성 리간드)와 같은 일반식으로 표현되는 삼핵 μ_3-옥소-다리-놓는 망가니즈 화합물(trinuclear μ_3-oxo-bridged manganese complex)에 대한 관심이 다음과 같은 이유들로 고조되고 있다. 첫째, 광합성 전자-전달 사슬에서 물이 산화되는 반응 자리에 대한 모형 화합물로 다핵 망가니즈 착화합물에 대한 특성 규명이 필요하다. 물 두 분자를 산화시켜 산소 한 분자를 형성하는 화학 반응의 촉매로서 2~4개의 망가니즈 이온으로 구성된 **뭉치 화합물**

(cluster)이 관여하고 있다고 알려져 있다. 둘째, 산화수가 다른 망가니즈를 포함하는 Mn_3O-유사 구조물(Fe_3O 등)에서 분자 내 전자-전달 특징을 비교하는 것은 매우 가치가 있다. Mn_3O 착화합물에 있는 Mn들 사이의 전자 짝지음은 Fe_3O 착화합물에 있는 Fe들 사이의 전자 짝지음에 비해서 약하다. 셋째, Mn_3O 착화합물과 Fe_3O 착화합물에서 **자기 교환**(magnetic exchange) 상호작용에 대한 특성을 비교할 필요가 있다.

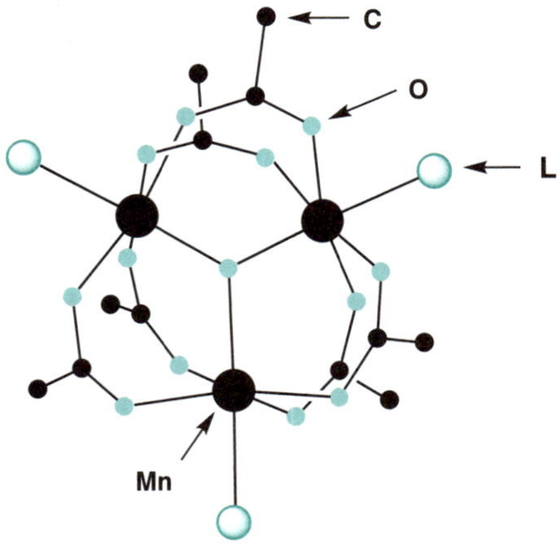

$[Mn_3O(O_2CR)_6L_3]$의 구조 (R: 알킬기, L: 중성 리간드) ▶

2 실험

2.1 n-Bu_4NMnO_4의 합성

$KMnO_4$(5.00 g, 31.6 mmol)를 증류수 100 mL에 녹인 용액과 n-Bu_4NBr(12.0 g, 37.2 mmol)을 증류수 100 mL에 녹인 용액을 격렬하게 교반하면서 혼합한다. 생성된 보라색 침전을 여과한 후, 증류수 40 mL로 6회, Et_2O 40 mL로 4회 세척한 후, 실온에서 진공으로 건조한 후, 냉장 보관한다.

> ⚠ 이 화합물을 온도를 높여 건조하면 폭발할 가능성이 있다고 보고되어 있다.

2.2 $[Mn_3O(O_2CCH_3)_6(py)_3]ClO_4$의 합성

$Mn(O_2CCH_3)_2 \cdot 4H_2O$ (2.00 g, 8.15 mmol)를 무수 에탄올 (absolute EtOH, 20 mL), pyridine(3 mL), 그리고 빙초산(12 mL) 혼합 용매에 녹인다. 자기 교반하면서 고체 n-Bu_4NMnO_4(1.14 g, 3.15 mmol)를 이 용액에 조금씩 첨가하면, 짙은 갈색 균일 혼합물이 얻어진다. 고체 $NaClO_4$(0.69 g, 5.56 mmol)를 조금씩 첨가하며 교반을 해주면, 수분 내로 갈색의 미세 결정들이 침전한다. 생성된 결정들을 여과하여 모으고, 과량의 Et_2O로 세척한 후, 감압 하에서 건조한다. 실험에서 얻은 결정들을 아세톤에 녹여 재결정하면, 결정들의 순도를 높일 수 있다. 400~4000 cm^{-1} 범위에서

IR 스펙트럼을 찍는다.

2.3 $[Mn_3O(O_2CCH_3)_6(py)_3]$의 합성

$[Mn_3(O_2CCH_3)_6(py)_3]ClO_4$를 MeCN에 녹인 후, 용액이 증발에 의해 서서히 농축되도록 한다. 검정색 결정을 여과한 후, Et_2O로 세척한 후, 감압 하에서 건조한다. 400～4000 cm^{-1} 범위에서 IR 스펙트럼을 찍는다.

3 결과 및 토의

- $[Mn_3O(O_2CCH_3)_6(py)_3]ClO_4$과 $[Mn_3O(O_2CCH_3)_6(py)_3]$에서 각 Mn의 배위 환경에 대하여 설명하여라.
- $[Mn_3O(O_2CCH_3)_6(py)_3]ClO_4$과 $[Mn_3O(O_2CCH_3)_6(py)_3]$에서 각 Mn의 산화수를 비교하라.
- $[Mn_3O(O_2CCH_3)_6(py)_3]ClO_4$과 $[Mn_3O(O_2CCH_3)_6(py)_3]$의 IR 스펙트럼을 비교하라.

참고문헌

1. Vincent J. B.; Chang, H. R.; Folting, K.; Huffman, J. C.; Christou, G.; Hendrickson, D. N. *J. Am. Chem. Soc.* **1987**, *109*, 5703.
2. Ribas, J.; Albela, B.; Stoeckli-Evans, H.; Christou, G. *Inorg. Chem.* **1997**, *36*, 2352.
3. McCusker, J. K.; Jang, H. G.; Wang, S.; Christou, G.; Hendrickson, D. N. *Inorg. Chem.* **1992**, *31*, 1874.
4. An, J.; Wang, S.; Yan, B.; Chen, Z. *J. Coord. Chem.* **2002**, *55*, 1223.

실험 12

Nickel(II)의 Schiff-염기 착화합물의 합성

이 실험은 알데하이드와 아민의 반응으로 Schiff 염기를 합성하고, 이것과 Ni(II)의 착화합물을 합성하는 것으로 구성되어 있다. 학생들은 diaminopropane과 pyrrole-2-aldehyde를 반응시켜 리간드 두 개를 합성하고, 이 리간드들의 니켈 착화합물들을 합성하여, ^{1}H NMR, IR, 그리고 UV-vis 분광법으로 착화합물들의 구조적 특성을 규명할 것이다.

1 들어가며

알데하이드와 케톤은 아민과 반응하여 물 한 분자를 생성하고 아조메타인(azomethine, imine) 결합을 형성한다. R, R_1, R_2는 알킬기다.

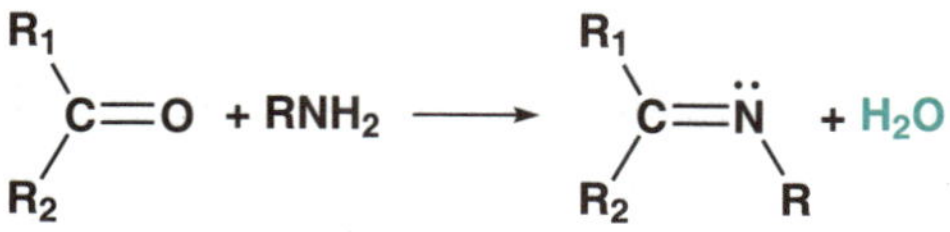

생성물의 질소 원자는 비공유 전자쌍을 가지고 있어서 Lewis 염기 역할을 한다. 따라서 생성물은 리간드로 작용하여 전이 금속과 착화합물을 형성할 수 있다. 1840년 Ettling은 이와 같은 화합물을 최초로 보고하였다. 그는 살리실알데하이드(salicylaldehyde)와 암모니아를 반응시켜 구리 착화합물을 합성하였다. 하지만 이 화합물이 1:2 (금속:리간드) 화학량적 결합을 이루고 있다는 것을 1869년 Schiff가 밝혀내었다. 따라서 화학자들은 아조메타인 토막을 함유한 화합물을 그의 이름을 따서 **Schiff 염기**라고 부른다.

Schiff 염기를 리간드로 사용하여 합성한 다양한 금속-(Schiff-염기) 착화합물들이 보고되어 있다. 이러한 화합물들은 거대-고리 리간드 시스템과 배위 화합물의 기하 구조에서 입체 효과에 대한 좋은 예로서 현대 배위 화학에서 중요한 역할을 한다. 또한 금속-(Schiff-염기) 착화합물은 전이 금속을 함유한 헴(heme)이나 비타민 B_{12} 등과 같은 생체 시스템에서도 좋은 모형 화합물로 이용되고 있다.

Schiff 염기를 합성하는 방법은 크게 두 가지다. 첫째 방법은 리간드를 합성하여 분리한 후, 금속과 반응시켜 착화합물을 형성하는 것이다. 둘째 방법은 리간드를 합성한 뒤, 이것을 분리하지 않고 곧바로 금속과 반응시키는 것이다. 다시 말하면, 리간드 생성과 착화합물 형성이 한-단계 반응으로 완결된다. 사실상 몇몇 리간드는 금속 이온이 존재할 때만 소위 **주형**(template) **반응**으로 생성된다. 이러한 반응에서 금속 착화합물이나 한 개 또는 두 개의 리간드 전구체가 형성되는 반응을 화학자들은 반응 속도론적 **주형 효과**라고 부른다. 따라서 금속 이온은 반응 화학종들을 배향시키고 생성물을 제어하는 주형 역할을 한다.

고농도 반응으로 높은 수득률의 거대-고리 화합물을 합성하기 위해서는, 고리화(cyclization) 반응이 수월하게 일어나도록 반응 자리들을 배향시키는 방법이 필요하다. 전이 금속은 예측 가능한 기하 구조를 갖고 있고, 리간드와 특정한 배위 결합을 선호하기 때문에, 주형 효과를 유발할 수 있다. 전이 금속은 직선형 분자를 배위시켜 이것의 구조에 영향을 줄 수 있기 때문에, 금속 주형이 고리화 반응 속도를 증가시킬 수 있다. 따라서 고리화 반응을 제어하기 위하여, 연구자는 적절한 금속을 사용하고 주개 원자들의 상대적 위치에 유의해야 한다.

화학자들은 리간드들이 금속 내 두 개 이상의 인접한 배위 자리에서 일으키는 반응을 주형 반응이라고 부른다. 다시 말하면, 배위 화합물 형성으로 원하는 반응이 일어나도록 리간드들을 알맞은 자리에 놓이게 하는 반응이 주형 반응이라고 볼 수 있다. 만일 금속이 존재하지 않으면, 똑같은 유기 반응물들이 다른 생성물을 만들어 낸다. 주형 반응은 특히 배위 화학에서 사용된다. 비록 금속-리간드 배위가 리간드의 전자적 성질을 바꾸지만, 주형 효과는 금속의 배위권이 제공하는 사전 배열(pre-organization) 효과라고 볼 수 있다.

초기 주형 반응의 예로 니켈 dithiolate에 의한 이중 알킬화(alkylation) 반응을 들 수 있다. Ni 금속 이온이 없는 반응에서는 고분자가 합성되었다.

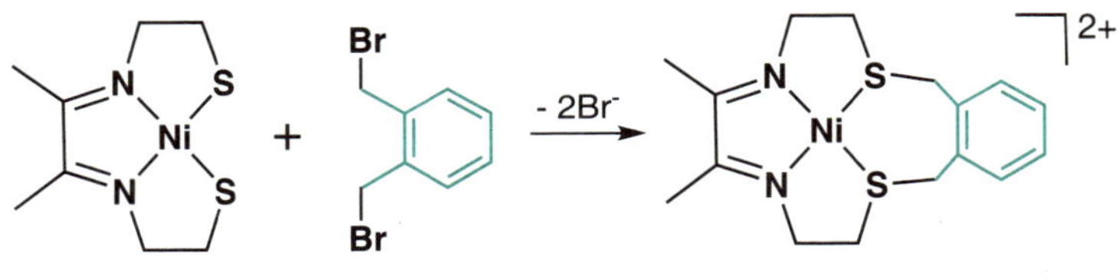

주형 반응은 한계점들도 갖고 있다. 많은 주형 반응은 단지 화학량적 반응이며, 주형 금속 이온을 제거하기가 어렵다.

니켈(II) 이온이 존재하지 않는 조건에서는, 공기 중에서 1,3-diaminopropane과 pyrrole-2-aldehyde가 1:1 반응하여 이종핵-고리 화합물 **1**을 생성한다.

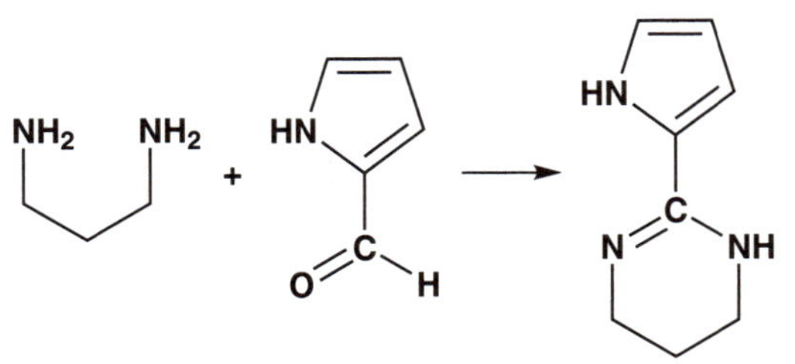

1

하지만, 니켈(II) 이온이 존재하는 조건에서는, 1,3-diaminopropane과 pyrrole-2-aldehyde가 1:2 반응하여 전혀 다른 생성물 **2**를 형성한다.

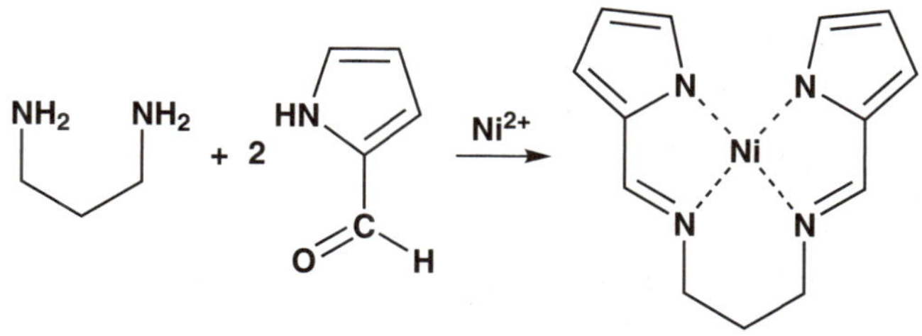

2

2 실험

2.1 1,3-Diaminopropane과 pyrrole-2-aldehyde로부터 Schiff-염기 리간드 합성

이 실험은 후드에서 수행되어야 한다.

100 mL 둥근 바닥 플라스크에 에탄올 5 mL를 넣고, pyrrole-2-aldehyde 0.95 g을 녹인다. 1,3-Diaminopropane 0.4 mL를 눈금 피펫으로 용액에 넣고 혼합한다. 환류 냉각기를 장치하고 물중탕(~95℃)으로 가열하여 3~4분 동안 끓인다. 물중탕을 제거한 후, 플라스크를 얼음 수조에 2시간 동안 놓아둔다. 혼합물은 결정성 고체가 되거나, 여전히 액체로 남아 있을 수 있다. 생성된 고체를 여과한 한 후, 다이에틸에테르 몇 mL로 세척한다. 여과 용액과 세척 용액을 모아 냉각하면 바늘-모양 결정이 추가적으로 얻어진다. 혼합물이 액체로만 있을 경우, 고체가 형성되기 시작할 때까지 에탄올을 회전 감압 증발기로 증발시킨다. 플라스크를 얼음 수조에서 냉각하여, 결정화가 완결되도록 한다. 생성된 리간드 결정들을 모은다. 공기 중에서 건조하여 질량을 잰 후, 수득률을 구한다. 생성물의 IR 스펙트럼과 ^{1}H NMR 스펙트럼을 찍는다.

2.2 Schiff-염기 리간드를 이용한 Ni(II) 착화합물의 합성

실험 2.1.에서 얻은 리간드 0.5 g을 따뜻한 에탄올 10 mL에 녹인다. $Ni(OCOCH_3)_2 \cdot 4H_2O$ 0.5 g을 물 10 mL에 녹인 용액을 리간드가 녹아 있는 용액에 천천히 첨가하면, 짙은 주황색의 탁한 혼합물이 얻어진다. Na_2CO_3 0.2 g을 물 5 mL에 녹인 용액을 첨가하고, 혼합물을 20분 동안 교반한다. 여과하여 생성물을 얻고, 소량의 에탄올:물 = 1:1 혼합물로 세척한다.

주황색 생성물을 CH_2Cl_2 40 mL에 녹인 후, 소량의 $MgSO_4$를 첨가하여 수분을 제거한다. 결과 용액을 여과하여 $MgSO_4$를 제거하고, 소량의 CH_2Cl_2로 세척한다. 여과액과 세척액을 혼합한 용액에 석유 에테르(80~100℃) 40 mL를 첨가한다. 회전 감압 증발기로 CH_2Cl_2를 제거한다(CH_2Cl_2의 끓는점이 낮으므로, 실온의 물중탕을 사용하여야 한다. 온도를 높일 필요가 없다). CH_2Cl_2가 제거되면서, 주황색 침전이 형성된다. 생성물을 여과한 후 공기 중에서 건조한다. 질량을 잰 후, 수득률을 구한다. IR 스펙트럼과 ^1H NMR 스펙트럼을 찍는다.

2.3 1,3-Diaminopropane 및 pyrrole-2-aldehyde와 nickel(II) 착화합물의 합성

후드 안에서 2개의 주입구가 달린 100 mL 둥근 바닥 플라스크에 환류 냉각기와 적가 깔때기를 장치한다. 플라스크에 에탄올 : 물 = 1 : 1 혼합 용매 50 mL를 넣고, pyrrole-2-aldehyde 0.95 g, $Ni(OCOCH_3)_2 \cdot 4H_2O$ 1.25 g, 끓임쪽 3~4개를 넣는다. $Ni(OCOCH_3)_2 \cdot 4H_2O$가 녹을 때까지 반응 혼합물을 가열하면, 맑은 용액보다는 탁한 혼합물이 된다. 10% (w/v) NaOH 수용액 4 mL를 넣는다. 물 20 mL에 1,3-diaminopropane 0.4 mL를 녹인 용액을 적가 깔때기에 넣는다. 환류되고 있는 $Ni(OCOCH_3)_2 \cdot 4H_2O$와 알데하이드 혼합물이 들어 있는 플라스크에 다이아민 용액을 20분 동안 방울방울 첨가한다. 증류수 10 mL를 첨가한 후, 혼합물을 냉각시킨다. 붉은색의 생성물을 여과한 후, 소량의 에탄올 : 물 = 1 : 1 혼합물로 세척한다.

생성물이 여과 깔때기에 있는 상태에서 CH_2Cl_2 40 mL를 부어 녹인 후, 붉은색 CH_2Cl_2 용액을 여과하여 100 mL 삼각 플라스크에 여과액을 모은다. 소량의 $MgSO_4$를 첨가하여 수분을 제거한다. 결과 용액을 여과하여 $MgSO_4$를 제거하고, 소량의 CH_2Cl_2로 세척한다. 여과액과 세척액을 혼합한 용액에 석유 에테르(80~100℃) 40 mL를 첨가한다. 회전 감압 증발기로 CH_2Cl_2를 제거한다. CH_2Cl_2가 제거되면서 붉은색 침전이 형성된다. 생성물을 여과한 후 공기 중에서 건조한다. 질량을 잰 후, 수득률을 구한다. IR 스펙트럼, UV-vis 스펙트럼 및 ^1H NMR 스펙트럼을 찍는다.

3 결과 및 토의

- 1,3-Diaminopropane과 pyrrole-2-aldehyde가 반응할 때, Ni(II)의 유무에 따라 생성되는 Schiff-염기 리간드의 IR 스펙트럼과 ^1H NMR 스펙트럼을 비교하라.
- 1,3-Diaminopropane과 pyrrole-2-aldehyde의 반응으로 생성되는 Schiff-염기 리간드의 형성 과정에 대한 메커니즘을 제시하라. 또한 Ni(II) 이온과 반응으로 형성되는 착화합물의 구조를 그려라.
- Ni(II) 이온과 Schiff-염기 리간드로 이루어진 착화합물의 UV-vis 스펙트럼을 분석하라.

참고문헌

1. Holm, R. H. *Prog. Inorg. Chem.* **1966**, *7*, 83.
2. Curtis, N. F. *Coord. Chem. Rev.* **1968**, *3*, 3.
3. Hobday, M.; Smith, T. D. *Coord. Chem. Rev.* **1972**, *9*, 311.
4. Weber, J. H. *Inorg. Chem.* **1967**, *6*, 258.
5. Datta, A.; Karan, N. K.; Mitra, S.; Gramlich, V. *J. Chem. Cryst.* **2003**, *33*, 579.

고체 화학

실험 13

$CaCO_3$ 다형체 합성: Calcite, aragonite, vaterite의 합성

이 실험은 탄산 칼슘($CaCO_3$)의 다형체(polymorph) 세 개를 합성하고, 분말 X-ray 회절법(PXRD, powder X-ray diffraction)으로 이것들의 결정 구조를 해석하는 것으로 구성되어 있다. 학생들은 PXRD 분석을 통하여 고체 시료의 분말-구조 규명 과정을 배울 것이다.

1 들어가며

화학적 조성은 같으나 결정 구조가 다른 물질들을 기술할 때, **다형 현상**(polymorphism)이라는 용어가 사용된다. $CaCO_3$는 다형 현상을 나타내는 대표적인 물질이다. 자연계에 존재하는 $CaCO_3$는 육방정계를 갖는 방해석(calcite)과 사방정계를 갖는 아라고나이트(aragonite)의 다형 현상을 갖는다.

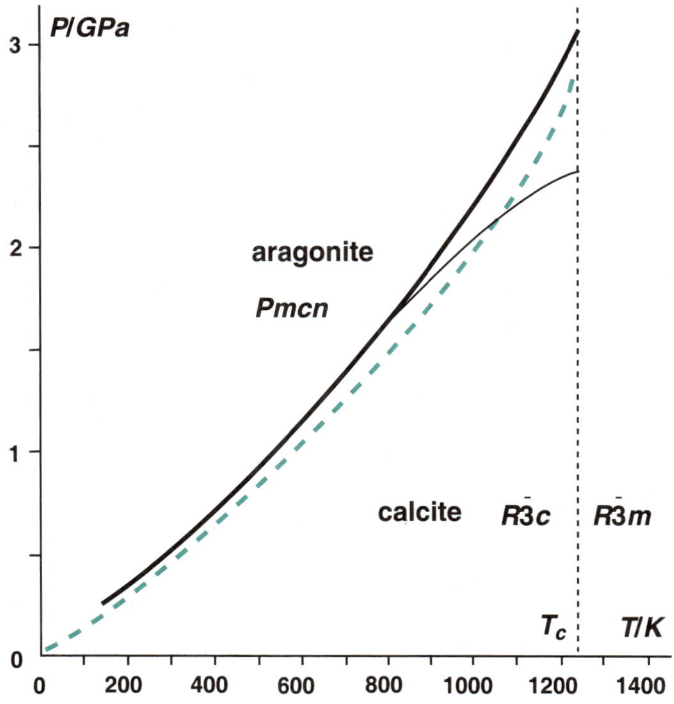

◂ $CaCO_3$의 상 평형도

탄산 칼슘($CaCO_3$). $CaCO_3$는 순수한 물에서는 잘 녹지 않고, 적당한 비중을 가지며, 고백색도와 불연성 등의 특징을 가지고 있는 무기 분말로 고무, 플라스틱, 제지, 화장품 등 다양한 산업에서 무기 충진제로 광범위하게 응용되고 있다. 현재 다양한 산업에서 응용되고 있는 $CaCO_3$ 분말을 각각의 용도에 적합한 물성을 만족시키기 위해서는 제조 방법과 합성 조건의 변화에 따른 상(phase), 형상(morphology), 입자 크기 제어 등이 필요하다.

$CaCO_3$는 침전 형성 시 용액에서의 여러 반응 조건 즉, 용액의 조성, pH, 온도, 과포화도, 교반 속도, 첨가 이온, 씨앗 결정의 첨가와 종류 등의 영향에 의해 석출되는 상, 형상, 그리고 입자 크기가 달라진다. $CaCO_3$는 열역학적으로 상온/상압에서 안정하여, 자연에서 흔히 산출된다. $CaCO_3$의 다형체로는 일반적으로 사용되고 있는 방해석(calcite), 불안정한 상(phase)인 아라고나이트(aragonite), 그리고 바테라이트(vaterite)가 있다. 이 중에서 아라고나이트는 가로-세로 비(aspect ratio, 결정의 가로 길이와 세로 길이의 비)가 매우 큰 바늘 모양을 갖고 있으며, 고무나 플라스틱, 도료의 충진제나 제지용 안료 등 공업 원료로 이용했을 때 강도 증진과 바늘 모양의 복잡한 표면 구조로 인해 백색도 향상 및 불투명도 조절이 가능하다. 따라서 아라고나이트는 기계적, 광학적 기능성을 제공할 수 있는 새로운 기능성 무기 재료로 각광을 받고 있다.

방해석(calcite)의 구조. 방해석 결정은 육방정계(hexagonal system)에 속하며, 이 결정의 단위 세포(unit cell)는 a = 4.99 Å, c = 17.06 Å의 축 길이를 갖고 있으며, Z = 6 값을 갖는다. 즉, 단위 세포가 방해석의 화학식 단위 6개를 갖고 있다. Ca^{2+} 이온과 CO_3^{2-} 이온이 서로 교대로 층을 이루고 있고, 한 층 안의 CO_3^{2-} 이온이 산소 원자 6개와 결합하여 약간 뒤틀린 팔면체를 형성한다. CO_3^{2-} 이온의 각 산소 원자는 탄소 원자와 근접한 양이온 층의 Ca^{2+} 이온 2개와 결합한다. 방해석의 경우, 겉으로 나타나는 결정 형태가 매우 다양하며, 자연계에서 약 600가지 이상의 형태로 존재한다.

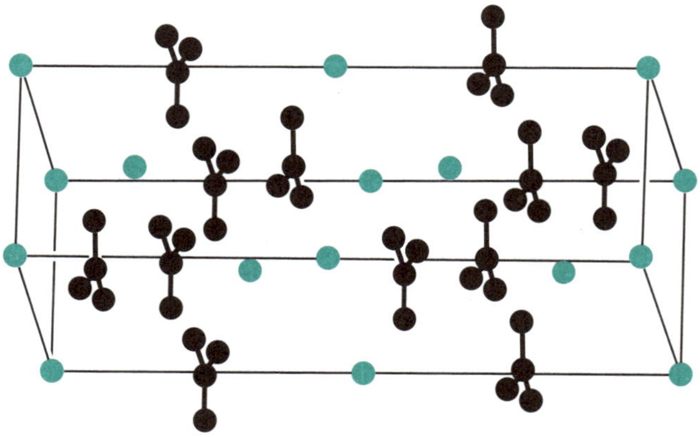

방해석의 결정 구조 ▶

아라고나이트의 구조. 아라고나이트의 결정은 사방정계(orthorhombic system)에 속하며, 이 결정의 단위 세포는 a = 4.96 Å, b = 7.97 Å, c = 5.74 Å의 축 길이를 갖고 있으며, Z = 4 값을 갖는다. 아라고나이트의 CO_3^{2-} 이온은 방해석에서와 사실상 동일하지만 C 원자가 가장 Ca 층 쪽으로 약간 움직여 있다 (0.06 Å). Ca^{2+} 이온은 (001)과 평행한 유사-육각층(pseudo-hexagonal layer)에서 c-축을 따라

−AB−AB− 층 순서로 배열되어 있다. Ca^{2+} 이온층은 2개의 구별되는 CO_3^{2-} 이온의 모서리에 있는 각각 두 개의 산소 원자와 정점에 있는 각각 한 개의 산소 원자를 합한 총 아홉 개의 산소 원자와 결합하고 있다. 용액에서 화학적으로 합성되는 아라고나이트의 경우, 주로 원통 모양과 바늘 모양의 형태가 나타낸다.

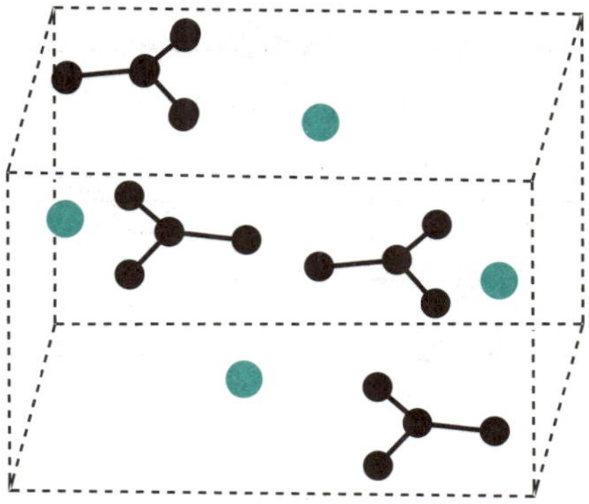

◀ 아라고나이트의 결정 구조

바테라이트의 구조. 바테라이트의 결정은 육방정계에 속하며, 이 결정의 단위 세포는 a = 4.13 Å와 c = 8.49 Å 축 길이와 Z = 6 값을 갖고 있다. 바테라이트는 매우 불안정해서 비교적 낮은 온도에서 방해석으로 변환되며, 생체-무기질화(biomineralization) 과정에서 매우 중요한 상이다. 상 평형도에서 바테라이트의 존재를 확인할 수 없다. 왜냐하면 바테라이트가 자연계에서 존재하지 않고, 용액에서 급격한 침전 반응으로만 생성되는 준안정한(metastable) 상이기 때문에, 바테라이트가 안정하게 존재하는 영역을 압력과 온도로 표시할 수 없기 때문이다. 바테라이트는 공 모양과 럭비공 모양의 형태를 갖는 것으로 보고되어 있다.

탄산 칼슘의 합성. 일반적으로, 용해성 칼슘염(염화염, 질산염, 황산염 등)과 다른 용해성 탄산염(알칼리염, 암모늄염)을 혼합하여 탄산 칼슘을 합성할 수 있다. 예를 들면, 수용액에서 다음과 같이 여러 반응으로 탄산 칼슘을 합성할 수 있다.

$$CaCl_2(aq) + Na_2CO_3(aq) \rightarrow CaCO_3(s) + 2NaCl(aq)$$
$$CaCl_2(aq) + NaHCO_3(aq) + NaOH(aq) \rightarrow CaCO_3(s) + 2NaCl(aq) + H_2O(l)$$
$$CaCl_2(aq) + (NH_4)_2CO_3(aq) \rightarrow CaCO_3(s) + 2NH_4Cl(aq)$$

PXRD. 결정 격자 내에서 원자들의 쌓여서 결정면이 형성된다. 결정면은 Miller 지수 (hkl)로 표현된다. 입사된 X-선은 각 면에 대한 회절에 의하여 보강 간섭과 상쇄 간섭을 하게 된다. 면간 거리는 Bragg 식에 의해 결정된다.

$$2d\sin\theta = n\lambda$$

이때, d는 면 간격, θ는 입사각, λ는 X-선의 파장, n은 자연수다.

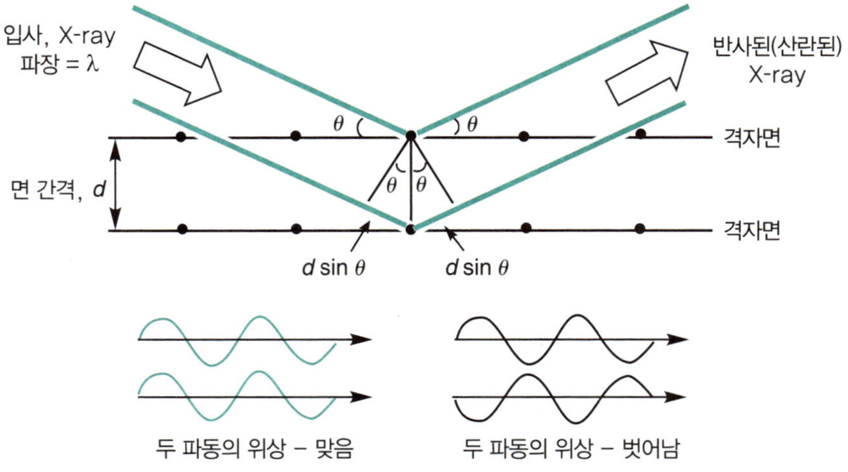

2 실험

2.1 방해석 합성

0.01M $CaCl_2$ 수용액 100 mL에 1 M Na_2CO_3 수용액 5 mL를 적가 깔때기를 이용하여 천천히 첨가한다(1시간). 얻어진 침전을 원심분리기로 분리한 후, 차가운 증류수로 세척하고, 60°C 오븐에서 건조한다.

2.2 아라고나이트 합성

파이렉스(Pyrex) 병에 증류수 100 mL를 넣고, $CaCl_2$ 0.25 M, 요소 0.75 M 수용액이 되도록 각 시약을 넣는다. 병마개를 막고, 90°C에서 자기 교반을 하면서 3시간 동안 반응시킨다. 얻어진 침전을 원심분리기로 분리한 후, 차가운 증류수로 세척하고 60°C, 오븐에서 건조한다.

2.3 바테라이트 합성

100 mL 비커에 증류수 50 mL를 넣고, $CaCl_2$ 3 mmol과 poly(styrene-4-sulfonate)(PSS) 0.173 g(3 mmol)을 녹인다. 다른 100 mL 비커에 Na_2CO_3 3 mmol을 넣고, 증류수 10 mL에 녹인다. $CaCl_2$ 용액을 자기 교반(~1,000 rpm)하면서 적가 깔때기로 탄산 칼슘 용액을 2분 동안 첨가한다. 10분간 더 교반한다. 얻어진 침전을 원심분리기로 분리한 후, 차가운 증류수로 세척하고 60°C 오븐에서 건조한다.

3 결과 및 토의

3.1 합성에 관련된 질문

- 아라고나이트의 합성 과정에서 탄산 이온의 공급원으로 요소를 사용하였다. 화학 반응식을 기술하라.

3.2 이미지 분석 및 구조 분석

아래 그림에 방해석의 SEM(주사 현미경: scanning electron microscope) 이미지와 광학 현미경 이미지를 나타내었다.

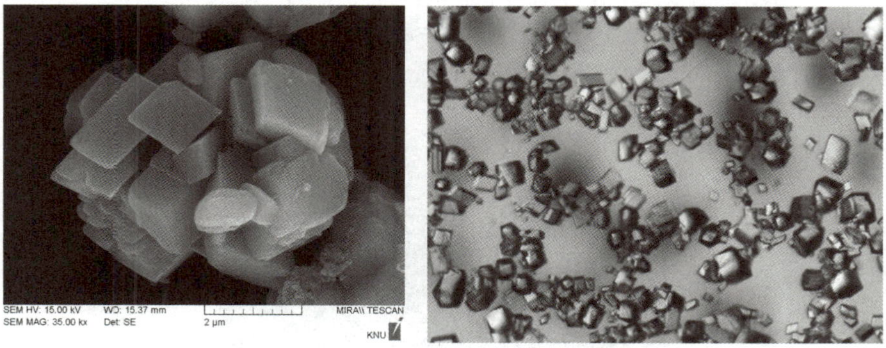

방해석의 SEM 이미지(왼쪽) 및 광학 현미경 이미지(오른쪽)

방해석의 PXRD 패턴이 아래 그림에 나타나 있다(JCPDS Card No. 1-837).

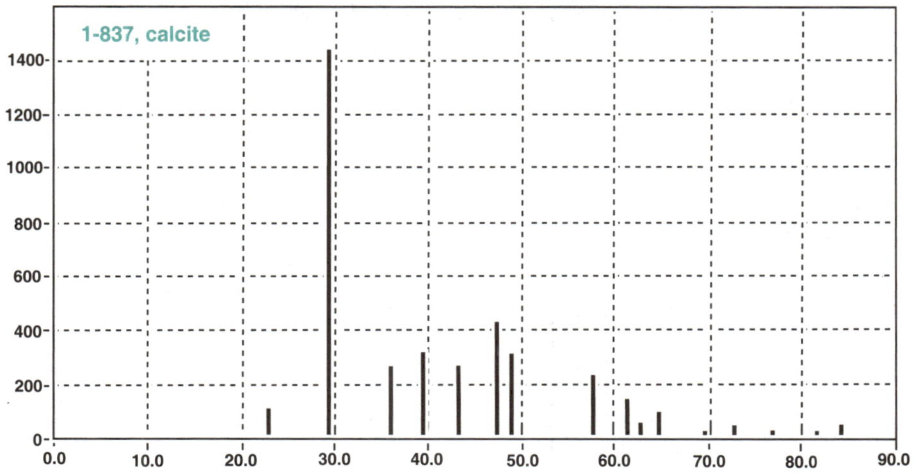

방해석의 PXRD 패턴

아래 그림은 아라고나이트의 PXRD 패턴을 보여준다(JCPDS Card No. 1-628).

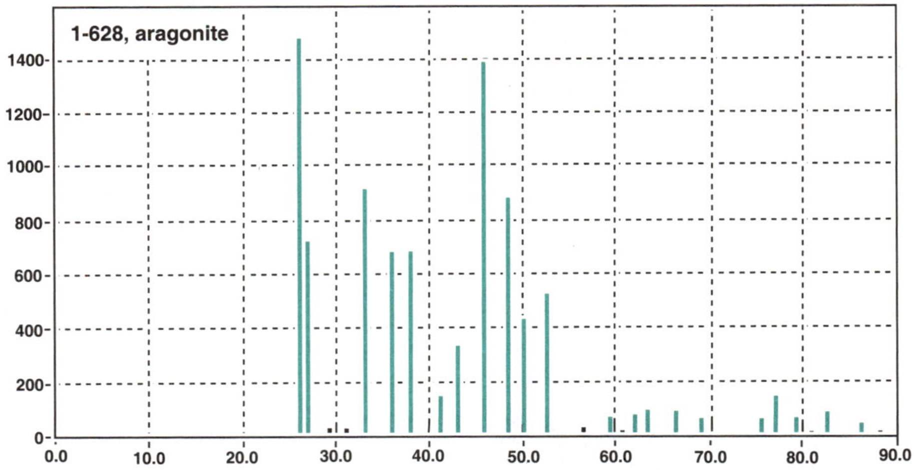

아라고나이트의 PXRD 패턴 ▶

아래 그림은 바테라이트의 SEM 이미지다.

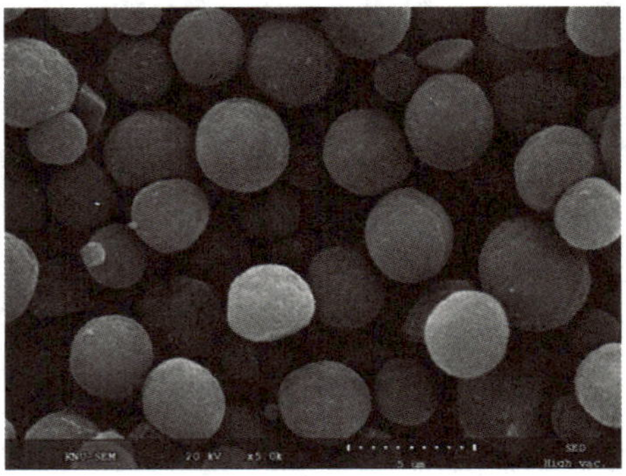

바테라이트의 SEM 이미지 ▶

아래 그림에 바테라이트의 PXRD 패턴이 제시되어 있다(JCPDS Card No. 33.268).

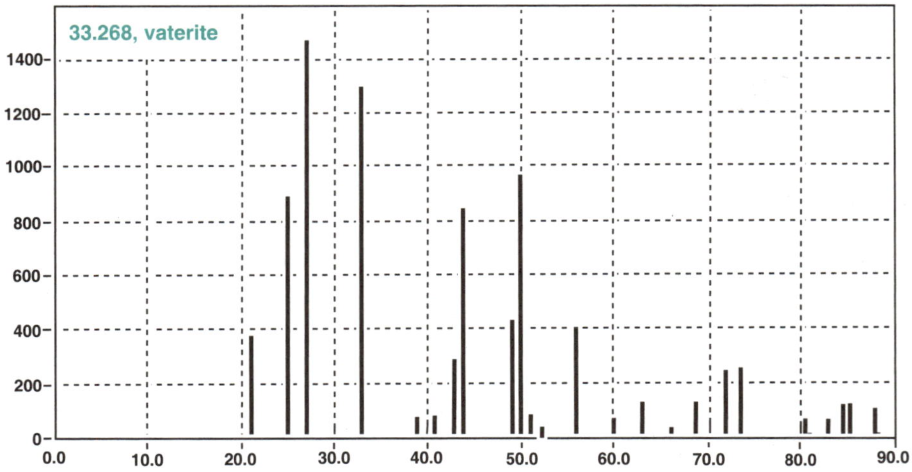

Vaterite의 PXRD 패턴 ▶

2θ	d(Å)	(hkl)	$\frac{I}{I_o} \times 100$
21.000	4.2269	004	16
24.955	3.5651	110	60
27.132	3.2839	112	100
32.858	2.7235	114	99
38.958	2.3100	211	5
42.762	2.1129	008	13
43.949	2.0585	300	56
49.188	1.8508	304	25
50.170	1.8168	118	56
51.212	1.7823	220	4
55.892	1.6436	224	19
62.943	1.4754	308	5
68.721	1.3648	228	4

IR 스펙트럼. 아래 그림은 바테라이트의 IR 스펙트럼을 보여준다. 결합하지 않은 탄산 이온은 D_{3h} 대칭을 갖는다. 이 대칭성은 격자 내에서 약간 일그러져 다양한 흡수띠를 나타낸다.

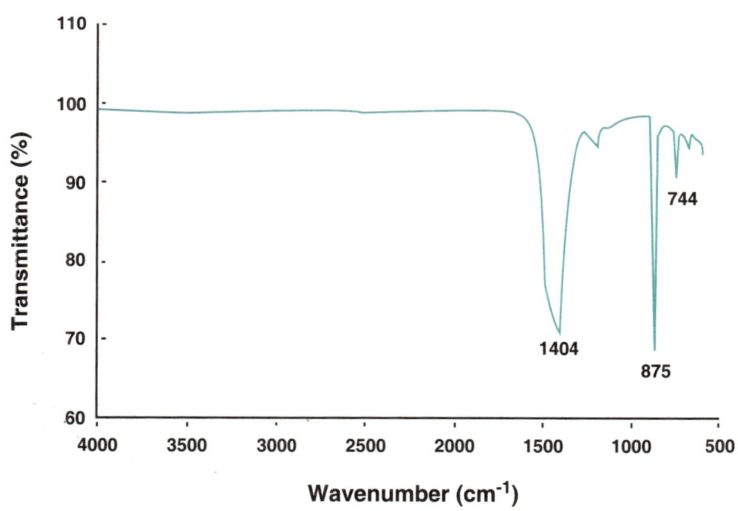

◀ 바테라이트의 IR 스펙트럼

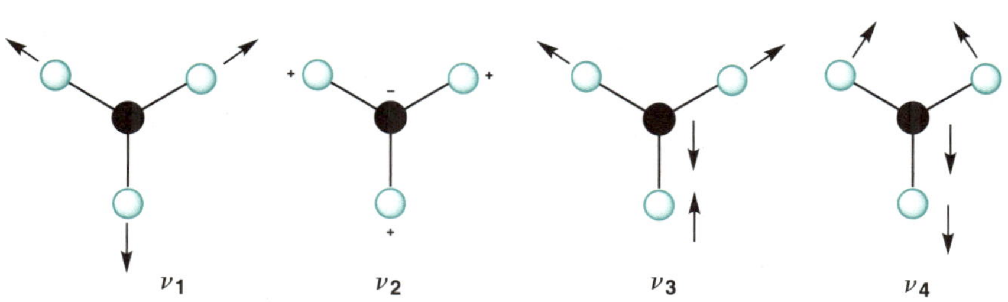

물질	Vibration, cm^{-1}			
	υ_3	υ_1	υ_2	υ_4
Calcite	1430	–	870, 845	715
Aragonite	1475	1080	855, 840	715, 700
Vaterite	1490, 1420	1085, 1070	870, 850, 830	750

참고문헌

1. Zhang, Q.; Ren, H.; Wang, W.; Zhang, J.; Zhang, H. *Particuology* **2012**, *10*, 266.
2. Menahem, T.; Mastai, Y. *J. Cryst. Growth* **2008**, *310*, 3552.
3. Wang, L.; Sondi, I.; Matijević, E. *J. Colloid Interf. Sci.* **1999**, *218*, 545.
4. Sato, M.; Matsuda, S. *Zeitschrift für Kristallographie, Bd.* **1969**, *129*, S. 405.
5. Tavender, S. M.; Johnson, S. A.; Balsom, D.; Parker, A. W.; Bisby, R. H. *Laser Chem.* **1999**, *19*, 311.

실험 **14**

층상 구조 화합물 layered double hydroxide의 합성:

이 실험은 층상-구조 물질의 합성과 반응, 그리고 구조 규명으로 구성되어 있다. 학생들은 층상-구조 물질로 층상 이중 수산화물(layered double hydroxide, LDH)로 알려진 하이드로탈사이트(hydrotalcite)를 합성하고, PXRD를 이용하여 회절 패턴을 얻어 결정 구조를 해석할 것이다. 이런 실험을 통하여 학생들은 층상-구조 화합물의 이해와 PXRD 분석 기법을 배우게 될 것이다. 아울러 층들 사이에 존재하는 탄산 이온을 다른 유기산으로 치환하는 층간-삽입(intercalation) 반응도 수행된다.

1 들어가며

최근 전자 소재, 무기 재료 이온-교환 물질, 크로마토그래피의 정지상, 촉매 연구 등 **층상-구조 물질**(layer-structured material)에 관한 연구가 매우 활발하다. 층상-구조 물질은 화학적 조성의 조절, 층상 구조의 제어, 안정한 층의 제공, 다양한 물질의 층간 삽입 등을 할 수 있어서, 위에서 언급한 응용 분야에 탁월한 기능을 제공하고 있다. 점토, 흑연, 전이-금속 산화물, 전이-금속 캘코젠 화합물(산소족 화합물), 전이금속의 유기산 염 등이 대표적인 층상-구조 물질이다.

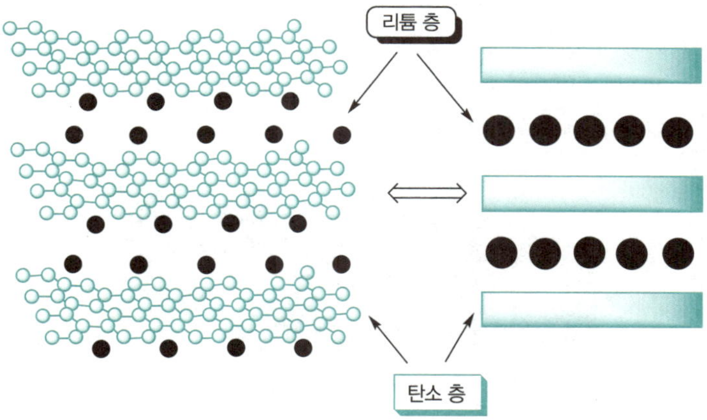

◀ 흑연에 Li의 층간-삽입 반응의 모식도

층상 이중 수산화물(layered double hydroxides, LDH)은 층들 사이에 무기 음이온이 있는 2차원 층상-구조 물질이다. LDH의 이온 층상-구조 물질은 천연 광물질인 하이드로탈사이트(hydrotalcite, $Mg_6Al_2(OH)_{16}CO_3 \cdot 4H_2O$)와 구조적으로 매우 유사하기 때문에 **하이드로탈사이트류 화합물**이라고도 불리며, 또한 **음이온성 점토**라고도 불린다. LDH는 아래와 같은 일반식을 갖는다.

$$[M(II)_{1-x}M(III)_x(OH)_2](X^{n-})_{x/n} \cdot yH_2O)$$

여기서 M(II)은 Mg^{2+}, Co^{2+}, Ni^{2+}, Zn^{2+}와 같은 2가 양이온이고, M(III)는 Al^{3+}, Cr^{3+}와 같은 3가 양이온이다. X^{n-}는 층들 사이에 있는 n가의 음이온으로 주로 $CO_3{}^{2-}$, Cl^- 등이다.

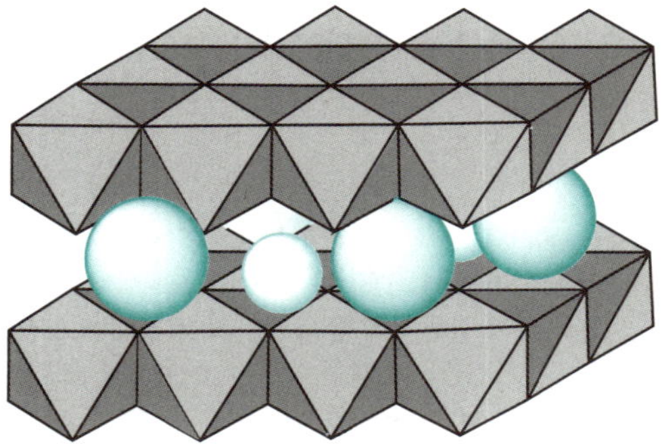

LDH의 모식도 ▶

LDH의 일반적인 성질은 다음과 같다.

- 층들 사이의 음이온과 물 분자를 포함하는 층의 두께는 음이온의 크기에 좌우된다.
- 음이온의 양이 증가함에 따라 층들 사이의 물 분자의 양이 감소한다.
- M(III)과 층들 사이의 음이온의 비는 $x : x/n$ 이다. M(III)이 증가할수록 음이온의 양도 증가한다. 또한 M(III)의 양이 증가할수록, 양으로 하전된 층과 층 사이의 음이온의 정전기적 상호작용의 증가로 층의 두께가 감소한다.

LDH는 주로 공침법(coprecipitation method)으로 합성한다. 물에 잘 녹는 M(II)과 M(III) 양이온의 염화염 또는 질산염 수용액을 제조하고, 다른 용기에 수산화 소듐과 탄산 소듐의 혼합 수용액을 제조한 후, 두 용액을 적가 깔때기 또는 주사기 펌프로 또 다른 용기에 동시에 첨가하면서 pH를 일정하게 유지하면, 과포화로 인한 혼합 금속염의 수산화물이 침전된다.

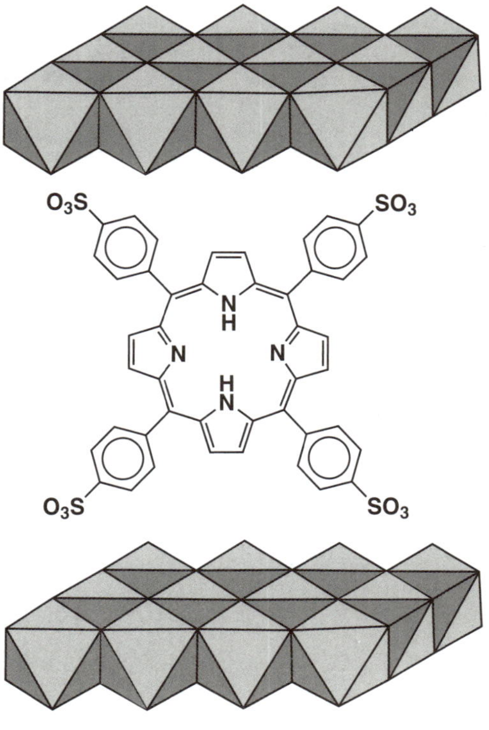

LDH 층들 사이에 층간-삽입한 포피린 음이온 ▶

LDH의 반응들 중에서 대표적인 것은 **층간-삽입**(intercalation) 반응이다. 2차원 금속-수산화물 층은 층과 층 사이의 음이온의 영향으로는 구조적 변화가 일어나지 않으며, 단지 층의 수직 방향으로 층의 부풀림이 일어난다. 따라서 층간-삽입 반응은 주인-손님 반응(host-guest reaction)의 대표적인 예이며, 유기-무기 혼성 복합 재료 합성에 매우 중요한 반응이다.

2 실험

2.1 MgAl계 LDH의 합성

Na_2CO_3 0.1몰과 NaOH 1몰을 플라스틱 병에 넣고, 증류수에 녹여 500 mL 수용액을 제조한다. $Mg(NO_3)_2 \cdot 6H_2O$ 0.34몰과 $Al(NO_3)_3 \cdot 9H_2O$ 0.17몰을 플라스틱 병에 넣고 증류수에 녹여 500 mL 수용액을 제조한다.

> 조별로 $[Mg^{2+}] + [Al^{3+}] = 1.0$ M이 되도록 0.6 M $< [Mg^{2+}] <$ 0.8 M 조건으로 실험을 수행하여 결과를 비교하여 Vegard 법칙을 적용하는 것도 의미가 있다.

또 다른 플라스틱 용기에 자석 젓개를 넣고, 증류수 100 mL를 넣은 후, NaOH 용액과 혼합 금속염 용액을 적가 깔때기로 적가하면서 pH 10.0, 온도 40°C를 유지한다. 적가 시간은 1시간 정도가 적절하다. 10분간 추가적으로 교반한 후, 90°C에서 30분간 숙성을 시킨다. 4,000 rpm에서 10분 동안 원심분리 후, 상층 액을 제거하고 다시 증류수를 넣어 분리된 혼합물을 세척한다. 세척 과정을 5회 이상 반복한다. 얻어진 침강물을 80°C 오븐에서 충분히 건조한다.

건조된 시료를 잘 분쇄하여 100 mesh 체($\phi <$ 0.25 mm)로 거른 후, PXRD 분석, IR 분석, ^{27}Al MAS NMR 분석, 열분석을 실시한다.

2.2 α,ω-Diacid의 층간-삽입 반응(선택 실험)

100 mL 둥근 바닥 플라스크에 에탄올 50 mL를 넣고, 잘 분쇄된 LDH 200 mg을 넣는다. 이 반응 혼합물에 $HOOC-(CH_2)_n-COOH$ $(0 \le n \le 10)$ 200 mg을 넣고, 에탄올에 녹인 0.1 M HCl 용액 10 mL를 방울방울 떨어뜨린다. 질소 분위기에서 20분간 더 반응시킨 후 여과한다. 차가운 에탄올 10 mL로 3회 세척한다. 질소 분위기에서 건조한다. PXRD 분석, IR 분석을 수행한다.

3 결과 및 토의

3.1 실험에 관련된 질문

- $Mg(OH)_2$, $Al(OH)_3$의 K_{sp}를 비교하고, 공침의 조건(pH = 10, 40°C)에 대한 타당성을 고찰하라.
- 하이드로탈사이트는 제산제 탈시드의 주성분이다. 이것과 HCl과의 반응을 기술하고, 제산 작용에 대하여 설명하라.
- α,ω-Diacid의 층간-삽입 반응을 질소 분위기에서 에탄올을 용매로 사용하여 반응시킨다. 이유를 설명하라.

3.2 PXRD 패턴

합성된 LDH의 PXRD 패턴은 아래 그림과 같다. 합성된 hydrotalcite (JCPDS card No. 22-700)나 천연 hydrotalcite (JCPDS card No. 14-191)는 동일한 패턴을 나타낸다.

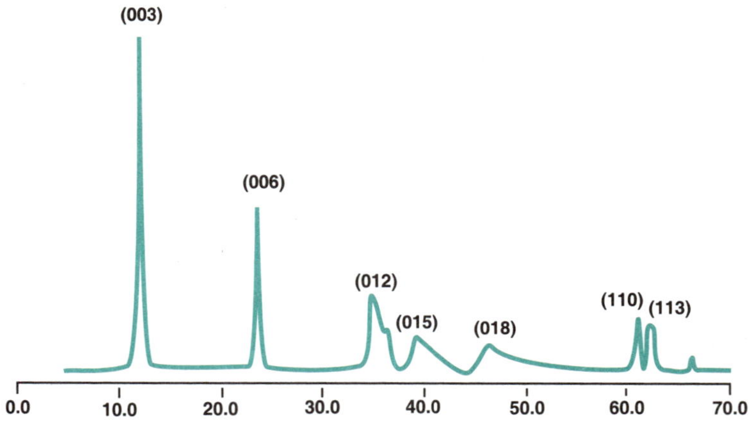

합성된 LDH의 PXRD 패턴 ▶

$d_{(hkl)}$ (nm)	hkl	$\frac{I}{I_o}$
0.747	003	1.00
0.377	006	0.50
0.258	009/012	0.22
0.232	015	0.10
0.196	018	0.08
0.152	110	0.16
0.149	113	0.15

소위 **Vegard 법칙**에 의하면, 결정 구조의 변화 없이 형성된 고체 용액(solid solution)에서 결정의 격자 상수(a, b, c)는 치환된 특정 원소의 몰 분율에 1차 함수로 비례한다. 즉, 결정 격자의 변화 없이 작은 이온이 큰 이온을 치환한다면, 격자 상수가 줄어든다. 다음 그림은 M(III)의 몰 분율(x)에 대하여 육방정계 격자 변수인 a를 도시한 것이다. $0.25 < x < 0.33$ 범위에서 x가 커질수록 a는 줄어드는 것을 알 수 있다. 이 범위에서 순수한 고체 용액이 형성된다. $x < 0.25$ 범위와 $x > 0.33$ 범위에서는 그 경향이 달라진다. 따라서 혼합물이 형성된다.

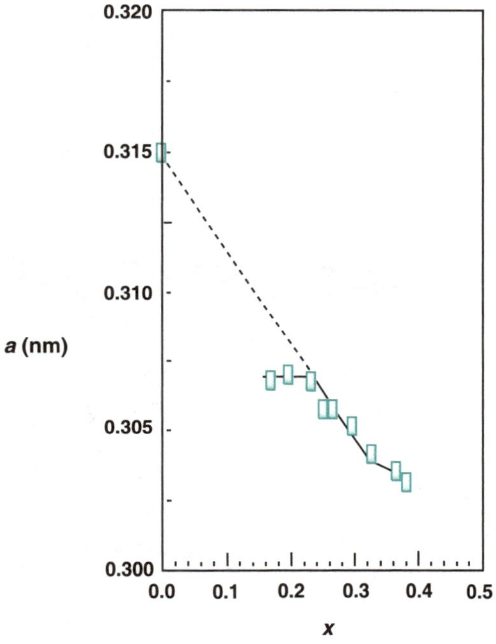

◀ 몰 분율 x와 격자 상수 a 사이의 상관관계

3.3 IR 스펙트럼

합성된 LDH의 IR 스펙트럼은 다음 그림과 같다. IR 스펙트럼에서 층들 사이의 탄산 이온의 특성적인 흡수 띠들을 관찰할 수 있다. 탄산 이온은 D_{3h} 점군에 속하며, 대칭 신축인 ν_1은 나타나지 않으며, $\nu_3 = 1353\ \text{cm}^{-1}$; $\nu_2 = 940\ \text{cm}^{-1}$; $\nu_4 = 658\ \text{cm}^{-1}$를 관찰할 수 있다.

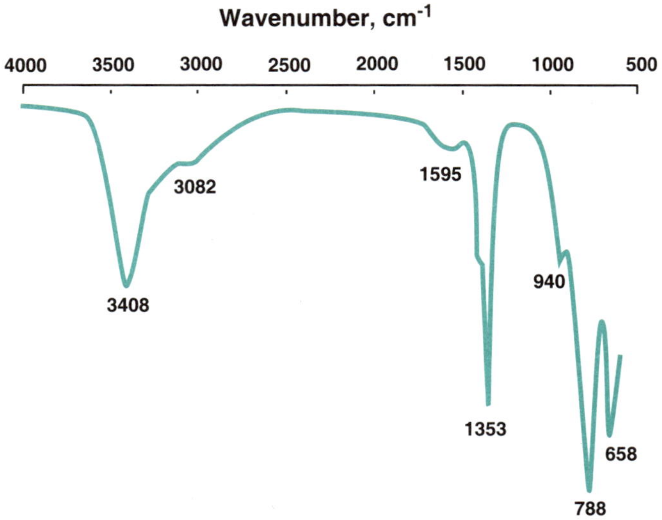

합성된 LDH의 IR 스펙트럼 ▶

파수 (cm^{-1})	진동 방식
3408	물의 신축
3082	수소 결합한 물의 신축
1595	물의 굽힘
1353	탄산 이온의 신축, ν_3
940	탄산 이온의 신축, ν_2
658	탄산 이온의 신축, ν_4

3.4 열분석

합성된 LDH의 TGA 및 dTG 분석 도표를 다음 그림에 나타내었다. 첫째, 212℃까지 대체적으로 낮은 온도에서 일어나는 질량 감소는 표면에 흡착된 물과 층들 사이에서 음이온을 둘러싸고 있는 물 분자의 이탈에 의한 것이다. 이와 같은 탈수 반응은 가역적으로 일어난다. 탈수 과정에서 층들 사이의 물 분자 이탈로 인하여 층간 거리가 다소 줄어든다. 둘째, 400℃까지 일어나는 질량 감소는 층들 사이에 존재하는 탄산 이온의 분해로 인한 CO_2의 제거와 수산화물 층의 수산화기가 물로 이탈하는 과정이다. 이 과정은 M(III)의 종류와 양, 수열 처리 정도, 결정의 크기 등에 영향을 받는다.

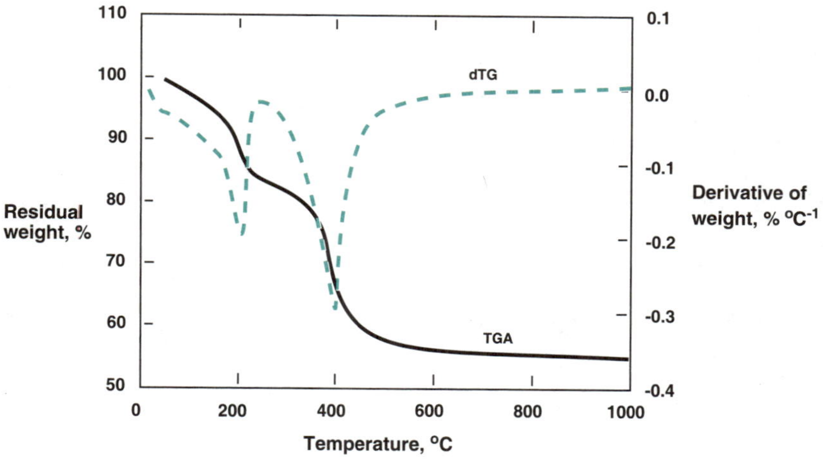

◀ 합성된 LDH의 TGA 분석 도표, dTG 도표. 가열 속도 10.0°C/min.

3.5 ^{27}Al MAS NMR

합성된 LDH의 ^{27}Al MAS NMR 스펙트럼이 아래 그림에 나타나 있다. ^{27}Al MAS NMR 분석을 통하여 층상에 존재하는 Al의 배위 환경을 알 수 있다. LDH에서 Al^{3+} 이온은 $Mg(OH)_2$의 Mg^{2+} 대신 치환된다. 따라서 각 Al^{3+} 이온은 OH^- 리간드 6개에 배위된다. LDH에서 Al의 화학적 이동 값은 $Al(OH_2)_6{}^{3+}$를 기준으로 하였을 때, 8.6 ppm이다. 이 NMR 스펙트럼으로 LDH에서 Al^{3+} 이온이 6-배위되어 있음을 알 수 있다.

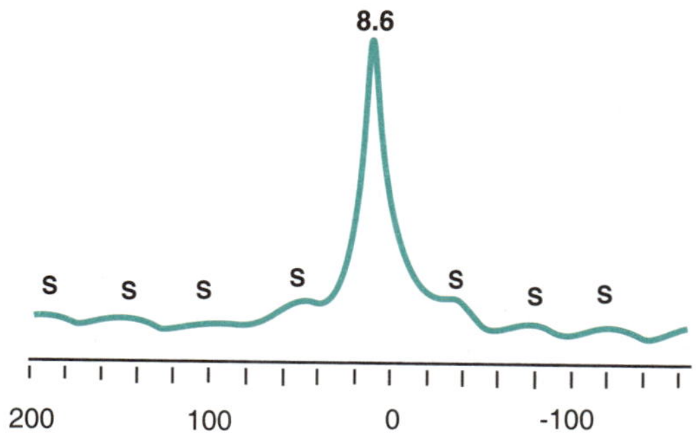

◀ 합성된 LDH의 ^{27}Al MAS NMR 스펙트럼

참고문헌

1. Cavani, F.; Trifiro, F.; Vaccari, A. *Catal. Today* **1991**, *11*, 173.
2. Ogawa, M.; Kuroda, K. *Chem. Rev.* **1995**, *95*, 399.
4. Pinnavaia, T. J.; Kwon, T.; Dimotakis, E. D.; Amarasekera, J. US Patent, 5,079,203 (1992).
5. Clearfield, A. *Chem. Rev.* **1988**, *88*, 125.
6. Brown, G.; Gastuche, M. C. *Clay Miner.* **1967**, *7*, 193.
7. Miyata, S. *Clays & Clay Miner.* **1980**, *28*, 50.
8. Reichle, W. T.; Kang, S. Y.; Everhardt, D. S. *J. Catal.* **1986,** *101*, 352.
9. Bish, D. L.; Brindley, G. W. *Amer. Min.* **1977**, *62*, 458.
10. Miyata, S. *Clays & Clay Miner.* **1975**, *23*, 369.
11. Miyata, S. *Clays & Clay Miner.* **1983**, *31*, 305.

실험 15

무기-무기 혼성 복합 재료의 합성: SiO_2를 이용한 ZnO 나노 입자의 캡슐화

이 실험은 나노 크기의 무기 입자의 표면을 개질하고, 그 입자를 실리카로 캡슐화(encapsulation)하여 무기-무기 혼성 복합 재료를 제조하는 것을 다룬다. 따라서 학생들은 무기 나노 물질의 합성, 표면 처리 기법 등을 배우게 될 것이다.

1 들어가며

SiO_2 합성

실리카를 합성하는 가장 간단한 방법은 다음과 같이 가수분해(hydrolysis)와 응축(condensation) 반응을 기반으로 하는 솔-젤(sol-gel) 반응을 이용하는 것이다.

가수 분해

$$(RO)_3Si{-}OR + H_2O \rightarrow (RO)_3Si{-}OH + ROH$$

응축 반응

$$(RO)_3Si{-}OH + RO{-}Si(OR)_3 \rightarrow (RO)_3Si{-}O{-}Si(OR)_3 + ROH$$
$$(RO)_3Si{-}OH + HO{-}Si(OR)_3 \rightarrow (RO)_3Si{-}O{-}Si(OR)_3 + H_2O$$

이것들 중에서 단분산 실리카 입자(monodispersed particles of silica) 제조에 사용되는 가장 대표적인 방법이 1968년 Werner Stöber에 의해 보고된 **Stöber 반응**이다. 이 반응에서는 $(RO)_3Si{-}OR$로서 tetraethylorthosilicate(TEOS)가 전구체로 사용된다. 이 반응은 에탄올을 용매로 사용하고, 암모니아수를 촉매로 사용한다. 이 방법으로 50~2,000 nm 크기의 실리카 구슬(비드, bead)을 합성할 수 있다.

Stöber 반응을 이용한 실리카 합성법

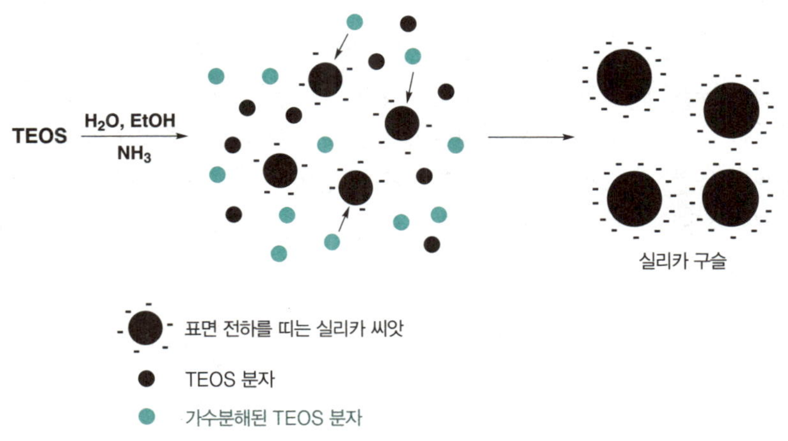

캡슐화

일반적으로 **캡슐화**(encasulation)는 어떤 물질을 다른 물질로 에워싸는 것으로, 내부에 포함된 물질이 외부에서 보이지 않도록 하는 것이다. 내부에 포함되는 물질의 보호뿐만 아니라 외부를 둘러싸는 물질의 표면 개질의 용이성 등등의 이유로 캡슐화가 이용된다.

캡슐화는 CdTe와 CdSe 등과 같은 양자점(quantum dot, QD), 산화철 나노 입자, 산화 아연 나노 입자 등의 표면을 실리카로 껍질을 입힌다. 실리카 캡슐은 투명한 보호막을 만들 수 있으며, 기계적 특성을 강화하고, 유기 용매 또는 수용액으로부터 양자점의 산화나 응집을 막을 수 있다. 더욱이, 실리카 표면을 다양한 방법으로 표면 개질(surface modification)을 할 수 있으므로, 생체-호환성(biocompatibility)을 갖는 양자점을 만들 수 있다.

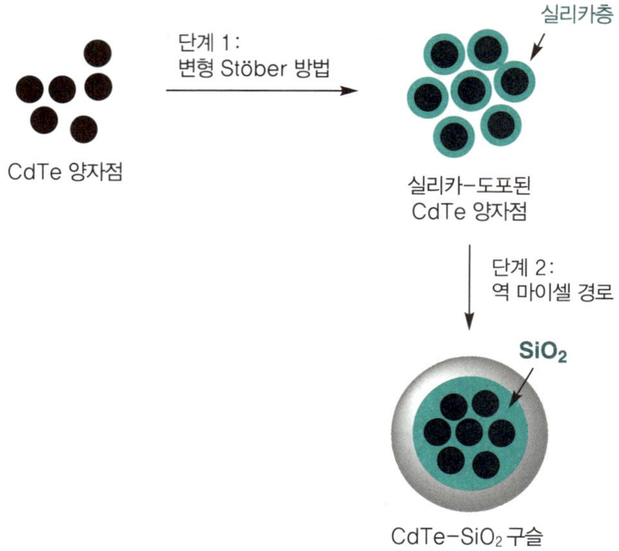

실리카 캡슐화를 통한 CdTe 양자점 만들기 ▶

자기-조립 단막층을 이용한 ZnO의 표면 처리

미립자 산화 티타늄과 미립자 산화철을 자외선-차단 물질(sunlight-protection agent)로 사용할 경우, 입자들이 잘 분산되어야 한다. 액상의 경우, 기계적인 힘을 이용하여 충분히 분산시킬 수 없어서 응집이 일어나고, 자외선-차단 효과가 감소한다. 따라서 나노 입자의 표면을 처리하여 분산력을 향상시킬 필요가 있다.

매우 유용한 표면-개질 방법은 **자기-조립 단막층**(self-assembled monolayers, SAMs)을 이용하는 것이다. 아래 그림은 SiO_2 표면을 $-CH_3$ 기를 가지는 실란 화합물로 처리하여 표면을 친수성에서 소수성으로 변환시키는 과정을 보여준다.

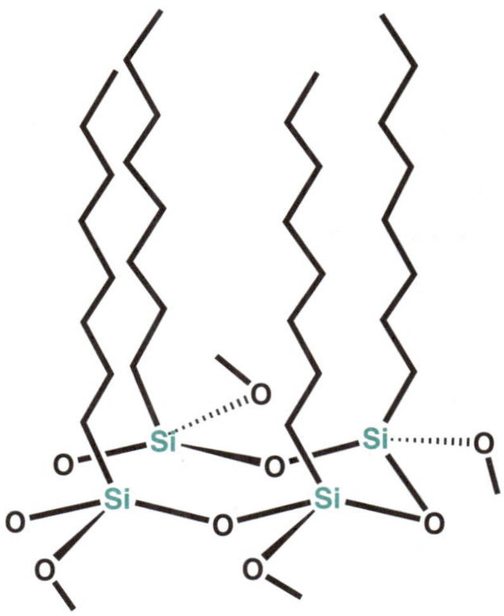

◀ Silane을 이용한 자기-조립 단막층 형성

2 실험

ZnO는 자외선-차단 크림용(100～200 nm)을 사용한다.

2.1 SiO_2 나노 미세구의 합성

250 mL 비커에~30% NH_4OH 15 mL를 넣고, EtOH 85 mL를 넣은 후, 25°C를 유지하며 자기 교반을 한다. 이 용액에 tetraethylorthosilicate(TEOS) 8.8 g을 EtOH 100 mL에 녹인 용액을 1분 이내로 빠르게 첨가한 후, 3시간 동안 반응시킨다. 얻어진 고체 생성물을 4,000 rpm에서 10분 동안 원심-분리하여 얻은 후, EtOH로 3회 세척한다.

2.2 APTMS를 이용한 ZnO 표면 처리

100 mL 둥근 바닥 플라스크에 95% EtOH 40 mL와 증류수 2 mL를 넣고, ZnO 2 g을 넣은 후, 10분 이상 초음파로 처리를 하여 충분히 분산되도록 한다. 3-Aminopropyltrimethoxysilane(APTMS) 0.3 mL를 첨가한 후에, 입구를 막고 상온에서 30분간 자기 교반한다. 반응 용액을 10,000 rpm에서 5분간 원심-분리하여 얻은 고체를 EtOH로 3회 이상 세척하고, 105°C 오븐에서 건조한다. PXRD 패턴을 얻는다.

2.3 APTMS로 처리된 ZnO의 SiO_2 캡슐화

250 mL 비커에 30% NH_4OH 15 mL와 EtOH 85 mL를 넣고, APTMS 1 g로 처리된 ZnO를 넣은 후, 10분 이상 초음파로 처리하여 충분히 분산되도록 한다. 분산액을 600 rpm의 속도로 자기 교반하면서 TEOS 2.2 g를 EtOH 25 mL에 녹인 용액을 1 mL/min의 속도로 적가한 후, 3시간 동안 더 반응을 시킨다. 반응 용액을 4,000 rpm에서 10분간 원심-분리하여 얻은 고체를 EtOH로 3회 이상 세척하고 105°C 오븐에서 건조한다. SEM 이미지와 PXRD 패턴을 얻는다.

3 결과 및 고찰

3.1 ZnO의 구조

사용된 ZnO 입자들은 wurtzite 구조(JCPDS card No. 75-576)를 가진다. Wurtzite 구조를 그리고, XRD 패턴을 해석하라.

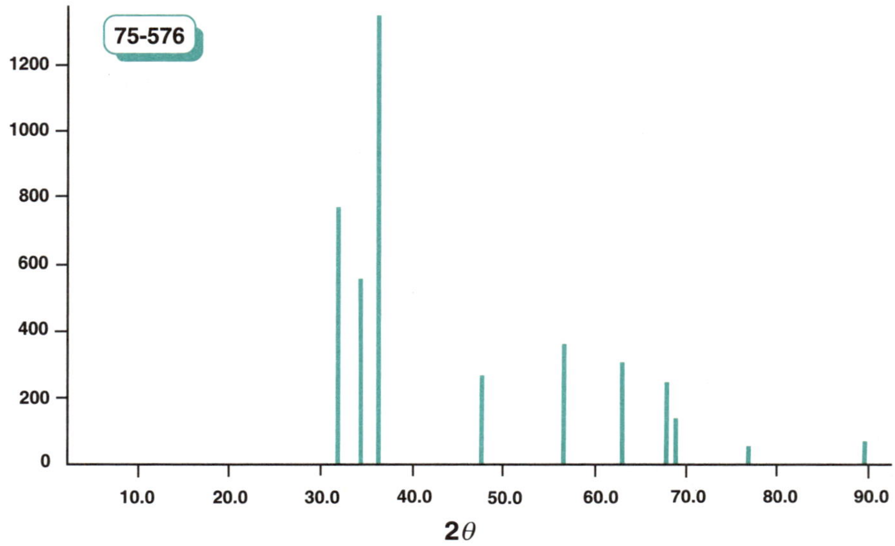

d_{hkl} (nm)	hkl	$\frac{I}{I_o}$
0.2818	100	0.58
0.2605	002	0.44
0.2479	101	1.00
0.1913	102	0.23
0.1627	110	0.32
0.1478	103	0.28
0.1409	200	0.04
0.1380	112	0.24
0.1360	201	0.11
0.1302	004	0.02
0.1239	202	0.04
0.1182	104	0.02
0.1094	203	0.07

3.2 SiO_2 미세구의 SEM 이미지

합성된 실리카 구슬의 SEM 이미지는 아래 그림과 같다. 약 500 nm 크기의 구형 입자들이다. 실리카 구슬 합성 과정의 반응 메커니즘을 기술하라.

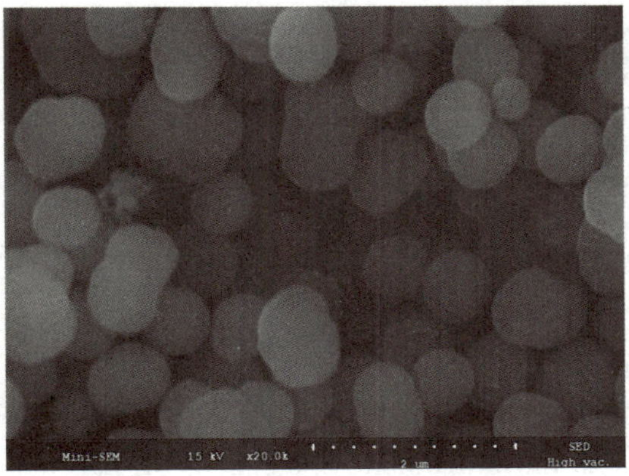

◀ 실리카 구슬의 SEM 이미지

3.3 ZnO의 SiO_2 캡슐화

아래 그림은 실리카에 의한 ZnO의 캡슐화 과정의 모식도이다.

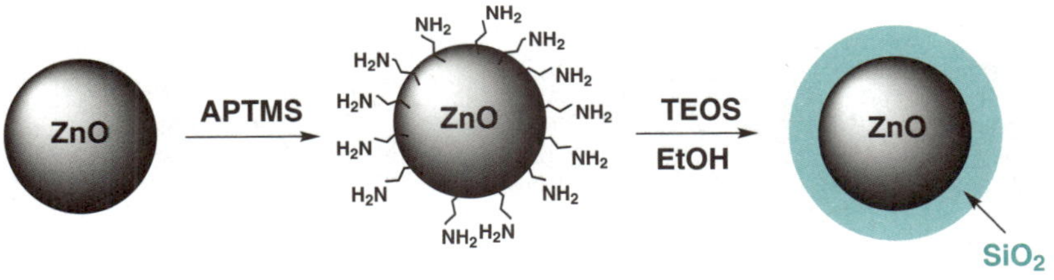

캡슐화된 복합 재료는 완전한 구형으로 크기는 200∼400 nm다. 아래 그림은 복합 재료의 TEM(transmission electron microscope: 투과 전자 현미경) 이미지다. 내부에 ZnO가 존재하며, 그 둘레를 실리카가 둘러싸고 있다.

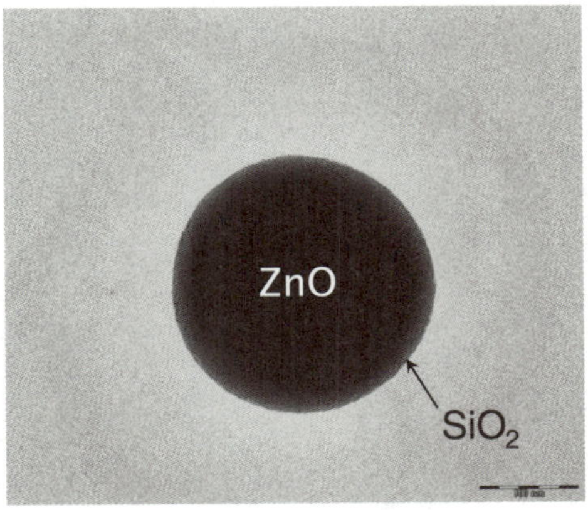

◀ 캡슐화된 복합 재료의 TEM 이미지

참고문헌

1. Liz-Marzan, L. M.; Giersig, M.; Mulvaney, P. *Langmuir* **1996**, *12*, 4329.
2. Ung, T.; Liz-Marzan, L. M.; Mulvaney, P. *Langmuir* **1998**, *14*, 3740.
3. Marinakos, S. M.; Shultz, D. A.; Feldheim, D. L. *Adv. Mater.* **1999**, *11*, 34.
4. Hardikar, V. V.; Matijevic, E. *J. Colloid Interf. Sci.* **2000**, *221*, 133.
5. Hall, S. R.; Davis, S. A.; Mann, S. *Langmuir* **2000**, *16*, 1454.
6. Mulvaney, P.; Liz-Marzan, L. M.; Giersig, M.; Ung, T. *J. Mater. Chem.* **2000**, *10*, 1259.
7. Kobayashi, Y.; Correa-Duarte, M. A.; Liz-Marzan, L. M. *Langmuir* **2001**, *17*, 6375.
8. Cho, G.; Fung, B. M.; Glatzhofer, D. T.; Lee, J. -S.; Shul, Y. -G. *Langmuir* **2001**, *17*, 456.
9. Tago, T.; Hatsuta, T.; Nagase, R.; Kishida, M.; Wakabayashi, K.; Kagaku K. *Ronbunshu* **2001**, *27*, 288.
10. Wang, H.; Nakamura, H.; Yao, Y.; Maeda, H.; Abe, E. *Chem. Lett.* **2001**, *30*, 1168.
11. van Schooneveld, M. M.; Gloter, A.; Stephan, O.; Zagonel, L. F.; Koole, R.; Meijerink, A.; Mulder, W. J. M.; de Groot, F. M. F. *Nat. Nanotechnol.* **2010**, *5*, 538.
12. Yang, P.; Ando, M.; Murase, N. *J. Colloid Interf. Sci.*, **2007**, *316*, 420.
13. Kobayashi, Y.; Katakami, H.; Mine, E.; Nagao, D.; Konno, M.; Liz-Marzan, L. M. *J. Colloid Interf. Sci.* **2005**, *283*, 392.
14. Ren, C.; Sun, J.; Li, J.; Chen, X.; Hu, Z.; Xue, D., *Nanoscale Res. Lett.* **2009**, *4*, 640.

실험 16

제올라이트 X의 합성 및 성질 규명

이 실험에서 학생들은 Na^+ 이온들을 함유한 제올라이트 X, 즉 NaX를 합성한다. Na^+ 이온들은 Co^{2+}와 같은 다른 이온으로 교환될 수 있다. 학생들은 또한 다양한 분자의 흡착을 모니터링하여 제올라이트의 기공 크기를 탐색할 것이다.

1 들어가며

제올라이트(zeolite)는 3차원 미세 다공성(microporous) 결정성 물질이다. 이 물질은 규산 알루미늄 염이기 때문에 많은 금속 양이온을 함유하고 있으며, 이 금속 양이온들은 제올라이트 골격에 느슨하게 결합하고 있기 때문에 쉽게 교환될 수 있다. 현재 40여 종의 천연 제올라이트와 130여 종의 합성 제올라이트가 알려져 있다. 알려진 제올라이트들 중에서 산업적으로 유용하게 사용되고 있는 것들은 A, X, Y, Modenite, ZSM 유형의 제올라이트다.

다음과 같은 일반식으로 제올라이트의 화학적 조성을 표시할 수 있다.

$$M_{x/n}{}^{n+}[(AlO_2)_x(SiO_2)_y]\cdot zH_2O$$

여기서 n은 교환-가능한 양이온 M의 전하이고, x, y, z는 제올라이트 유형에 따른 상수들이다.

모든 제올라이트를 구성하는 가장 기본적인 두 단위는 정사면체 구조의 SiO_4와 AlO_4이다. Si 원자와 Al 원자가 꼭짓점 산소 원자들을 공유하여 다양한 제올라이트를 형성하는데, 이때 결합 방식은 제올라이트에 따라 고유하다.

Al^{3+} 이온은 Si^{4+} 이온보다 양전하가 하나 작기 때문에, Al^{3+} 이온이 Si^{4+} 이온을 치환할 때 잉여 음전하를 보상하기 위하여 양이온(보통 1족 혹은 2족 금속)이 필요하다. 제올라이트의 공동(cavity) 혹은 통로(channel)에는 양이온이나 물 분자들이 위치하고 있다. 공동 내 물 분자들은 가역적으로 탈수가 가능하지만, 제올라이트가 완전히 탈수되면 제올라이트 골격 구조가 붕괴되는 경우도 있다.

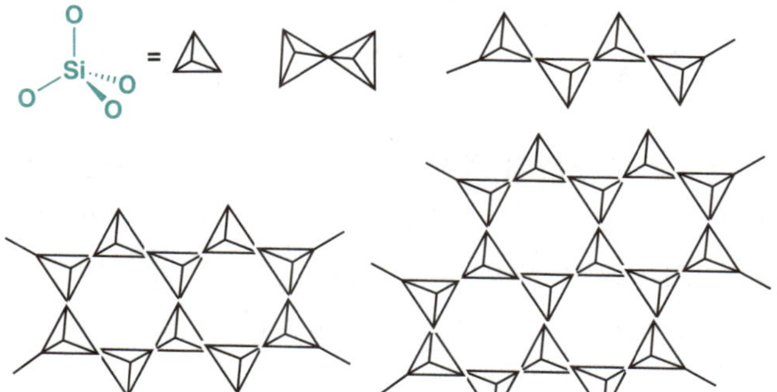

◀ 실리케이트의 다양한 연결 구조

제올라이트의 **1차 쌓음 단위**는 SiO_4와 AlO_4의 사면체들이며, 이것들은 때때로 TO_4(T = Si, Al)로 표시된다. **2차 쌓음 단위**들은 1차 쌓음 단위들이 고유한 방식으로 연결되어 만들어지며, 알려진 모든 제올라이트 구조를 설명하는 데 이용된다. 2차 쌓음 단위들은 4각형, 6각형, 8각형 단일 고리, 4-4, 6-6, 8-8의 이중 고리, 그리고 4-1, 5-1, 4-4-1의 가지-달린 고리 등 9 종류가 있다.

2차 쌓음 단위

그룹 번호	2차 쌓음 단위	약자
1	단일 사각-고리(single 4-ring)	S4R, 4
2	단일 육각-고리(single 6-ring)	S6R, 6
3	단일 팔각-고리(single 8-ring)	S8R, 8
4	이중 사각-고리(double 4-ring)	D4R, 4-4
5	이중 육각-고리(double 6-ring)	D6R, 6-6
6	이중 팔각-고리(double 8-ring)	D8R, 8-8
7	복합 4-1(complex 4-1)	T5O10, 4-1
8	복합 5-1(complex 5-1)	T8O16, 5-1
9	복합 4-4-1(complex 4-4-1)	T10O20, 4-4-1

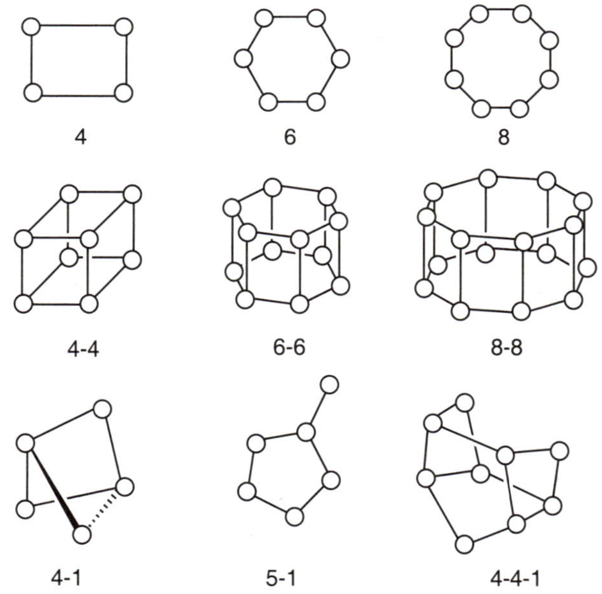

2차 쌓음 단위. 동그라미는 Si이나 Al을 나타낸다 ▶

제올라이트 골격 구조가 **가지-쳐진 팔면체**(truncated octahedron)를 기본 단위로 기술될 때도 있다. 정팔면체에서 꼭짓점 6개를 잘라내면 가지-쳐진 팔면체를 만들 수 있다. 제올라이트 A, X, Y, faujasite, paulingite 등등은 가지-쳐진 팔면체들의 사각 평면 혹은 육각 평면들이 서로 연결되어 형성된다.

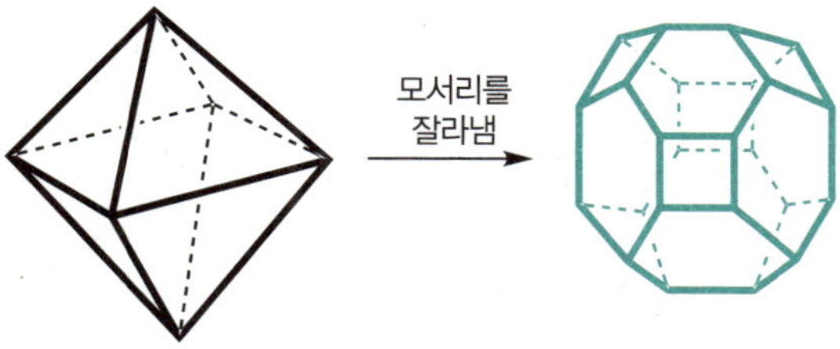

제올라이트 A, X, Y를 좀 더 자세히 살펴보자. 이것들의 구조를 아래 그림에 나타내었다. 제올라이트 4A의 양이온의 위치들을 살펴보면, 12개의 Na^+ 이온들 중 8개는 '단일 육각-고리(S6R)'의 면 중심에 위치하고, 나머지 4개는 '단일 팔각-고리(S8R)'에 위치하고 있다. 전자의 양이온 위치는 흔히 S_I으로 표시되고, 후자의 양이온 위치는 S_{II}로 표시된다.

제올라이트 A의 통로 입구는 8각 평면이고, 제올라이트 A가 NaOH 수용액에서 합성되면 입구의 크기(혹은 지름)가 약 4.2 Å이다. 제올라이트 A는 바로 이 입구 크기에 따라 3A, 4A, 5A라는 이름을 갖는다.

- 제올라이트 3A에서는 Na^+ 이온 위치에 Na^+ 이온보다 큰 이온 반지름을 가진 K^+ 이온이 치환되어, 입구의 크기가 약 4 Å에서 3 Å으로 작아진다.
- 제올라이트 5A에서는 Na^+ 이온 두 개 당 Ca^{2+} 이온이 하나씩 치환되어, 입구의 크기가 약 4 Å에서 5Å으로 커진다.

제올라이트 X 및 Y의 양이온의 위치들을 살펴보면, 16개의 양이온은 육각 프리즘 중심에 위치하고 S_I으로 표시된다. 32개의 양이온은 단일 육각-고리(S6R)에 위치하고 S_{II}로 표시된다. 그리고 통로의 벽에 48개의 양이온 자리가 있고, S_{III}로 표시된다. 제올라이트 X과 Y는 똑같은 골격을 갖지만, 다른 Si/Al 비율을 갖고 있다. 제올라이트 Y가 더 높은 Si/Al 비율을 갖고 있다.

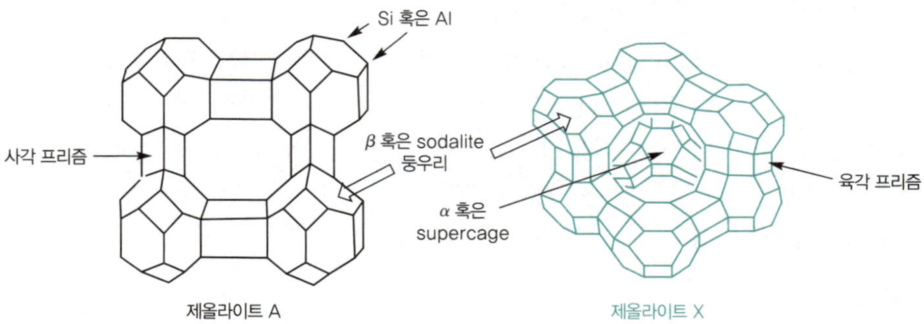

◀ 제올라이트 A와 제올라이트 X 구조

2 실험

2.1 제올라이트 NaX 합성

제올라이트의 합성에는 많은 변수들이 있다. 예로서 (1) 온도, (2) pH, (3) 결정화 시간, (4) 반응물 혼합 순서, (5) 반응물 Si, Al, Na, H_2O의 질량 등을 들 수 있다. 제올라이트 X는 준안정한 상(metastable phase)이기 때문에, 정확한 합성 방법을 따르지 않으면 제올라이트 P, 제올라이트 A, sodalite 같은 다른 제올라이트가 합성될 수도 있다. 여기에 기술된 방법으로 실험을 수행하면, 다른 상들로 오염되지 않은 결정성 제올라이트 NaX를 2~4시간 안에 합성할 수 있다.

실험의 첫 번째 단계는 sodium silicate(Na_2SiO_3 또는 물 유리(water glass))와 sodium aluminate($NaAlO_2$, $Na_2O \cdot Al_2O_3$, 또는 $Na_2Al_2O_4$)를 각각 준비하는 것이다. 다양한 Si와 Al 원천 물질이 있지만, 실리카 젤(silica gel)과 aluminum isopropoxide(Al(O-*i*-Pr)$_3$)가 알맞은 출발 물질들이다. 이 실험은 염기성 조건 하에서 수행되기 때문에, 학생들은 플라스틱 장갑을 껴야 한다. 폴리프로필렌(polypropylene) 비커나 병은 일반적으로 고온 · 고압에서 사용 가능하므로(autoclavable), 이것들을 이용해 결정화 실험이 수행되어야 한다.

- 폴리에틸렌(polyethylene) 용기는 금이 가고 샐 수 있으므로, 이것을 사용할 수는 없다.
- 뚜껑이 있는 스테인리스 반찬통이나 이와 비슷한 가정용 주방기기를 이용할 수도 있다.
- Sodium silicate를 구매해서 바로 사용하는 것도 좋은 방법이다.

다음과 같이 sodium silicate를 만들 수 있다. 실리카 젤 3.0 g, NaOH 2.4 g, 탈이온수(deionized water) 6 mL를 250 mL 플라스틱 비커에 넣고, 고체들이 완전히 녹을 때까지 비커를 빙빙 돌린다(swirl).

다음과 같이 sodium aluminate 용액을 만들 수 있다. Al(O-*i*-Pr)$_3$ 6.9 g, NaOH 2.4 g, 탈이온수 6 mL를 250 mL 플라스틱 비커에 넣는다. 고체들이 녹아서 맑은 젤이 형성될 때까지(약 10분 정도 걸림), 반응 혼합물을 물중탕(water bath)으로 살짝 데우면서(80°C보다 낮은 온도에서) 교반시킨다. 이 반응 중에 비커를 시계 접시(watch glass)로 덮어서 물 손실을 방지한다.

> ⚠ Al(O-*i*-Pr)$_3$의 가수분해 반응으로 형성된 아이소프로판올(*i*-PrOH)이 증발하거나 표면에 작은 방울을 형성할 것이다. 하지만 알코올을 젤로부터 분리할 필요는 없다.

앞에서 합성한 두 용액의 온도가 실온이 되면, aluminate 용액을 silicate 용액에 첨가한다. 물 27 mL를 젤에 더 넣은 후, 혼합물이 균일해질 때까지 시약 주걱(spatula)이나 젓기 막대(stir bar)로 용액을 교반시킨다. 젤이 다양한 모습으로 나타날 수 있으나, 초기 젤 혼합물은 흔히 흰색 현탁액(suspension)을 빠르게 형성한다. 이 혼합물을 나사선 마개(screw cap)를 가진 폴리프로필렌 병에 옮겨 밀봉한 후에, 90°C 오븐에 넣는다. 모든 학생들은 자신들의 시료들을 동시에 오븐에 넣어서, 오븐 문을 자주 열어서 발생하는 온도 변화를 최소화하는 것이 바람직하다. 반응 시간이 3~4시간일 때 가장 좋은 결과가 나온다. 하지만 대략 2시간 정도의 반응 시간이 지나면, 상당한 결정성의 제올라이트를 분리해 낼 수 있다. 물론 가장 정확한 방법은 IR 분광법으로 반응을 추적하여 최적의 수득량을 얻는 것이다.

2~4시간 반응 후에, 혼합물을 실온까지 냉각시키고, 충분한 양의 물로 용액을 중화시킨다. 혼합물을 비커에 옮긴 후 물로 희석한 후, 감압 거름(suction filtration)하면서 물로 더 씻는 것이 가장 좋은 방법이다. 만일 높은 pH 용액을 Büchner 깔때기나 소결 유리(sintered glass-frit) 거르개에 바로 옮기면, 종이나 유리가 녹아 나와 생성물이 오염될 수도 있다. 흰색 제올라이트 결정들은 다음 실험 시간까지 오븐이나 공기 중에서 말린다. 학생들은 수화된(hydrated) 제올라이트 NaX의 수득량(또는 수득률)을 다음 실험 시간에 계산한다.

3 결과 및 토의

3.1 제올라이트 NaX의 성질 규명

PXRD 방법

합성된 제올라이트의 상(phase)을 확인하고 결정성을 평가하는 최선의 방법은 X-ray 분말 회절법(X-ray powder diffraction, PXRD)이다. 원저자 Balkus는 PXRD를 이용하여 이 실험을 추적하였고, 단 2시간 반응 후에도 높은 결정성 제올라이트 NaX를 얻을 수 있다는 것을 알아냈다. 더 많은 결정성 제올라이트는 4시간 반응 후에 합성되었다. 불행하게도, 대부분의 학부 실험은 이 방법을 쓸 수 없다. 하지만 만일 PXRD를 이용할 수 있다면, 학생들은 JCPDS file No. 38,237을 찾아서 제올라이트 NaX의 표준 회절 패턴을 얻을 수 있다.

IR 스펙트럼

차선책은 적외선(IR) 분광법이다. 적외선 방법을 이용하여 제올라이트를 확인할 수 있고 결정성을 추정할 수 있다. 특정한 SiO_4 또는 AlO_4 각각에 대하여 피크를 지정할 수는 없고, 진동 파수(wave number)는 평균 조성과 관련되어 있다. 제올라이트 X와 매우 비슷한 제올라이트 Y의 전형적인 IR 스펙트럼이 다음 그림에 제시되어 있다. 1250~300 cm^{-1} 영역에 SiO_4와 AlO_4 사면체의 진동 방식들과 관련된 많은 피크가 있다. 모든 제올라이트에서 발견되는 가장 강한 피크들은 내부 정사면체 진동(T–O 신축 진동과 O–T–O 굽힘 진동)에 기인하며 950~1250 cm^{-1}와 420~500 cm^{-1} 영역에서 발견된다. 피크 지정은 아래 표에 요약되어 있다.

- 950~1250 cm^{-1} 영역에 있는 가장 강한 진동 방식은 T–O(Al–O 또는 Si–O 결합) 신축 진동이다.
- 420~500 cm^{-1} 영역에 있는 두 번째로 강한 진동 방식은 O–T–O(O–Al–O 또는 O–Si–O) 굽힘 진동이다.
- 주로 정사면체 원자들이 연관된 신축 진동의 진동수는 650~820 cm^{-1} 영역에 나타난다. 이 신축 진동은 골격의 Si–Al 조성에 민감하며, 정사면체 Al 원자 개수가 증가할수록 낮은 진동수로 이동한다. 반면에 420~500 cm^{-1} 영역에 있는 굽힘 진동은 Si–Al 조성에 그다지 민감하지 않다.

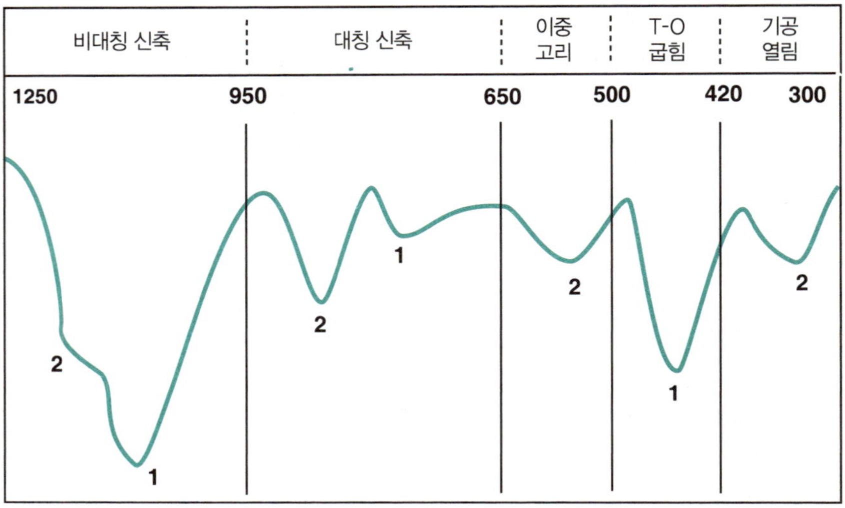

▲ 제올라이트 X와 매우 비슷한 제올라이트 Y의 전형적인 IR 스펙트럼에서의 피크 지정. "1" 피크들은 내부 정사면체(internal tetrahedral) 진동에(정사면체 자체 진동에) 기인하며, 구조에 덜 민감하다. "2" 피크들은 정사면체들의 연결(external linkage)에 기인하며, 전체 구조와 2차 쌓음 단위 내 정사면체들의 연결 방식과 공동-열림 운동과 관련된다.

제올라이트 내의 정사면체들 사이의 연결, 위상(topology), 2차 쌓음 단위들의 배열 방식에 민감한 진동 방식들은 500~650 cm^{-1}와 300~420 cm^{-1} 영역에 나타난다.

골격 구조에 이중 고리가 있으면, 500~650 cm^{-1} 영역에 피크가 나타난다. 이 피크는 이중 사각-고리(D4R) 또는 이중 육각-고리(D6R)를 함유한 모든 제올라이트(zeolite X, Y, A, ZK-5, L, chabazite) 구조에서 관찰된다.

외부 연결(external linkage)에 관련된 또 다른 주요 피크는 300~420 cm^{-1} 영역에 나타나며, 제올라이트에서 공동 열림(pore opening)이나 공동을 형성하는 정사면체들의 운동과 관련되어 있다. 이 피크의 관찰은 제올라이트 유형에 따라서 다소 유동적이다. 이 피크는 제올라이트 A, X, Y, W의 IR 스펙트럼에서는 제법 뚜렷하지만, 제올라이트 P, ZK-5 등등의 IR 스펙트럼에서는 분명하지 않다.

아래 표에 제시되어 있는 바와 같이, 1차 구조(쌓음) 단위들의 연결에 기인한 피크들은 750~820 cm^{-1}와 1050~1150 cm^{-1} 영역에 나타난다. 제올라이트 골격 내 T—O—T 각은 140~150° 범위에 있다.

제올라이트 IR 스펙트럼 지정(cm^{-1})

내부 정사면체 진동	비대칭 신축 진동	1250~950
	대칭 신축 진동	720~650
	O-T-O 굽힘 진동	500~420
외부 연결(linkage) 진동	이중 고리(double ring)	650~500
	공동 열림(pore opening)	420~300
	비대칭 신축 진동	1150~1050 (sh)
	대칭 신축 진동	750~820

만일 분순물이 함께 결정화되면, IR 방법으로 이것을 쉽게 확인할 수 있다. 가장 중요하게 확인할 영역은 이중-고리 영역이다. 가장 흔히 나타나는 불순물들은 제올라이트 P와 sodalite인데, 이것들은 이중-고리 구조 단위들을 갖고 있지 않다. 그러므로 560 cm^{-1} 부근에서 IR 피크가 나타나서는 안 된다. IR 스펙트럼에서 제올라이트 P는 600 cm^{-1}에 sodalite는 660 cm^{-1}에 특성적인 피크를 갖고 있다. 만일 이중 사각-고리를 함유한 제올라이트 A가 불순물이면, 이중 육각-고리를 함유한 제올라이트 X에 비해서 이중-고리 진동수가 낮은 파수(약 550 cm^{-1})로 이동할 것이다.

3.2 이온 교환 성질

제올라이트의 특성적 성질들 중 하나는 **이온-교환 능력**이다. $Si^{4+}-Al^{3+}$ 조합은 "+1" 양전하 부족 현상을 초래하기 때문에, 교환 가능한(exchangeable) 양이온으로 전하 균형이 이루어진다. 간단한 실험을 통하여, 앞에서 합성된 생성물(제올라이트)이 이온-교환 능력을 갖고 있다는 것을 알아낼 수 있다.

250 mL 삼각 플라스크에 $CoCl_2$(cobalt chloride) 0.1 g을 탈이온수 100 mL에 녹인다. 그 다음에 생성물 제올라이트 1 g을 넣고, 색깔이 없어질 때까지 분홍색 용액을 교반한다. 탈색에 걸리는 시간은 일정하지 않지만, 용액을 조금 가열하면 탈색 과정이 빨라져서, 1시간 이내에 이온 교환을 달성할 수 있다. 결과 용액을 거르고 물로 씻은 뒤, 씻은 액(washing) 안에 있는 NaCl을 $AgNO_3$ 용액으로 시험해 볼 수 있다.

만일 제올라이트는 핑크색이고, 거른 액(filtrate)은 무색이면서 NaCl을 함유하고 있다면, 생성물이 이온-교환 성질을 갖고 있다고 해석할 수 있다. 이상적으로는 Na^+ 이온 두 개가 Co^{2+} 이온 한 개와 교환될 것이다(반응식 (1)). 하지만 실제로는, 다른 Co 화학종들도 생성될 수 있기 때문에, 화학량적 교환이 일어날 가능성은 낮다. 예를 들면, Na^+ 이온 한 개만 교환되고, Cl^- 또는 OH^- 이온이 리간드로 작용하여 Co^{2+} 이온에 배위하여, 전기 중성(electroneutrality)이 유지될 수도 있다.

이러한 제올라이트의 이온-교환 성질을 이용하여 물을 연화(금속 이온 제거)시키거나 물에 있는 독성 혹은 방사성 금속 이온을 제거할 수 있다.

$$Na_yX + nCoCl_2 \rightleftharpoons Co_nNa_{y-2n}X + 2nNaCl \quad (1)$$

3.3 흡착 성질

Co(II)-교환된 제올라이트를 공기 중에서 말리더라도, 제올라이트는 분홍색 분말 상태를 유지한다. 하지만 제올라이트 결정들이 가열되면, 결국 푸른색–보라색으로 변한다. 이러한 색깔 변화는 제올라이트의 탈수 때문이며, 제올라이트의 흡착(adsorption) 성질을 잘 보여주고 있다. 제올라이트 X는 놀라울 정도로 많은 양의 물을 흡착할 수 있다. 열–무게 분석(thermogravimetric analysis, TGA)에 의하면, 제올라이트 X는 질량 비로 약 25%의 물을 흡착할 수 있다. 이런 친수성(hydrophilicity)은 제올라이트의 넓은 내부 표면적과 높은 편극 능력에 관련되어 있다.

제올라이트가 강력한 흡착 성질을 갖고 있기 때문에, 흡착되는 분자의 크기를 변화시켜 제올라이트 공동의 치수(dimensions)를 알아낼 수 있다. 제올라이트 구조를 고려하면, 약 7.4 Å보다 작은 속도론적(kinetic) 지름을 가진 분자들은 당연히 흡착될 수 있다. 예로서, 물(속도론적 지름 = 2.65 Å)과 벤젠(속도론적 지름 = 5.85 Å)을 들 수 있다. 우리는 물이 흡착되는 것을 이미 알고 있고, 벤젠이 흡착되는지를 시험해 볼 것이다.

탈수된 제올라이트 약 50 mg을 작은 물약병(vial)이나 시험관에 넣는다. 그 다음에, 지문에 주의하면서 물약병의 질량을 잰 뒤에, 물약병을 더 큰 물약병에 넣는다. 두 물약병을 뚜껑을 닫지 말고, 단단히 닫을 수 있는 더 큰 물약병이나 비커에 넣는다. 가장 큰 물약병에 벤젠 몇 mL를 넣고, 이 물약병의 뚜껑을 닫는다. 한 시간 정도 후에 제올라이트를 함유한 물약병을 제거하고, 제올라이트의 질량을 잰다. 벤젠이 흡착되었고, 제올라이트가 지름 6 Å 이상의 공동을 가진다는 것을 질량 변화량으로 알 수 있다. 상당한 증기압을 갖고 있는 다른 분자들에 대해서도, 이 실험을 반복할 수 있다. 제올라이트는 균등한 공동 분포를 갖고 있기 때문에, 분자체로 거동하여 분자들을 크기에 따라 흡착하거나 교환할 수 있다.

참고문헌

1. Balkus, Jr., K. J.; Ly, K. T. J. *Chem. Educ.* **1991**, *68*, 875.
2. Breck, D. W. "Zeolite Molecular Sieves", Wiley, New York, **1974**.
3. Meier, W. M.; Olson, D. H. "Atlas of Zeolite Structure Types", Buuerworth, London, 1988.
4. Powder Diffraction File (Inorganic); JCPDS-International Center for Diffraction Data, Swathmore, PA.
5. Flanigen, E. M. "Zeolite Chemistry and Catalysis"; ACS Monograph No. 171, **1976**, 80.

M

나노 화학

- ☑ **실험 17.** 금 나노 입자의 합성
- ☑ **실험 18.** 마그네타이트 합성과 자기적 특성 관찰
- ☑ **실험 19.** CdS 반도체 박막 합성 및 물리화학적 성질
- ☑ **실험 20.** Graphite/graphene oxide 제조 및 분석

실험 17

금 나노 입자의 합성

이 실험에서 학생들은 다양한 환원제를 이용하여 금 나노 입자를 제조하고, UV-vis 스펙트럼으로 합성된 나노 입자를 규명하는 실험을 수행한다. 이런 실험을 통하여 반응 조건에 따른 금 나노 입자의 크기의 변화 등을 이해하고 표면 플라즈몬을 이해할 수 있다.

1 들어가며

최근 나노미터(1 nm = 10^{-9} m) 크기의 물질들이 여러 분야에서 많은 관심을 끌고 있다. **나노 입자**(nanolarticle)라고 불리는 이 물질들이 **벌크(bulk) 상태**에서와는 다른 물리 · 화학적 성질과 광학적 성질을 보여주기 때문에, 나노 입자의 합성 및 특성에 대한 많은 연구 결과가 보고되고 있다.

원하는 크기와 모양, 화학적 성분을 가지는 나노 입자를 합성하는 것은 매우 중요하다. 금, 은, CdSe, ZnO 등 다양한 물질에 대해서 나노미터 크기의 공 모양, 막대기 모양, 삼각형 모양, 별 모양, 프리즘 모양 등 여러 모양을 가진 나노 입자가 실험실에서 쉽게 만들어지고 있다.

나노 입자는 단일 분자와 벌크의 중간 성질을 갖고 있으며, 입자의 크기가 바뀌면 나노 입자의 성질도 바뀐다. 나노 입자의 밝은 색깔은 입자의 표면 전자가 빛과 상호작용하여 진동하는 것으로 설명될 수 있다. Mie와 Drude식에 따르면, 나노 입자의 모양이나 크기가 커지면 **표면 플라즈몬**(surface plasmon)의 흡수 파장이 길어진다. 또한 나노 입자의 모양이나 매질의 굴절률도 흡수 파장에 영향을 끼친다. 예를 들어 금 나노 막대의 경우, 흡수 띠가 근적외선 영역까지 이동하는 것이 보고되기도 하였다. 표면 플라즈몬 흡수 띠는 나노 입자들 사이의 거리에도 의존한다. 나노 입자들이 모여 있으면, 상호작용에 의해 각각의 진동의 합이 되는 진동을 하게 되고, 흡수 띠의 위치도 변하게 된다. 나노 입자의 환경에 따른 민감한 색깔 변화는 나노 입자를 센서 분야에서 활용할 수 있는 가능성을 제공해 준다.

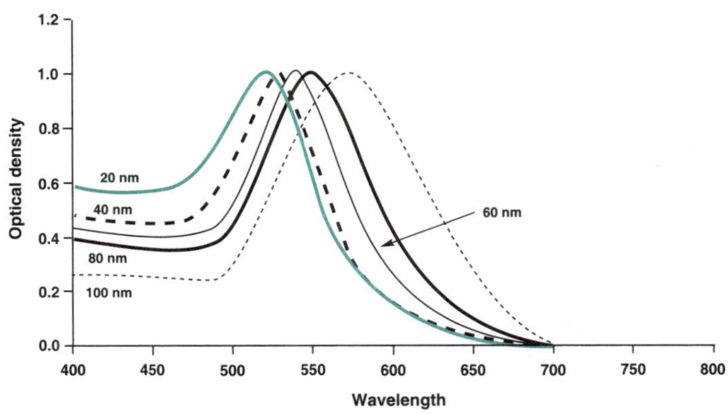

◀ 다양한 크기를 가지는 금 나노 입자의 흡수 스펙트럼

금 나노 입자의 합성은 오랜 역사를 가지고 있다. 영국의 Faraday는 금 나노 입자를 물에 분산시킨 금 수화솔(gold hydrosol)을 만드는 방법을 보고하였다. 수용액에서 금 나노 입자를 만드는 다양하고 새로운 방법이 계속 개발되고 있으며, 대부분 $HAuCl_4$ 수용액에 시트르산, sodium borohydride, alkaline tetrakis(hydroxymethyl)phosphonium chloride 등 다양한 환원제를 첨가하여 Au(III)를 Au(0)로 환원시키는 방법이 사용되고 있다.

최근 들어 유기 용매에서 금 나노 입자를 합성하는 방법이 개발되기 시작하였다. 이 방법은 alkanethiol, 방향족 thiol, 아민, dialkyl disulfide, cyclodextrin, citrate, 포스핀 등의 화합물을 이용하여 금 이온을 유기 용매 상으로 이동시킨 후, 유기 용매에서 환원시키고 소수성을 갖도록 처리하여 안정화시킨다. 이때 금 이온과 thiol의 비율, thiol의 입체적 크기 등이 바뀌면, 생성되는 금 나노 입자의 크기도 달라진다. 일반적으로 thiol의 비율을 높아지면, 나노 입자의 크기가 작아져서, 작은 금 나노 입자를 합성할 수 있다. 하지만 평형에 도달하기 위해서, 12시간 이상의 긴 시간이 필요하다는 단점이 있다. 또 다른 방법은 씨앗 위에서 적당량의 이온만을 환원시키는 방법이다. 이때 사용되는 환원제는 씨앗 표면에 있는 물질만 선택적으로 환원시킬 수 있는 것이 사용되어야 한다. 이처럼 유화제에 의해서 안정된 금 나노 입자는 용액에서 쉽게 분리될 수 있고, 다시 다른 유기 용매에 녹을 수 있다.

2 실험

2.1 Trisodium citrate를 이용한 금 나노 입자의 합성

증류수로 깨끗하게 씻어 건조한 유리 기구를 준비한다. 1%(w/w) $HAuCl_4 \cdot 3H_2O$ 10.3 mL 용액을 500 mL 플라스크에 옮긴다. 이때 1%(w/w) $HAuCl_4 \cdot 3H_2O$ 용액은 미리 준비된 것을 사용해도 된다. $HAuCl_4 \cdot 3H_2O$ 수용액이 들어 있는 플라스크에 240 mL의 증류수를 넣고 잘 흔들어 준다. 반응 혼합물을 교반하면서 끓을 때까지 격렬하게 가열한다. 여기에 38.8 nM trisodium citrate 25 mL를 재빨리 섞는다. 용액의 색깔 변화가 있는지 눈으로 관찰한다. 격렬하게 끓는 상태에서 용액을 교반하면서 15분 동안 가열한다. 플라스크를 상온에서 냉각한다. 원심-분리하여 얻은 고체 침전물을 증류수로 3회 세척한 후 건조한다.

2.2 $NaBH_4$를 이용한 금 나노 입자의 합성

증류수로 깨끗하게 씻어 건조한 유리 기구를 준비한다. 1%(w/w)의 $HAuCl_4 \cdot 3H_2O$ 5 mL를 500 mL 비커에 넣고 메탄올에 녹인다. 금 당량의 15배 이상인 $NaBH_4$를 첨가하고 잘 흔들어 준다. 격렬하게 끓을 때까지 교반하면서 가열한다. 용액의 색깔 변화를 눈으로 관찰하라. 원심-분리하여 얻어진 고체 침전물을 증류수로 3회 세척한 후 건조한다.

2.3 금 나노 입자의 물리적 성질

금 나노 입자 0.5 mg를 1 M NaOH 수용액 5 mL에 넣는다. 일반적으로 금 나노 입자는 용매에 잘 녹지 않으므로 침전이 될 수 있다. 그럴 경우, 60°C에서 약 30분간 가열하면서 초음파 처리를 한다. 분광 광도계를 사용하여 분산액의 UV-vis 스펙트럼을 찍는다. 흡수의 최대값이 되는 파장(λ_{max})을 조사한다.

2.4 주의 및 참고 사항

실험 기구의 불순물이 금 나노 입자의 합성을 방해할 수 있다. 이런 현상을 방지하기 위하여, 실험 기구를 이차 증류수로 씻은 뒤 말려서 사용하는 것이 좋다.

3 결과 및 토의

- 높은 농도의 환원제를 사용하면 더 작은 크기의 나노 입자가 얻어지는 경향을 설명하라.
- 환원제를 반응 용액에 빠르게 첨가할수록 단분산성 입자가 얻어지는 이유를 설명하라.
- 우리 주변에서 나노 입자를 활용하는 것은 무엇이 있는지 알아보자.
- 나노 입자의 크기를 작게 만드는 것 못지않게 입자들의 크기 분포를 좁게 하는 것도 중요하다. 대략 입자의 크기 분포가 평균값에서 5~10% 이내가 되어야 산업적으로 유용하다. 나노 입자의 크기를 실험적으로 어떻게 확인할 수 있을지 알아보자. 또, 나노 입자들의 크기 분포를 좁게 만들기 위해서는 어떤 과정이 필요할까 생각해 보자.
- 이론적 모형을 이용하여 흡수 띠 간격으로 나노 입자의 크기를 예측할 수 있다. 이론적 모형은 여러 가지가 제안되어 있으며, 대부분 나노 입자의 크기가 감소하면 양자 갇힘 효과가 커지면서 흡수 띠 간격이 커질 것으로 예측된다.
- 나노 입자의 크기를 예측하면, 같은 양의 금 벌크에 비해서 나노 입자의 표면적이 몇 배나 늘어났는지도 알 수 있다. 동일한 부피 속에 들어 있는 크기(5~100 nm)가 서로 다른 금 나노 입자의 표면적을 계산하여 부피에 대한 표면적의 비를 비교하라.

참고문헌

1. Ozin, G. A.; Arsenault, A. C. Nanochemistry, RSC, 2005.
2. McFarland, A. D.; Haynes, C. L.; Mirkin, C. A.; Van Duyne, R. P.; Godwin, H. A. *J. Chem. Edu.* **2004**, *81*, 544A.
3. Sharma, V.; Park, K.; Srinivasarao, M. *Mater. Sci. Eng. Reports* **2009**, *65*, 1.
4. Faraday, M., Philosophical Transactions of the Royal Society, London, 1857.

5. Perrault, S. D.; Chan, W. C. W. *J. Am. Chem. Soc.* **2009**, *131*, 17042.
6. Yong, K.-T.; Swihart, M. T.; Ding, H.; Prasad, P. N. *Plasmonics* **2009**, *4*, 79.
7. Sau, T. K.; Pal, A.; Jana, N. R.; Wang, Z. L.; Pal, T. J. *Nanoparticle Res.* **2001**, *3*, 257.

실험 **18**

마그네타이트 합성과 자기적 특성 관찰

이 실험에서 학생들은 Fe(II)염과 Fe(III)염을 암모니아수로 산화시켜 자성을 띠는 마그네타이트 나노 입자 용액인 페로플루이드(ferrofluid)를 제조하고, 그 나노 입자들 사이에 작용하는 힘과 입자가 유동성을 가지기 위한 방법들에 대하여 알아본다. 이 실험을 통하여 수용액에서 마그네타이트 나노 입자들이 자기장에 자화되어 액체 안에서 정렬하는 것을 육안으로 확인할 수 있다. 이 실험의 핵심은 침전 형성 속도를 적절히 조절하고, 나노 입자들이 서로 엉기지 않도록 입자의 용매에 대한 비율과 계면활성제의 양과 같은 용액 조건을 조절하는 것이다.

1 들어가며

페로플루이드는 고체 자석과 같은 성질과 액체의 유동적 성질 둘 다 가지고 있다. 이 물질은 액체 매개체에서 매우 작은 입자(직경 ~10 nm)의 자성 고체로 떠다닌다. 페로플루이드는 1960년대에 우주 공간에서 액체 제어를 위한 가능한 방법들을 연구하는 NASA 연구 센터에서 개발되었다. **자성 액체**는 다양한 이점을 가지고 있다. 즉, 자기장을 이용하여 정확한 위치를 알 수 있고, 자기장에 변화를 주어 흐름을 줄 수 있다.

현재 페로플루이드는 진공 밀폐 및 컴퓨터 하드 디스크의 무진 밀폐(dustless seal)에 가장 널리 이용되고 있다. 페로플루이드는 공중 부양(levitation)에도 사용되며, 외부로부터 가해진 자기장 세기를 조절하여 페로플루이드의 겉보기 비중을 0~25 사이의 임의의 값으로 바꿀 수 있다. 여러 종류의 비자성 물질을 함유한 혼합물이 비중을 바꾼 페로플루이드에 투입되면 각 물질이 가진 비중에 상당하는 페로플루이드의 부분에 비자성 물질이 분리되어 모인다. 이러한 특성을 이용하여 선광이나 폐자동차의 스크랩으로부터 각종 비철금속을 분리하여 회수할 수 있다. 페로플루이드는 기름과 물의 분리에도 사용된다. 유출 기름에 페로플루이드를 혼합하면 전체 용액이 자성을 띄게 되므로, 자석이 부착된 흡취기로 모아서 회수할 수 있다. 윤활제로서의 페로플루이드는 자기 트랩(trap)을 부착함으로써 기어 박스(gear box)로부터 윤활유의 누출을 간단히 방지할 수 있다. 페로플루이드는 식품, 제약 및 화학 산업에서 윤활유에 의한 오염을 방지하는 데 대단히 유용하다.

코발트와 철과 같은 작은 강자성체 금속 입자를 포함하는 페로플루이드뿐만 아니라 망간–아연 페라이트($Zn_xMn_{1-x}Fe_2O_4$)와 같은 자성을 띤 화합물도 알려져 있다. 그러나 가장 간편하게 합성할 수 있는 페로플루이드는 이 실험에서 소개하는 Fe_3O_4로 구성된 작은 입자의 마그네타이트–페로플루이드다.

페로플루이드

염기성 용액에서 Fe(II)염과 Fe(III)염의 적당한 양을 결합시켜 자성을 띤 마그네타이트–페로플루이드를 만들 수 있다. 용액 속에서 침전을 형성하기 위해 다음과 같이 Fe_3O_4의 산화수에 맞추어 염들이 결합된다. 자성 입자들은 액체 매개체에서 떠다니기 위해 작은 입자 상태를 유지해야만 한다. 그 작은 입자 상태를 유지하기 위해 입자들이 뭉치려는 힘인 자력과 반데르발스 상호작용이 극복되어야 된다. 지름이 10 nm 이하인 자성 입자의 열역학적 운동은 자력의 상호작용에 기인된 뭉침을 극복하는 데 충분하다.

$$2FeCl_3 + FeCl_2 + 8NH_3 + 4H_2O \rightarrow Fe_3O_4 + 8NH_4Cl$$
$$FeCl_3 + 3NH_4OH \rightarrow FeO(OH) + 3NH_4Cl + H_2O$$
$$FeCl_2 + 2NH_4OH \rightarrow Fe(OH)_2 + 2NH_4Cl$$
$$2FeO(OH) + Fe(OH)_2 \rightarrow Fe_3O_4 + 2H_2O$$

반데르발스 인력은 입자들이 서로 매우 가까이 인접해 있을 때 가장 커진다. 그러므로 반데르발스 인력과 자기력에 의한 뭉쳐짐을 해결하기 위한 한 가지 방법은 분리된 상태를 유지시켜 주는 것이다. 액체 매개체에 **계면 활성제**를 첨가해 주면, 분리 상태가 유지될 수 있다. 계면 활성제는 자성 입자들 사이에 입체적이고 정전기적인 반발력을 일으킨다. 예를 들면 시스-올레산(*cis*-oleic acid, $CH_3(CH_2)_7CH = CH(CH_2)_7COOH$)은 입체적 반발을 일으키는 계면 활성제처럼 오일 성질의 페로플루이드에 사용될 수 있다. 계면 활성제는 자성 입자의 표면과 접촉할 수 있는 극성의 머리 부분과 긴 사슬의 탄화수소로 구성된다. 꼬리 부분의 긴 사슬은 다른 자성 입자가 서로 가까이 접근하는 것을 방해하며 완충 작용을 한다.

계면 활성제를 첨가하여 페로플루이드 효과를 극대화시키는데, 수산화 사메틸암모늄(tetramethylammonium hydroxide, TMAH)과 같은 **이온성 계면 활성제**는 물에서 정전기적 반발을 일으킬 수 있다. 수산화 이온은 각 자성 입자의 표면을 둘러싸서 자성 표면에 음전하 층을 형성하게 된다. TMA 양이온은 음전하 층과 접하여 양전하 층을 형성하게 된다. 자성 입자가 서로 접근했을 경우에 양전하 층 사이의 반발력으로 인하여 거리가 유지된다.

따라서 이 실험은 네 가지 목적을 갖고 있다.

- 수용액에서 마그네타이트 나노 입자 합성
- 용액에서 나노 입자가 형성되는 과정에서의 색 변화 관찰
- Fe(II)와 Fe(III)의 화학량적 혼합 비율 고찰
- 마그네타이트 결정 구조와 X-선 회절

위의 실험 목적을 바탕으로, 학생들은 조교의 도움을 받아 다음의 실험들을 수행한다.

- $FeCl_2$와 $FeCl_3$ 용액 준비: $FeCl_2$의 산화 여부 사전 확인
- 마그네타이트 페로플루이드 합성
- 계면 활성제의 첨가량에 따른 페로플루이드의 자기장 반응
- 분말 X-선 회절 결과 분석

2 실험

2.1 페로플루이드 합성

1 M $FeCl_3$ 수용액 4.0 mL와 2 M $FeCl_2$ 수용액 1.0 mL를 100 mL 비커에 넣어 자석 막대로 교반한다. 1 M 암모니아 수용액 50 mL를 적가 깔때기(또는 뷰렛)로 5분간 천천히 첨가한다. 초기에는 갈색 침전이 생기다가, 나중에는 검은색 침전이 형성된다. 교반을 중지하고 자석 막대를 제거한다.

결과 혼합물을 놓아두어 생성된 침전을 가라앉히고, 고체의 손실을 최소화하면서 조심스럽게 맑은 물 층을 제거한다. 자석을 비커 아래 놓으면 생성물이 바닥에 달라붙기 때문에, 이 과정을 쉽고 빠르게 진행할 수 있다. 스포이트를 이용하여 고체를 페트리 접시(petri dish)로 옮긴다. 강력한 자석을 페트리 접시 바닥에 접촉시켜서 맑은 용액을 제거하고, 3차 증류수로 세척한 후에 같은 방법으로 맑은 세척액을 제거한다. 이 과정을 3번 이상 반복한다.

2.2 페로플루이드 특성 관찰

페트리 접시를 하나 더 준비하여 위에서 얻은 생성물을 두 개로 나눈다. 한쪽에는 고체가 유동성을 가지게 하기 위하여 25% 수산화 사메틸암모늄 1~2 mL를 첨가한 후에 유리 막대로 잘 저어준다. 강한 자석을 페트리 접시 바닥에 접촉시킨 후에 용액을 천천히 따라 보자. 자석을 빙빙 돌리면서 다시 나머지 용액을 따라 보자. 만약 페로플루이드가 변형되지 않으면 계속해서 강한 자석으로 빙빙 돌리면서 용액을 따라 보자. 각각의 페트리 접시 아래에 자석을 이동시켰을 때 각각 어떤 일이 일어나는지 관찰하고 사진을 찍어 각도와 형상을 분석한다. 특히 계면 활성제의 첨가량에 따른 스파이크의 높이를 측정하여 농도와 자기 특성의 상관관계를 밝혀본다.

합성한 마그네타이트 페로플루이드를 유리판 위에 얇게 펴서 말린 후, 분말

X-선 회절로 결정 구조와 형성된 결정상을 분석한다. 참고 문헌에 제시된 여러 결정상과 비교분석하는 것이 바람직하다.

2.3 실험 시 주의 사항

$FeCl_2$는 독성을, $FeCl_3$는 부식성을 갖고 있으므로, 학생들은 장갑을 끼고 실험을 수행해야 한다. 수산화 사메틸암모늄은 강한 염기고, 부식성과 발화성을 갖고 있으므로, 이것의 질량을 측정한 직후 즉시 3차 증류수에 녹여 사용하도록 한다. 합성한 마그네타이트 페로플루이드는 접착성이 매우 강하여 오염이 우려되므로 묽은 산에 녹여 처리하면 편리하다.

3 결과 및 토의

3.1 합성에 관련된 질문

- 합성 과정 중에 산화철 나노-입자 형성을 레이저 포인터로 확인할 수 있는 방법은?
- 합성에 암모니아를 사용한 이유는?
- Fe(II)와 Fe(III)의 비율에 따른 페라이트 산화철 합성을 설명하라.
- 분말 X-선 회절의 주요 피크들의 FWHM(full width at half maximum, 반높이 너비)과 입자 크기의 상관관계를 설명하라.

Scherrer 공식

XRD 패턴으로부터 특정한 면의 방향으로 두께를 측정할 수 있다. 아래에 나타낸 식을 Scherrer 공식이라고 한다.

$$t = \frac{K\lambda}{B\cos\theta_B}$$

여기서 t는 결정의 두께, K는 결정 모양에 따른 상수(일반적으로 0.89), λ는 X-선의 파장, B는 FWHM, θ_B는 Bragg 각이다. 일반적으로 λ는 1.54178 Å,이고, B는 rad(라디안)으로 전환하여 사용한다.

3.2 X-선 회절 결과 분석

분말 X-선 회절기를 사용하여 합성한 산화철 페라이트의 2θ에 따른 X-선 회절 강도(세기) 자료를 아래와 같이 얻어서 JCPDS 데이터베이스의 자료와 비교한다. 문헌에 보고된 페라이트의 X-선 회절 피크들의 (hkl)과 비교하고, 실험에 얻어진 피크들을 비교 분석(indexing)한다. Rigaku사가 제공하는 프로그램인 "Search & Match" 소프트웨어의 활용법을 익힌다.

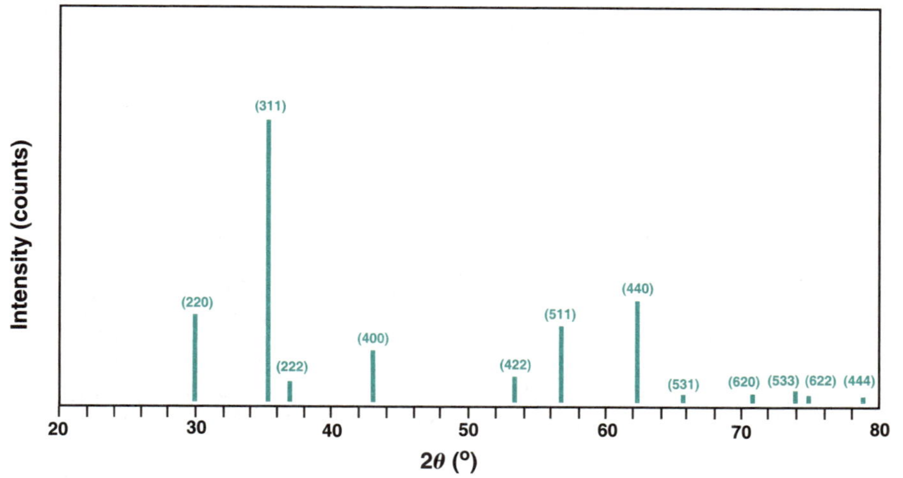

참고문헌

1. Berger, P.; Adelman, N. B.; Beckman, K. J.; Campbell, D. J.; Ellis, A. B.; Lisensky, G. C. *J. Chem. Educ.* **1999**, *76*, 943.
2. Magnetic Fluids and Applications Handbook Berkovski, B., Ed.; Begell House: New York, 1996.
3. Hyde, B. G.; Andersson, S. Inorganic Crystal Structures Wiley: New York, 1989.
4. West, A. R. Solid State Chemistry and Its Applications Wiley: New York, 1995; p 175.
5. JCPDS file 19629; Joint Committee on Powder Diffraction: Swarthmore, PA.
6. Nanochemistry, Ozin, G. A.; Arsenault, A. C. RSC, 2005.
7. Rosensweig, R. E. *Scientific American* **1982**, *247*, 136.
8. Scherer, C.; Neto, A. M. F. B. *J. Phys.*, **2005**, *35*, 718.
9. Odenbach, S. *J. Phys. Cond. Matter* **2004**, *16*, 1135.

실험 19

CdS 반도체 박막 합성 및 물리 · 화학적 성질

학생들은 이 실험에서 II–VI족 화합물 반도체인 황화 카드뮴(CdS, cadmium sulfide)을 수용액에서 침전과 박막 형태로 합성한 뒤, 전기적 특성들을 측정한다. 황화 카드뮴은 수용액에서 박막을 형성하며, 태양 전지의 *n*-형 반도체로 사용되는 화합물이다. 학생들은 이 실험을 통하여 이온-결합성 화합물 박막과 침전을 수용액에서 간단히 합성하고, 수화되었던 이온(Cd^{2+}와 S^{2-})들이 난용성 이온-결합성 화합물인 CdS가 되면서 침전이나 박막으로 얻어지는 과정을 실험 조건의 변화에 따라서 관찰할 수 있다.

1 들어가며

전기 전도도를 바탕으로 물질을 **도체**, **반도체**, **부도체**로 구분할 수 있으며, 소위 **띠 이론**(band theory)으로 전기 전도도를 설명할 수 있다. 금속의 경우, **원자가-띠**(valence band) 또는 **전도 띠**(conduction band)에 전자들이 부분적으로 존재하기 때문에, 전자들이 자유롭게 움직일 수 있어서 전기 전도도가 크다. 부도체의 경우, 원자가-띠와 전도 띠 사이의 간격(gap)이 크고, 전자들이 원자가-띠를 완전히 채우고 있기 때문에, 전기 전도도가 매우 낮다. 반도체인 경우, 띠 간격이 비교적 작기 때문에, 전자(electron)나 정공(hole)의 이동이 용이하여 도체와 부도체의 중간 정도 전기 전도도를 가진다.

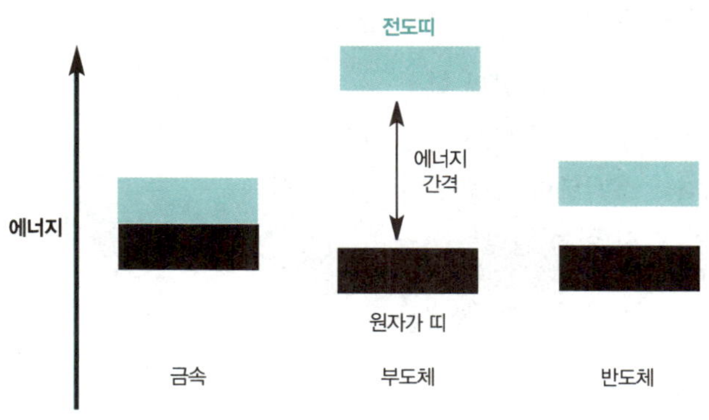

◀ 금속, 부도체, 반도체의 띠 구조 비교

CdS는 Cd^{2+}와 S^{2-}의 이온-결합성 화합물이며, 띠 간격 2.4 eV를 갖고 있고, 육방(hexagonal) 결정계와 입방(cubic) 결정계 구조를 갖는다. 육방-결정계 구조가 열역학적으로 더 안정한 것으로 알려져 있으며, 박막은 열증발(thermal evaporation), 스퍼터링(또는 튕기기, sputtering), 화학 분무 열분해(chemical spray pyrolysis), 화학 용액 증착(chemical bath deposition) 등의 방법으로 형성된다. 이 실험에서 학생들은 화학 용액 증착 방법으로 CdS를 합성한 뒤, 이것의 물리 · 화학적 성질을 측정한다.

반도체 CdS는 자외선–가시광선의 영역에 해당하는 띠 간격을 갖고 있기 때문에, UV-vis 분광법을 사용하여 CdS의 띠 간격을 예측할 수 있다. 실험에서는 침전을 직접 사용하거나 유리 기판에 증착된 시료를 사용하여 비교 분석하는 것이 가능하다.

용액 방법으로 상온에서 합성한 CdS는 입방 결정계나 (입방 결정계)/(육방 결정계)의 혼합 상을 보이는 것으로 알려져 있으며, 열처리를 통하여 육방 결정계 구조로 변환시킬 수 있는데 이는 X-선 회절 방법으로 확인할 수 있다.

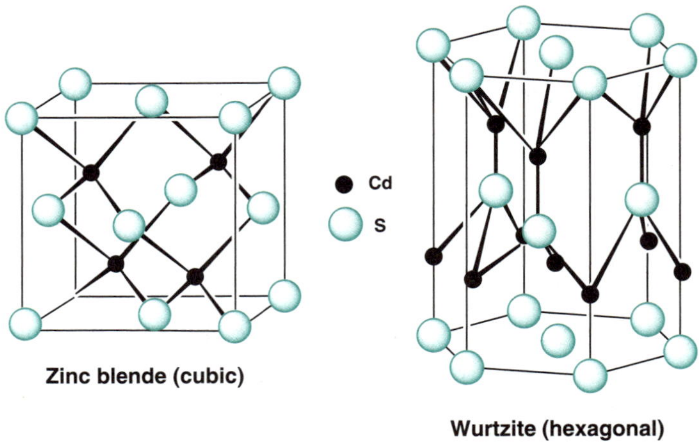

CdS의 결정 구조 ▶

한편 CdS는 광전도(potoconduction) 효과를 나타내는 반도체이므로, 합성한 CdS 박막을 사용하여 빛의 세기에 따른 전기 전도도의 변화를 관찰할 수 있다. 빛의 세기가 강할수록, 저항이 감소한다. 실험 시간이 충분할 경우, 광량에 따른 전기 측정을 실험에 추가할 수 있다.

따라서 이 실험은 다음 네 가지 목적을 갖고 있다.

- 수용액에서 CdS 침전 및 박막 합성
- 실험 조건의 변화에 따른 CdS 생성 관찰
- CdS의 UV-vis 스펙트럼 측정과 띠 간격 계산
- 결정 구조와 X-선 회절 원리

위의 실험 목적을 바탕으로, 학생들은 조교의 도움을 받아 아래의 실험들을 수행한다.

- CdS 합성을 위한 용액과 유리 기판 준비
- 일정한 합성 온도를 유지하기 위한 물중탕 장치의 온도 조절
- pH 미터를 사용한 용액의 pH 측정
- UV-vis 흡수 스팩트럼과 분말 X-선 회절(PXRD) 결과 분석

2 실험

2.1 기판 준비

유리 기판(또는 단결정 실리콘 기판)을 증착하기에 적절하도록 절단하여 자른 다음,

진한 황산으로 유기물과 금속 이온들을 세척한다. 3차 증류수와 알코올로 헹구어 말린다. 사용하는 용매가 먼지와 불순물을 적게 갖고 있어야 기판의 청결도를 유지할 수 있으며, 가능한 오븐이나 건조기를 사용하지 않는 것이 바람직하다. 자외선 소독기를 사용하면, 기판 표면에 남아 있는 유기물을 효과적으로 제거할 수 있으며, 기판 표면이 친수성으로 변하여 CdS의 증착이 용이하다.

2.2 CdS 합성

$CdSO_4 \cdot 2.67H_2O$ 0.116 g을 3차 증류수 170 mL에 녹이고, 30% 암모니아수 30 mL를 섞는다(용액 A). 용액 A에 기판을 담근다. Thiourea(H_2NCSNH_2) 0.717 g을 3차 증류수 100 mL에 녹인다(용액 B). 두 용액을 모두 60~80°C로 가열한 다음, 짧은 시간 안에 섞는다. 용액 B를 용액 A에 붓는다. 일정 시간이 지나면, 용액의 색이 변하면서 침전이 형성되며, 기판 위에 CdS가 증착되는 것을 관찰할 수 있다. 증착 용액의 pH = 10 내외가 최적 조건이다. 온도가 높고 농도가 진할수록, 증착 속도가 빠르며, 두꺼운 막이 얻어진다. 증착 두께가 지나치게 두꺼우면, CdS 막이 기판에서 분리되거나, 균일한 박막이 형성되지 않고 입자들이 기판에 붙을 수 있다.

출발 물질로 $CdCl_2$, $Cd(CH_3COO)_2$를 사용하고 thiourea 대신 thioacetamide (CH_3CSNH_2)나 하이드라진(hydrazin, H_2NNH_2)을 사용할 수 있으며, 이 경우 농도와 온도의 최적 조건이 다르다.

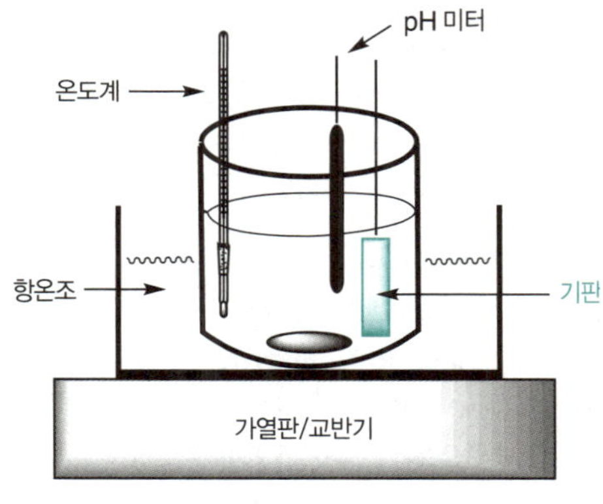

◀ 실험 장치

2.3 기판 세척과 특성 측정

기판을 반응 용액에서 꺼내어 증류수로 세척하고 공기 중에서 건조시킨다. 반응 후 열처리의 효과를 관찰하기 위해서, 시료 중의 일부를 열판에 올려 열처리(< 500°C) 한 후, PXRD와 UV-vis 스펙트럼을 얻어 흡광도 측정 실험을 한다. CdS 박막 기판에 저항 측정 장치의 탐침을 접촉하여 전기 저항을 측정한다.

2.4 주의 사항

실험은 배연-흡입 장치(fume hood)에서 수행되며, 카드뮴 시료는 독성이 강하기 때문에 실험자는 사용에 유의한다. 실험에 사용하는 카드뮴이 포함된 모든 용액을 반드시 중금속 폐수통에 회수해야 하며, 시료를 다룰 경우 고무 장갑을 착용하여야 한다.

3 결과 및 토의

3.1 합성에 관련된 질문

- 실험에 사용한 H_2NCSNH_2의 분해 반응을 설명하라.
- 합성 과정에 암모니아를 사용한 이유는?
- CdS의 두 결정 구조의 단위 세포(unit cell)를 비교하고 밀도를 예측하라.
- CdS의 용해도곱 상수는 3.6×10^{-29}로 알려져 있다. 합성 용액에서 카드뮴 이온의 농도를 계산하라.

3.2 UV-vis 실험 결과 분석

증착된 CdS 박막의 두께는 시간, 용액 농도, pH에 따라 다르기 때문에, 실험 조들이 서로 다른 결과를 얻을 것으로 예상된다. 그러나 $Cd(OH)_2$ 같은 부산물 없이 CdS의 화학량적 조성이 얻어지면, 두께에 무관하게 매우 유사한 UV-vis 흡광도를 얻을 수 있다. 각 파장에 따른 흡광도 실험 결과로부터 CdS의 띠 간격을 계산할 수 있다.

참고문헌

1. Sheehan, W. F. *J. Chem. Educ.* **1962**, *39*, 540.
2. Ibanez, J. G.; Solorza, O.; Gomez del Campo, E. *J. Chem. Educ.* **1991**, *68*, 872.
3. Ibanez, S. G.; Gomez, F.; Konik, I,; Lozano, D. E.; Mugica, A.; Gonzalez-Mesa, C.; Singh, M. M.; Szafran, Z.; Pike, R. M. *J. Chem. Educ.* **1997**, *74*, 1205.
4. O'Brien, P.; McAleese, J. *J. Mater. Chem.* **1998**, *8*, 2309.
5. Rieke, P. C.; Bentjen, S. B. *Chem. Mater.* **1993**, *5*, 43.
6. Narayanan, K. L.; Vijayakumar, K. P.; Nair, K. G. M.; Thampi, N. S.; Krishan, K. *J. Mater. Sci.* **1997**, *32*, 4837.
7. Oladeji, I. O.; Chow, L. *J. Electrochem. Soc.*, **1997**, *144*, 2342.
8. Chang, Y.-J; Munsee, C. L.; Herman, G. S.; Wager, J. F.; Mugdur, P.; Lee, D.-H,; Chang, C.-H. *Surf. Interface Anal.* **2005**, *37*, 398.
9. Hwang, Y. K.; Woo, S. Y.; Lee, J. H.; Jung, D. Y.; Kwon, Y. U. *Chem. Mater.* **2000**, *12*, 2059.
10. Lee, J. H.; Yoon, J. W.; Kim, I. G.; Oh, J. S.; Nam, H. J.; Jung, D. Y. *Thin Solid Films*, **2008**, *516*, 6492.
11. Hodes G. "Chemical Solution Deposition of Semiconductor Films", 2003, Marcel Dekker, Inc.

실험 20

Graphite/graphene oxide 제조 및 분석

이 실험의 핵심은 산화 흑연(graphite oxide)의 제조와 이를 이용해서 그래핀 옥사이드(graphene oxide)의 현탁액(서스펜션, suspension)을 제조하는 것이다. 그러므로 이 실험은 산화제의 역할, 탄소 물질들의 분석, 나노 물질의 분산 및 서스펜션의 특성 등을 이해하는 데 도움이 될 것으로 기대된다.

1 들어가며

그래핀(graphene)은 탄소 동소체들 중 하나다. 그래핀은 탄소 원자 하나의 두께를 갖고 있고, sp^2-탄소 그물-망으로 구성되어 있으며, 뛰어난 전기적, 열적, 기계적 특성과 넓은 표면적 때문에 여러 분야에서 응용 가능성을 보여주고 있다.

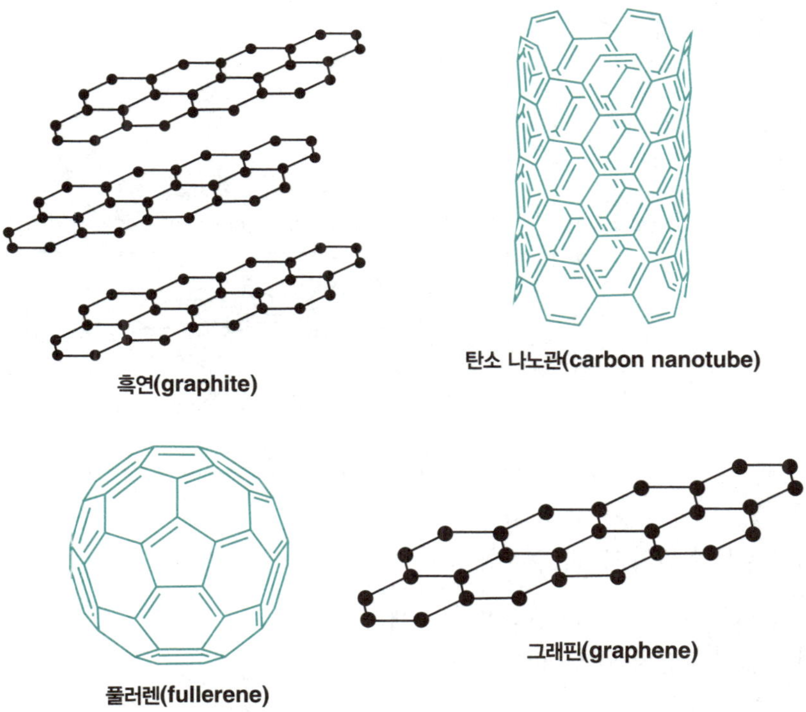

◀ sp^2-탄소 그물-망으로 구성된 탄소 동소체들: 그래핀, 탄소 나노관, 풀러렌, 흑연

2차원 탄소 동소체인 그래핀은 가장 최근에 발견된 저차원 탄소 동소체다. 이론적으로는 60년 전부터 그래핀의 존재와 특성들을 예측해 왔지만, 2004년에 영국 Manchester 대학교의 연구자들이 탄소 원자의 개별 판들을 분리하고 특성을 규명하여 벌집 구조를 갖는다는 것을 밝혔다. 이 연구자들은 단일-층 그래핀을 분리하기 위하여 접착 테이프를 이용하여 흑연의 얇은 층을 연속해서 떼어내는 기법을 사용하였다.

한 장의 그래핀들이 고르게 분산되어 있는 액상 **현탁액**의 합성은 대량 합성과 여러 형태의 응용을 위해서 매우 중요하다. 천연 흑연은 층상 구조를 가지고 있고, 층과 층 사이의 강한 $\pi-\pi$ 결합과 반데르발스 인력 때문에 천연 흑연으로부터 그래핀들을 한 장씩 직접 박리시키는 것은 어렵다. 이런 문제점을 해결하기 위해서 연구자들은 흑연에 여러 가지의 산소 작용기들을 산화 반응으로 도입시킨다. 이렇게 만들어진 산화 흑연은 여전히 층상 구조를 유지하고 있고, 높은 친수성을 갖고 있다. 이러한 높은 친수성 때문에, 물 속에서 간단한 교반이나 초음파 처리를 통해서 그래핀 옥사이드 한 장으로 쉽게 박리가 가능하고, 매우 안정한 액상 현탁액이 형성된다.

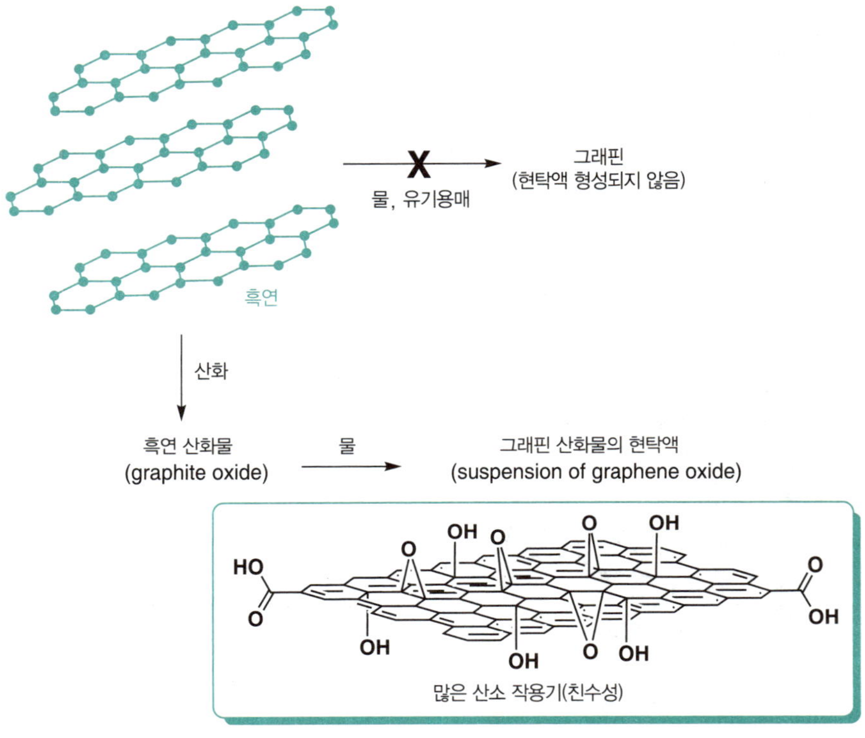

흑연으로부터 그래핀 산화물을 생성하는 방법 ▶

따라서 본 실험의 목적은 다음과 같다.

- 산화제를 이용한 흑연의 산화 반응 이해
- 나노 물질이 용매에 분산되는 성질 이해
- 분광학을 이용한 시료 분석
- 그래핀 산화물 현탁액의 특성 분석 및 이해

학생들은 조교의 도움을 받아 다음 실험들을 수행한다.

- 흑연을 산화시켜 산화 흑연으로 변환
- 산화 흑연으로부터 그래핀 산화물의 수용액상 현탁액 제조
- 분광학을 이용한 분석 및 현탁액 분석

2 실험

2.1 산화 흑연 제조

천연 흑연으로부터 산화 흑연을 여러 방법으로 제조하지만, 본 실험에서는 수정된 Hummers 방법이 사용된다. 일반적으로, 산화 흑연 제조에는 강한 산과 산화제가 사용된다. 본 실험에서 사용되는 수정된 Hummers 방법은 황산과 산화제로 과망가니즈산 포타슘(potassium permanganate, $KMnO_4$)을 이용한다.

천연 흑연 100 mg을 진한 황산 20 mL가 채워져 있는 플라스크에 넣는다. 플라스크를 얼음 수조에 담근 후, $KMnO_4$ 350 mg를 고체 상태로 플라스크에 천천히 넣는다. 얼음 수조를 제거한 후, 물중탕으로 온도를 35°C로 올린 후 2시간 동안 자기 교반한다. 다시 얼음 수조에 플라스크를 넣은 후, 과량의 증류수를 넣어준다.

> ⚠ 많은 열이 발생하므로 천천히 첨가한다.

열이 더 이상 발생하지 않으면 얼음 수조를 제거한 후, 기체가 발생하지 않을 때까지 과량의 H_2O_2를 첨가한다. 소결 유리 거르개를 이용해 거르고, 물로 씻어준 후 감압 하에서 말린다.

2.2 수용액 상의 그래핀 옥사이드 현탁액 제조

제조된 산화 흑연 10 mg을 증류수 10 mL에 넣고 초음파를 가해 준다. 입자가 눈에 보이지 않을 때까지 초음파 처리를 지속한다. 비교 실험을 위해서 산화되지 않은 천연 흑연을 넣고 초음파를 가해 준다.

3 결과 및 토의

3.1 합성에 관련된 질문

- $KMnO_4$를 이용한 산화 반응에 관하여 조사하여라.
- 그래핀 옥사이드가 물에 분산이 잘 되는 이유는?
- 액상 현탁액의 특성을 Tyndall effect, 제타 전위(zeta potential) 등으로 해석한다.

3.2 산화 흑연 구조 해석

적외선 분광법과 XPS(X-ray photoelectron spectroscopy, X-선 광전자 분광법) 분석법으로 산화 반응 후 흑연과 산화 흑연의 구조의 차이를 파악한다. 다양한 산소를 포함한 작용기들(–OH, –C–O–, –COOH, –C=O)의 스펙트럼을 확인할 수 있다.

산화 흑연 시료의 원소 분석을 측정하고 결과를 해석한다. 원소 분석으로 탄소와 산소 원소의 상대적 양(C/O 비)을 분석할 수 있다. 이를 통해서 산화 후 산소의 양이 얼마나 증가했는지 알 수 있다. TGA(thermogravimetric analysis, 열무게 분석) 분석법으로 시료의 열적 안정성을 확인한다. 생성된 산소를 포함한 작용기들이 온도가 증가됨에 따라서 어떻게 변하는지 확인한다.

참고문헌

1. Geim, A. K.; Novoselov, K. S. *Nat. Mater.* **2007**, *6*, 183.
2. Geim A. *Science* **2009**, *324*, 1530.
3. Geim, A. K.; MacDonald, A. H. *Physics Today* **2007**, *60*, 35.
4. Meyer, J. et al. *Nature* **2007**, *446*, 60.
5. Sutter, P. *Nat. Mater.* **2009**, *8*, 171.
6. Carlsson, J. M. *Nat. Mater.* **2007**, *6*, 801.

유기금속 화학

- ☑ **실험 21.** 유기금속 화합물 $[Ag\{CH(PPh_3)C(O)CH_3\}_2]NO_3$의 합성 및 성질 규명
- ☑ **실험 22.** 페로신 유도체의 합성 및 크로마토그래피를 이용한 정제 분석

실험 **21**

유기금속 화합물 $[Ag\{CH(PPh_3)C(O)CH_3\}_2]NO_3$의 합성 및 성질 규명

이 실험은 다음과 같은 장점을 가지고 있다.

- 학생들은 PPh_3, $ClCH_2C(O)CH_3$, $AgNO_3$를 출발 화합물로 사용하여 유기금속 화합물을 비교적 용이하게 합성할 수 있다.
- 모든 화합물은 공기 중에서 안정하며, 온화한 조건에서 합성될 수 있다.
- IR, NMR 기기 사용과 전도도 측정을 통하여, 합성된 화합물들의 구조에 대한 정보를 얻을 수 있다.

1 들어가며

인 일라이드(phosphorous ylide)는 공명 구조 두 개를 가지고 있다.

$$R_3P = C(R')_2 \leftrightarrow R_3P^+ - C(R')_2^-$$

ylene(일렌) ylide(일라이드)

일라이드 탄소가 비공유 전자쌍을 가지고 있기 때문에, 인 일라이드는 잠재적 리간드다. 전자-끌기 치환체가 일라이드 탄소에 결합되어 있으면, 일라이드의 염기도는 낮아지고 안정성은 높아진다. 카보닐 그룹이 일라이드를 안정화시키는 경우가 아래 그림에 제시되어 있다. 이 경우, 비공유 전자쌍이 카보닐 산소 원자에 위치하고 있다. IR 연구 결과에 의하면, 공명 구조 (c)는 일라이드 공명 현상에 매우 중요한 역할을 하고 있다.

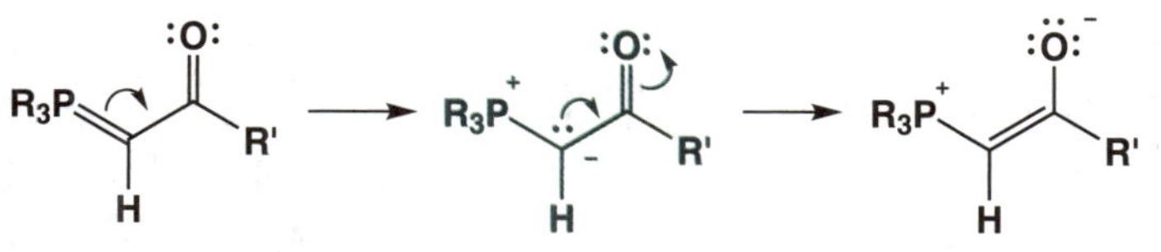

◀ 카보닐 그룹으로 안정화된 일라이드의 공명 구조들

카보닐 치환기를 함유한 인 일라이드들의 염기도가 낮지만, 안정한 착화합물을 합성할 수 있는 실험을 고안할 수 있다. 이런 유형의 일라이드들은 여러 개의 배위 자리를 가지고 있다. 예를 들면, *O*-배위(*O*-coordination), *C*-다리-놓음(*C*-bridging), 오쏘-금속화를 수반하는 *C*-배위(*C*-coordination with orthometallation) 등이 보고되어 있다.

학생들은 이 실험에서 PPh_3, $ClCH_2C(O)CH_3$, $AgNO_3$를 사용하여 $[Ag\{CH (PPh_3)C(O)CH_3\}]_2]NO_3$를 합성한다. 이 실험은 다음과 같이 세 단계로 수행된다.

- 포스포늄(phosphonium) 염 $[Ph_3PCH_2C(O)CH_3]Cl$ (화합물 **1**)의 합성

- $[Ph_3PCH_2C(O)CH_3]Cl$을 양성자-이탈(deprotonation)시켜 리간드 $Ph_3PCHC(O)CH_3$ (화합물 **2**)의 합성
- 일라이드와 $AgNO_3$를 반응시켜 목표 화합물인 착화합물(화합물 **3**) 합성

합성한 화합물들의 성질은 IR 스펙트럼, NMR 스펙트럼, 또는 전도도 값을 이용하여 규명된다.

2 실험

폴리에틸렌 막 사이에 광유 반죽(mineral oil mull) 방법으로 IR 스펙트럼을 얻을 수 있다. $CDCl_3$ 용매와 $Si(CH_3)_4$ 기준 물질을 사용하여 ^1H NMR 스펙트럼을 얻을 수 있다. 몰 전도율(molar conductivity)은 5×10^{-4} M 아세톤 용액에서 측정된다. 용매와 시약은 다음과 같은 방법으로 정제된다.

- 아세톤(CH_3COCH_3): $KMnO_4$ 존재 하에서 증류함
- 다이에틸에테르(Et_2O): Na/benzophenone 존재 하에서 증류함
- CH_2Cl_2와 $CHCl_3$: P_2O_5 존재 하에서 증류한 뒤, Na_2CO_3 존재 하에서 다시 한 번 더 증류함
- PPh_3: 메탄올에서 재결정함
- $ClCH_2C(O)CH_3$, $AgNO_3$, $MgSO_4$, NaOH, $CDCl_3$ 등등의 나머지 시약은 구입한 상태로 사용됨

2.1 $[Ph_3PCH_2C(O)CH_3]Cl$ (1) 합성

PPh_3 5.0 g(19 mmol)과 $ClCH_2C(O)CH_3$ 1.4 mL(18 mmol)를 함유한 $CHCl_3$ 용액 15 mL를 45분 동안 환류시킨다. 결과 용액을 실온까지 냉각시킨 후, 용액을 교반하면서 150 mL의 다이에틸에테르를 가하면 흰색 분말 형태의 화합물 **1**을 얻을 수 있다. 수득량: 5.7 g (16.2 mmol, 90%). mp: 245°C. IR (ν_{CO}, cm^{-1}): 1710. ^1H NMR ($CDCl_3$, δ): 2.56 (s, 3H, CH_3), 6.14 (d, 2H, CH_2, $^2J_{P-H}$ = 11 Hz), 7~8 (m, 15H, Ph). Λ_M (Ω^{-1} cm^2 mol^{-1}): 120.

2.2 $Ph_3P=CHC(O)CH_3$ (2) 합성

화합물 **1** $[Ph_3PCH_2C(O)CH_3]Cl$ 1.0 g(2.42 mmol)을 물 250 mL에 용해시킨 후, 0.5 M NaOH(*aq*) 용액으로 pH 7이 되도록 맞춘다. 정제되지 않은(crude) 화합물 **2** $Ph_3P = CHC(O)CH_3$가 흰색 분말 형태로 침전된다. 이 침전을 모아서 물 10 mL로 2번 세척한 후에, 공기 중에서 말린다. 생성물을 CH_2Cl_2 5 mL에 녹인 후, $MgSO_4$ 또는 Celite 층을 통과시켜 거르면, 남아 있는 미량의 수분이 제거된다. 그 다음에 헥세인(hexane) 30 mL로 흰색 분말을 세척한 후, 공기 중에서 말린다. 수득량:

538 mg (1.69 mmol, 70%). mp: 203°C. IR (ν_{CO}, cm^{-1}): 1540. ^{1}H NMR ($CDCl_3$, δ): 2.10 (s, 3H, CH_3), 3.68 (d, 1H, CH, $^2J_{P-H}$ = 27 Hz), 7~8 (m, 15H, Ph). Λ_M (Ω^{-1} cm^2 mol^{-1}): 2.

2.3 [Ag{CH(Ph$_3$P)C(O)CH$_3$}NO$_3$ (3) 합성

$AgNO_3$ 100 mg(0.59 mmol)을 아세톤 5 mL에 넣은 후, 일라이드(화합물 **2**) 375 mg(1.18 mmol)을 첨가한다. 빛을 차단한 상태에서 결과 용액을 1시간 동안 교반시킨 후, $MgSO_4$ 층을 통과시켜 거른다. 용액 부피가 약 2 mL 정도까지 되도록 진공 하에서 용액을 증류(농축)시킨다. 농축된 용액에 25 mL의 다이에틸에테르를 넣으면, 화합물 **3**이 흰색 분말 형태로 침전된다. 수득량: 4.19 mg (0.52 mmol, 88%). mp: 160°C(decomp.) IR (ν_{CO}, cm^{-1}): 1610. ^{1}H NMR ($CDCl_3$, δ): 1.88 (s, 3H, CH_3), 4.50 (d, 1H, CH, $^2J_{P-H}$ = 11 Hz), 7~8 (m, 15H, Ph). Λ_M (Ω^{-1} cm^2 mol^{-1}): 58.

3 결과 및 토의

IR 스펙트럼에서, 일라이드 화합물 **2**의 ν_{CO} 흡수 띠가 어미(parent) 포스포늄 염의 ν_{CO} 흡수 띠에 비해서 170 cm^{-1} 정도 낮은-에너지 방향으로 이동한다. 이런 현상은 공명 구조 (c) 때문이다. 은 착화합물 **3**의 ν_{CO} 흡수 띠의 에너지가 일라이드 화합물 **2**의 ν_{CO} 흡수 띠의 에너지보다 높은 현상은 일라이드(리간드)의 탄소가 금속에 배위한다는 것을 증명하고 있다.

공명 구조 (b)는 일라이드 탄소의 전자쌍이 금속에 배위하는 것을 유리하게 해주고, 탄소 → 금속 배위는 C=O 결합을 강화시켜 준다. 만약 배위가 카보닐 산소를 통해서 일어난다면, 결합 차수 1의 C–O 골격을 가진 공명 구조 (c)가 선호될 것이다. 그 결과, 은 착화합물의 ν_{CO} 흡수 띠가 인 일라이드의 ν_{CO} 흡수 띠에 비해서 당연히 낮은 에너지로 이동하게 된다. 반면에, 두 화합물 **1**과 **3**을 비교하는 경우, 착화합물 **3**이 낮은-에너지 파수(wave number)를 갖는 이유는 Ag^+의 전자-끌기(electron-withdrawing) 능력이 H^+의 전자-끌기 능력보다 낮기 때문이라고 볼 수 있다.

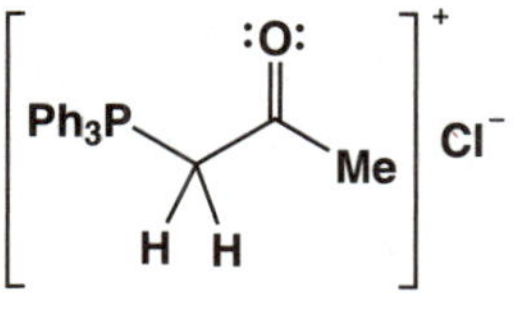

Compound **1**

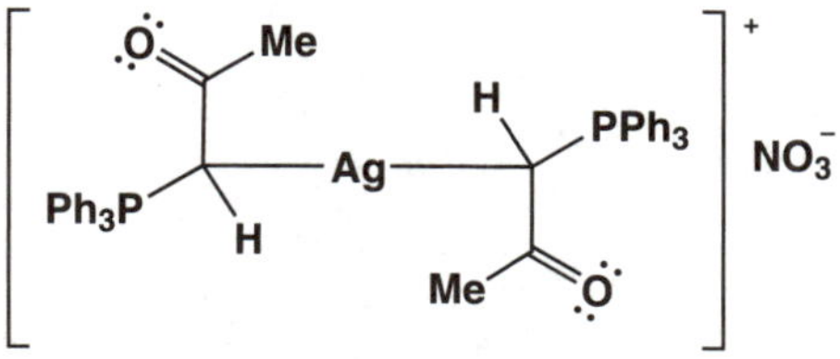

Compound **3**

착화합물 **3**은 부분 입체 이성질체 두 개(*RR*/*SS*와 *RS*)를 가질 수 있지만, 낮은 주

파수 ^{1}H NMR 방법으로 이것들을 구별할 수는 없다. 모든 화학종의 ^{1}H NMR 스펙트럼은 단지 피크(signal) 묶음을 보여줄 뿐이다. 착화합물 **3**의 메타인(methine, CH) 수소의 화학적 이동(chemical shift) 값은 자유 일라이드와 포스포늄 염의 화학적 이동 값들의 중간 정도다. 이런 현상은 카보닐로 안정화되고 *C*-배위하는 인 일라이드 리간드를 함유한 다른 착화합물에서도 흔하게 나타난다. 착화합물 **3**의 짝지음 상수 $^2J_{P-H}$ 값은 화합물 **1**과 **2**의 $^2J_{P-H}$ 값보다 작다. 훨씬 큰 $^2J_{P-H}$ 값(약 20 Hz)이 *O*-배위하는 인 일라이드 리간드를 함유한 착화합물에서 발견되었다.

화합물 **1**의 몰 전도율은 1 : 1 전해질에 알려져 있는 전도도 범위에 있는 반면, 이온성 착화합물 **3**의 몰 전도율은 낮다. 용액에서 착화합물 **3**의 음이온이 금속-함유 양이온 부분과 상호작용한다고 가정하면, 낮은 몰 전도율을 설명할 수 있다. 착화합물 **3**의 유사체 $[Ag\{CH(PPh_3)C(O)Ph\}_2]NO_3$의 결정 구조를 해석한 결과에 의하면, NO_3^- 음이온이 은에 가깝게 위치하고 있다 (Ag···O 거리: 2.75, 2.77 Å).

참고문헌

1. Vicente, J.; Chicote, M. T.; Saura-Llamas, I. *J. Chem. Edu.* **1993**, *70*, 163.
2. (a) Albanese, J. A.; Staley, D.; Rheingold, A. L.; Burmeister, J. L. *Inorg. Chem.* **1990**, *29*, 2209. (b) Vicente, J.; Chicote, M. T.; Cayuelas, J. A.; Fernandez-Baeza, J.; Jones, P. G.; Sheldick, G. M.; Espinet, P. *J. Chem. Soc., Dalton Trans.* **1985**, 1163. (c) Illingsworth, M. L.; Teagle, J. A.; Burmeister, J. L.; Fultz, W. C.; Rheingold, A. L. *Organometallics* **1983**, *2*, 1364.
3. Ramirez, F.; Dershovitz, S. *J. Org. Chem.* **1957**, *41*, 229.
4. Vicente, J.; Chicote, M. T.; Fernandez-Baeza, J.; Martin, J; Saurea-Llamas, L; Turpin, J.; Jones, P. G. *J. Organomet. Chem.* **1987**, *331*, 409.
5. Uson, M. A. *J. Chem. Edu.* **1990**, *67*, 412.
6. (a) Uson, R.; Fornies, J.; Navarro, R.; Espinet, P: Mendivil. C. *J. Organomet. Chem.* **1985**, *290*, 125. (b) Buckle, J.; Harrison, P. G.; King T. J.: Richards, J. A. *J. Chem. Soc., Chem. Commun.* **1972**, 1104. (c) Buckle, J.; Harrison, P. G. *J. Orgonomet. Chem.* **1973**, *49*, C18.
7. (a) Weleski, Jr., T.; Silver, J. L.; Jansson, M. D.; Burmeister, J. L. *J. Orgonomet. Chem.* **1975**, *102*, 365. (b) Teagle, J. A.; Burmeister, J. L. *Inorg. Chim. Acta* **1986**, *118*, 65.
8. Geary, W. G. *Coord. Chem. Rev.* **1971**, *7*, 81.

실험 22

페로신 유도체의 합성 및 크로마토그래피를 이용한 정제 분석

이 실험의 핵심은 페로신으로부터 $[Fe(C_5H_5)(C_5H_4COCH_3)]$를 합성하고, 페로신과 $[Fe(C_5H_5)(C_5H_4COCH_3)]$가 섞여 있는 혼합물에서 순수한 $[Fe(C_5H_5)(C_5H_4COCH_3)]$를 얻기 위해 얇은 막 크로마토그래피와 관 크로마토그래피 기법을 사용하는 것이다. 더불어, 얻어진 $[Fe(C_5H_5)(C_5H_4COCH_3)]$와 페로신의 UV-vis, IR, 그리고 NMR 스펙트럼을 상호 비교하여 유기금속 화합물의 구조적 특징을 이해하는 것이 이 실험의 주요 목표다. 학생들은 이 실험을 통하여 금속-탄소 결합을 갖고 있는 유기금속 화합물들을 합성하고, 이것들의 스펙트럼들을 해석하는 기법을 익혀서 자신들의 실험 역량을 높일 수 있을 것으로 기대된다.

1 들어가며

대표적인 유기금속 화합물인 **페로신**(ferrocene, $[Fe(C_5H_5)_2]$ 또는 $[FeCp_2]$)이 1951년에 처음으로 문헌에 보고된 이래로, 페로신 화합물 유도체에 대한 연구가 지금까지 많이 수행되어 왔다. 특히, 페로신 유도체에 대한 연구는 철 원자에 배위되어 있는 Cp 리간드가 방향족 유기물인 벤젠과 유사한 화학 반응을 보인다는 관점에서 매우 흥미를 끌었다. 이전까지 자유(free) Cp 리간드 자체에 대한 치환 반응이 어느 정도 가능하다는 연구 결과들이 문헌에 보고되었다. 또한 페로신의 Cp 리간드는 벤젠 자체보다 치환 반응을 더 수월하게 한다고 것이 밝혀졌다. 따라서 이러한 사실은 페로신에서의 Cp 리간드가 벤젠보다 방향족 성질이 더 강하다는 것을 반증한다. 특히, 페로신 화합물에는 **친전자성 치환**(electrophilic substitution) 반응이 매우 잘 일어나는데, 대표적인 예가 $AlCl_3$와 같은 **Fridel-Crafts** 촉매 하에서의 친전자성 치환 반응인 아세틸화(acetylation) 반응이다.

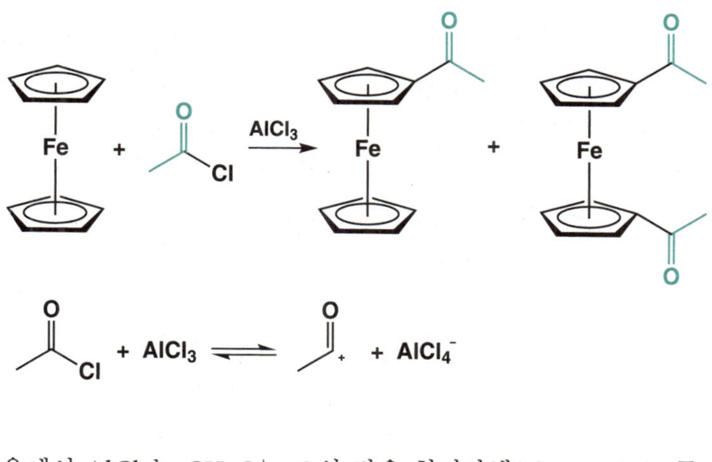

이 반응에서 $AlCl_3$는 $CH_3C^+=O$와 같은 친전자체(electrophile)를 생성시키는 촉매 역할을 한다. 페로신의 아세틸화 반응에서 Cp 리간드 한 개에만 아세틸기가 결합된 화합물(mono-substituted, acetylferrocene)이 생성될지 혹은 Cp 리간드 두 개에 각각 아세틸기가 결합된 화합물(disubstituted, 1,1′-diacetylferrocene)이 생성될지는 사용하는 반응물의 양과 반응 조건에 달려있다. 이 실험에서는 아세

틸기가 하나 결합된 페로신의 합성을 위해 무수 아세트산(acetic anhydride)과 인산(phosphoric acid)이 사용된다.

$AlCl_3$ 대신에 인산을 촉매로 사용했을 때에도, 친전자체 $CH_3C^+=O$가 다음과 같은 반응식을 통해 생성될 수 있다.

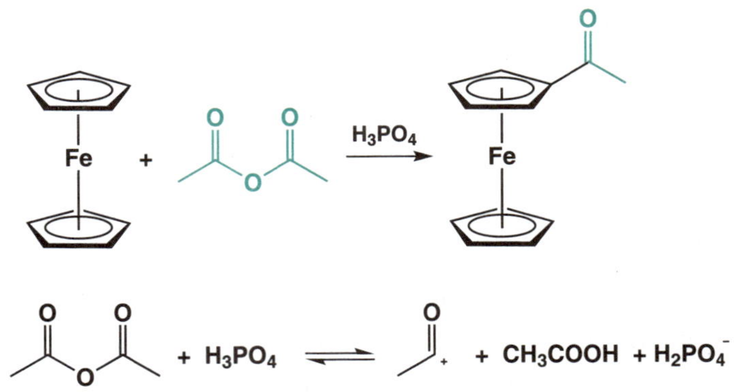

$AlCl_3$에 비해 인산은 상대적으로 낮은 농도의 $CH_3C^+=O$를 제공하기 때문에, 페로신에 아세틸기 두 개가 치환된 형태의 화합물(1,1′-diacetylferrocene)은 잘 생성되지 않는다.

페로신의 아세틸화 반응에서는 흔히 페로신과 아세틸페로신의 혼합물 고체 시료가 생성된다. TLC라고 불리는 **얇은 막 크로마토그래피**(thin layer chromatography)와 **관 크로마토그래피**(column chromatography)를 이용하여 이 혼합물을 분리할 수 있다. TLC는 관 크로마토그래피에 적용될 조건을 찾는 실험이고, 관 크로마토그래피는 얇은 막 크로마토그래피에서 찾은 조건을 사용하여 많은 양의 혼합 시료를 분리하기 위해 적용하는 실험 방법이다. TLC와 관 크로마토그래피의 시료 분리 방법은 분자가 실리카 젤이나 알루미나와 같은 특정 흡착제에 달라붙는 정도의 차이를 이용한다.

얇은 막 크로마토그래피 방법은 다음과 같다. 우선 분리하고자 하는 시료를 적은 양의 용매에 녹인 후, 모세관에 용액을 빨아들인다. 그 다음에 결과 용액을 TLC 판의 좁은 면의 끝에서 8~10 mm 정도 떨어진 위치에 3~5 mm 직경의 작은 점으로 찍는다. TLC 판에 찍힌 점이 완전히 마를 때까지 기다린 후, 약 4 mm 깊이의 적절한 용매가 담긴 전개병에 넣는다. 전개병의 용매의 높이가 TLC 판에 찍힌 점의 높이보다 낮아야 한다. 전개병의 뚜껑을 닫고, 용매가 TLC 판을 따라 올라가길 기다린다. 용매가 잘 선택되었다면, 섞여 있는 시료가 구성 성분들로 분리된다. 용매가 TLC 판의 $\frac{3}{4}$ 정도의 높이까지 올라가면, TLC 판을 전개병에서 꺼내 말린다. UV 램프를 직접 사용하거나 전개된 TLC 판을 몇 개의 아이오딘 결정이 들어 있는 전개병에 잠시 놓아둔 뒤, 시료의 TLC 판에서의 분리가 어느 정도 진행되었는지를 관찰한다. 선택한 용매가 시료의 분리에 적합하지 않았다면, 용매를 바꾸거나 극성이 다른 두 가지 이상의 용매를 섞어서 다시 분리를 시도한다.

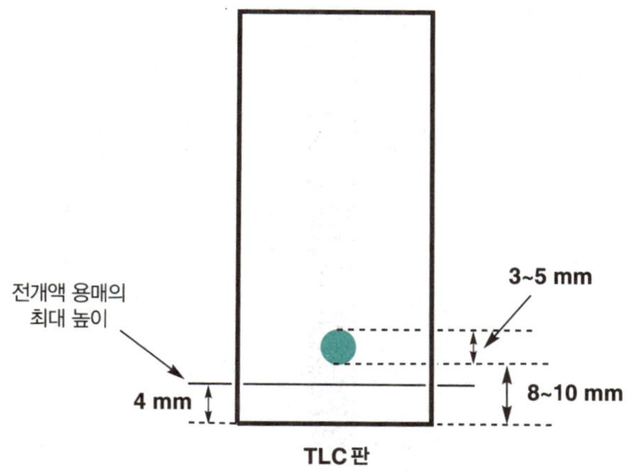

TLC 분리에서 용매 선택은 쉽지 않다. 용매에 의해 화합물이 TLC 판을 따라 너무 빨리 올라간다면, 사용한 용매 내에 있는 비극성 용매의 양을 늘려야 한다. 반대로 화합물이 TLC 판을 따라 너무 천천히 올라간다면, 극성 용매의 양을 늘려야 한다. 일반적인 용매의 극성이 증가하는 순서는 아래와 같다.

펜테인(pentane), 헥세인(hexane) < 사염화 탄소 < 톨루엔 < 벤젠 < 염화 메틸렌 < 클로로폼 < 다이에틸에테르 < 아세트산 에틸 < 아세톤 < 에탄올 < 메탄올 < 물

TLC 분석에서는 물질의 특성을 나타내는 소위 **지연 인자**(retardation factor) R_f 값이 사용된다. R_f 값은 특정 분자가 이동한 거리를 용매가 이동한 거리로 나눈 값을 의미한다. 따라서 특정 분자의 R_f 값은 극성 용매에서는 커지고, 비극성 용매에서는 작아지는 경향을 갖고 있다.

TLC에 의해 선택된 용매 조합을 관 크로마토그래피에 적용하여 많은 양의 시료를 분리할 수 있다. 일반적으로 TLC에서 사용하는 실리카 젤의 입자 크기는 200 mesh 정도인데 반해, 관 크로마토그래피에서 사용하는 실리카 젤의 입자 크기는 이것보다 큰 80~200 mesh 정도다. 하지만, 특정한 시료에 대한 실리카 젤의 흡착 특성이 거의 일정하기 때문에, TLC 판에 성공적으로 사용했던 용매를 관 크로마토그래피에서 거의 동일하게 사용할 수 있다.

관 크로마토그래피에 사용되는 관은 일반적인 뷰렛이 적당하다. 뷰렛 꼭지를 솜으로 막고 5 mm 정도의 모래를 채워 실리카 젤이 꼭지 아래로 내려오지 않게 한다. TLC 정보에 의해 선택된 용매와 적정량의 실리카 젤을 잘 섞은 후 뷰렛에 채워 넣는다. 용매의 높이가 실리카 젤의 높이와 같아질 때까지 뷰렛 꼭지를 통해 용매를 흘려보낸다. 실리카 젤 위에 분리하고자 하는 시료를 넣고, 이어서 모래를 채우고, 그 위에 용매를 채워 분리를 시작한다. 실험자는 항상 모래 높이보다 용매 높이가 낮아지지 않도록 유의해야 한다. 관 크로마토그래피에서의 시료의 분리는 관을 통해 용매가 흘러내려가는 속도와 밀접하게 관련되어 있다. 즉, 흘러내려가는 용매의 속도가 빠를수록 분리가 잘 안되고, 반대로 용매의 속도가 느릴수록 분리가 잘 된다.

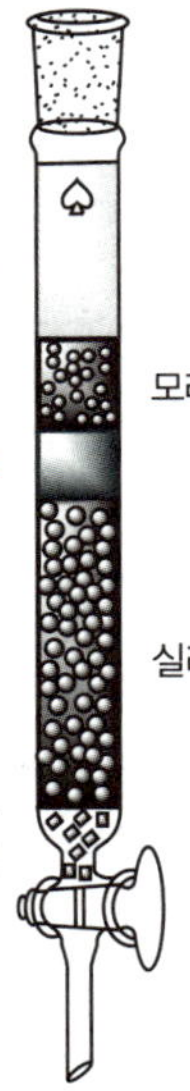

관 크로마토그래피에 사용되는 관 ▶

이 실험은 다음과 같은 세 가지 목적을 갖고 있다.

- 페로신으로부터 $[Fe(C_5H_5)(C_5H_4COCH_3)]$을 합성하여 유기금속 화합물에 대한 합성과 구조의 이해
- 얇은 막 크로마토그래피와 관 크로마토그래피 방법으로 페로신과 $[Fe(C_5H_5)(C_5H_4COCH_3)]$의 분리 및 정제
- 반응물과 생성물의 UV-vis, IR, NMR 스펙트럼의 상호 비교

위의 실험 목적을 바탕으로, 학생들은 조교의 도움을 받아 아래의 실험들을 수행한다.

- 유기금속 화합물의 합성 및 분리 정제
- UV-vis, IR, NMR 스펙트럼을 얻기 위한 시료 준비
- 분광학 자료 수집

2 실험 및 토의

2.1 $[Fe(C_5H_5)(C_5H_4COCH_3)]$ 합성

필요한 물질: 페로신, 무수 아세트산, 85% 인산, 과립형 $CaCl_2$, $NaHCO_3$

> ⚠ 학생들은 고무장갑을 반드시 껴야 하며, 시약이 직접 몸에 닿는 것을 피해야 한다..

작은 삼각 플라스크에 페로신 1.5 g과 무수 아세트산 5.25 g을 넣고 잘 저어주면서, 85% 인산 1 mL를 첨가한다. 이 후 $CaCl_2$가 들어 있는 건조관을 삼각 플라스크에 끼운다. 끓는 물에서 삼각 플라스크를 10분간 중탕한다. 중탕이 끝나자마자 얼음 20 g이 들어 있는 비커에 반응물을 쏟아 붓는다. 얼음이 녹을 때, CO_2가 발생하지 않을 때까지 $NaHCO_3$를 고체 상태로 넣어주면서 반응물을 중화시킨다. 30분 동안 0°C로 혼합물을 유지시켜 고체가 석출되게 한다. 거름 종이로 거른 후, 얻어진 고체가 옅은 오렌지색이 될 때까지 증류수로 씻어준다. 공기 중에서 얻어진 고체를 잘 말린다. 얻어진 고체는 반응하지 않은 페로신과 생성물 $[Fe(C_5H_5)(C_5H_4COCH_3)]$의 혼합물이다.

2.2 TLC 방법으로 적절한 용매 선택

2.1 반응으로 얻은 페로신과 $[Fe(C_5H_5)(C_5H_4COCH_3)]$의 혼합물 및 페로신을 각각 소량의 용매에 녹인 후, TLC 판 하나에 각각의 반점을 만들어 얇은 막 크로마토그래피를 수행한다. 사용할 용매는 아래에 제시한 네 종류를 사용한다. 즉, 반점 두 개가 찍힌 TLC 판을 아래의 용매가 들어 있는 전개병에 넣고, 뚜껑을 닿은 후 얇은 막 크로마토그래피를 수행한다. 각각의 용매를 사용하였을 때의 각 화합물의 R_f 값을 구한다.

(1) 헥세인
(2) 다이에틸에테르
(3) 아세트산 에틸
(4) 부피 비로 10% 아세트산 에틸 + 90% 헥세인

얻어진 결과로부터 가장 적절한 용매 비가 무엇인지 선택하여, 관 크로마토그래피에 적용한다.

2.3 관 크로마토그래피 방법으로 $[Fe(C_5H_5)(C_5H_4COCH_3)]$의 분리 정제

얇은 막 크로마토그래피에서 구해진 용매를 관 크로마토그래피의 용리 용매로 사용하여 순수한 $[Fe(C_5H_5)(C_5H_4COCH_3)]$를 얻는다. 분리해낸 $[Fe(C_5H_5)(C_5H_4COCH_3)]$의 질량을 측정하고 수득률을 계산한다. 페로신과 $[Fe(C_5H_5)(C_5H_4COCH_3)]$의 녹는점을 측정한다. CCl_4 용매를 사용하여 페로신과 $[Fe(C_5H_5)(C_5H_4COCH_3)]$의 UV-vis 스펙트럼을 측정한다. 또한, IR 및 NMR 스펙트럼을 얻어 페로신과 $[Fe(C_5H_5)(C_5H_4COCH_3)]$의 차이점을 상호 비교한다. 참고로, 페로신의 ^1H NMR 스펙트럼은 4.18 ppm(CD_3OD 용매)에서 피크 한 개만 나타낸다.

3 결과 및 토의

- Fridel–Crafts 아세틸화 반응에서 $AlCl_3$와 H_3PO_4의 역할은 무엇인가?
- 자유 Cp와 페로신에 배위된 Cp 사이의 반응성 차이점은 무엇인가?
- 본 실험에서 친전자체를 형성시키기 위해서 H_3PO_4가 사용되는 이유는 무엇인가?
- 본 실험에서 얇은 막 크로마토그래피와 관 크로마토그래피 방법 둘 다 수행하는 이유는 무엇인가?
- 아래에 본 실험의 아세틸화 반응의 생성물의 ^1H NMR 스펙트럼이 제시되어 있다. 스펙트럼에 나타타 있는 각 스펙트럼을 해석하라(힌트: 4.18 ppm에 나타나 있는 피크는 반응하지 않은 페로신의 Cp 양성자들 때문이다).

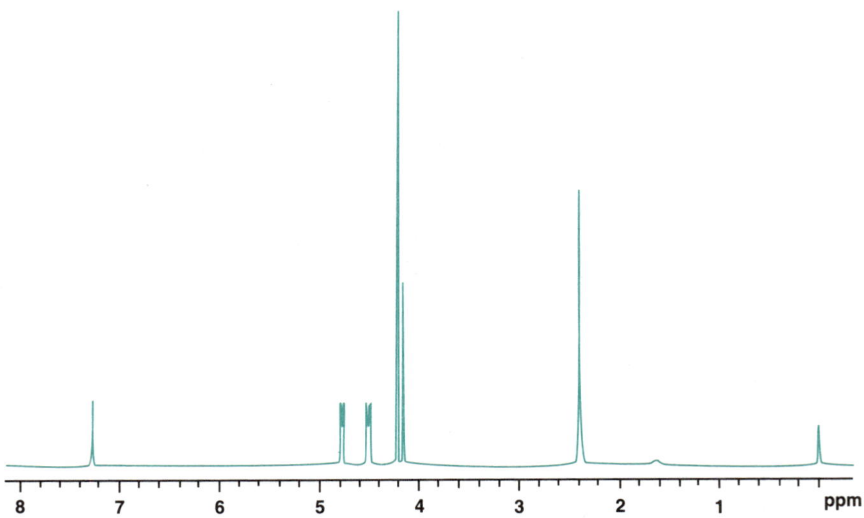

Acetylferrocene의 ^1H NMR 스펙트럼 용매는 CD_3OD ▶

참고문헌

1. Bozak, R. E. *J. Chem. Educ.* **1966**, *43*, 73.
2. Graham, R. J.; Lindsey, R. V.; Parshall, G. W.; Peterson, M. L.; Whitman, G. M. *J. Am. Chem. Soc.* **1957**, *79*, 3416.
3. Bobbitt, J. M.; Schwarting, A. E.; Gritter, R. J., Introduction to Chromatography, Reinhold Publishing Corp., New York, 1968.
4. Heftmann, E. Ed., Chromatography, 2nd Ed., Reinhold Publishing Corp., New York, 1967.
5. Kirchner, J. G. Thin Layer Chromatography, Interscience Publishers, New York, 1967.
6. Malins, D. C.; Wekell, J. C. *J. Chem. Educ.* **1963**, *40*, 531.
7. Wilkinson, G.; Cotton F. A. in Progress in Inorganic Chemistry, Vol. 1, Cotton, F. A. Ed., Interscience Publishers, New York, 1959, p. 1. Cyclopentadienyl and arene metal compounds.

생무기 화학

실험 23

Tetraphenylporphyrin(H_2TPP)과 CuTPP, ZnTPP 착화합물의 합성

이 실험에서 학생들은 benzaldehyde와 pyrrole을 반응시켜 H_2TPP를 합성하고, 이것과 금속염을 반응시켜 금속 포피린을 합성한다. ^{1}H NMR 스펙트럼에 있는 각 피크에 대하여 양성자들을 지정하고, 이런 분석을 통하여 고리-전류 효과와 양성자-교환 반응을 이해하는 것이 본 실험의 주요 목표다. 학생들은 또한 UV-vis 분광 분석을 통하여 합성된 물질의 물성을 측정하고, π-짝지음(conjugation)에 따른 구조-물성 상관관계를 이해한다.

1 들어가며

포피린과 **금속-포피린**이 생체 내에서 중요한 기능을 담당하는 단백질의 일부 구조와 연관이 있기 때문에, 이것들에 대한 연구가 활발하게 진행되어 왔다. 이와 같은 거대-고리 화합물의 주요 구조는 산소 운반에 관여하는 헴(heme, iron porphyrin), 광합성에 관여하는 클로로필(chlorophyll)과 pheophytins, corrin(vitamin B_{12}), corphin(methylreductase) 등에서 발견된다. 생체 시스템에서 이와 같은 거대-고리 화합물들은 그 자체로 존재하거나 금속들과 착화합물을 형성하기도 한다. 아래 그림에 몇몇 중요한 포피린 유도체가 제시되어 있다.

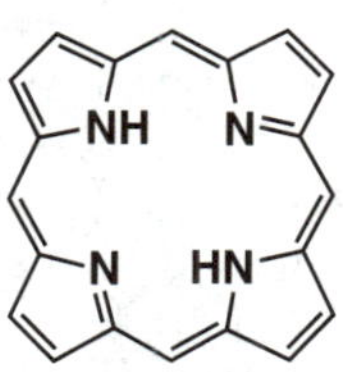

포핀(porphine)

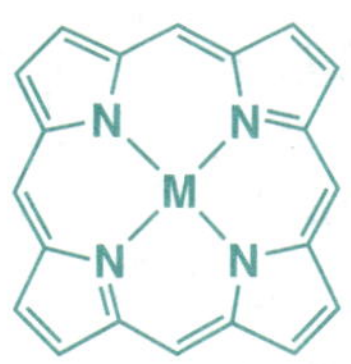

메탈로포피린 (metalloporphyrine)

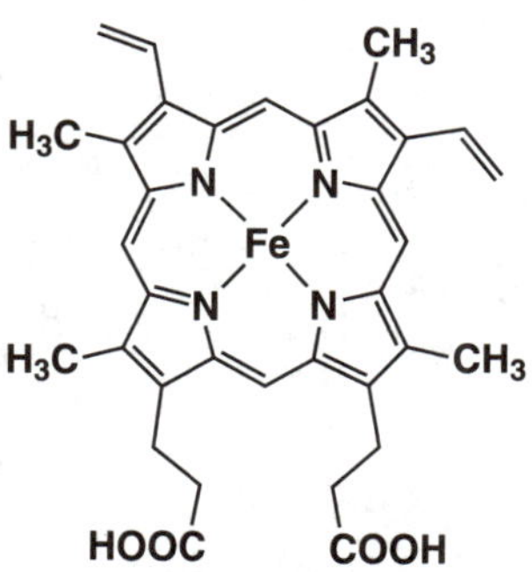

Fe-프로토포피린 IX

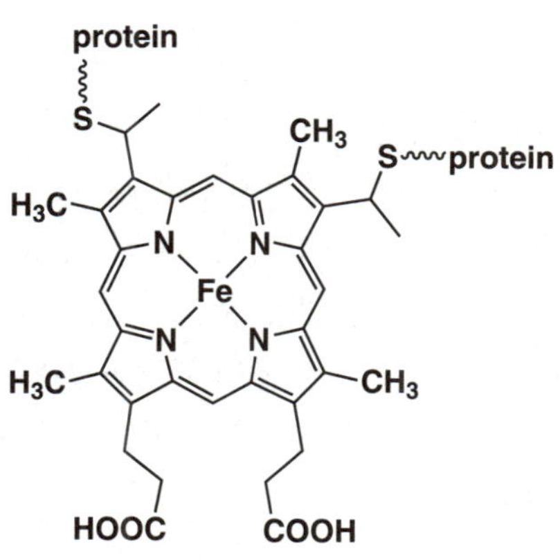

사이토크롬(cytochrome) *c*

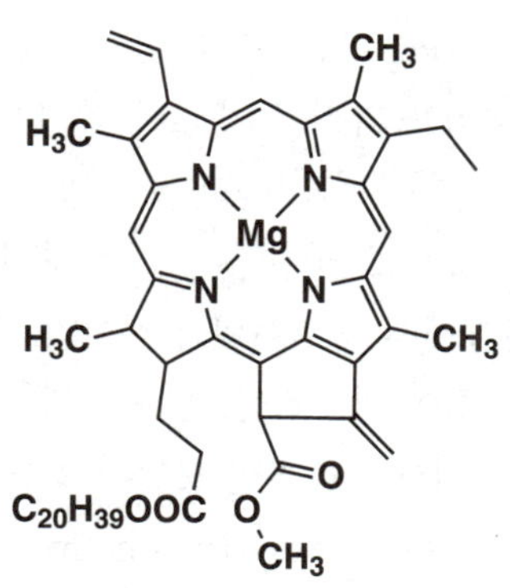

클로로필(chlorophyll) *a*

◀ 포핀과 메탈로포피린(금속-포피린)의 구조 및 자연에 존재하는 포피린

알데하이드와 pyrrole의 반응으로 *meso*-5,10,15,20-tetraalkylporphyrin의 합성

meso-5,10,15,20-Tetraphenylporphyrin은 70년 전 Rothemund에 의해 최초로 합성되었다. Rothemund는 benzaldehyde와 pyrrole을 소량의 pyridine이 포함된 methanol에 녹인 후 밀폐된 고압 용기에서 150℃에서 24시간 동안 반응시켜 0.021%의 수득률로 포피린을 얻었다. Alder와 Longo는 Rothemund 반응을 보완하여, benzaldehyde와 pyrrole을 propionic acid에 녹인 후, 공기 중에서 30분 동안 환류하였다(propionic acid의 끓는점 141℃). 이와 같이 훨씬 온화한 조건에서 수행된 반응에서 20% 이상의 수득률이 얻어졌고, 유사한 수득률로 포피린의 다량 합성이 가능한 것으로 보고되었다. 아래 그림에서 (A)는 치환기-미함유 pyrrole의 반응으로 포피린이 생성되는 과정을, (B)는 치환기-함유 pyrrole의 반응으로 포피린이 생성되는 과정을 보여준다.

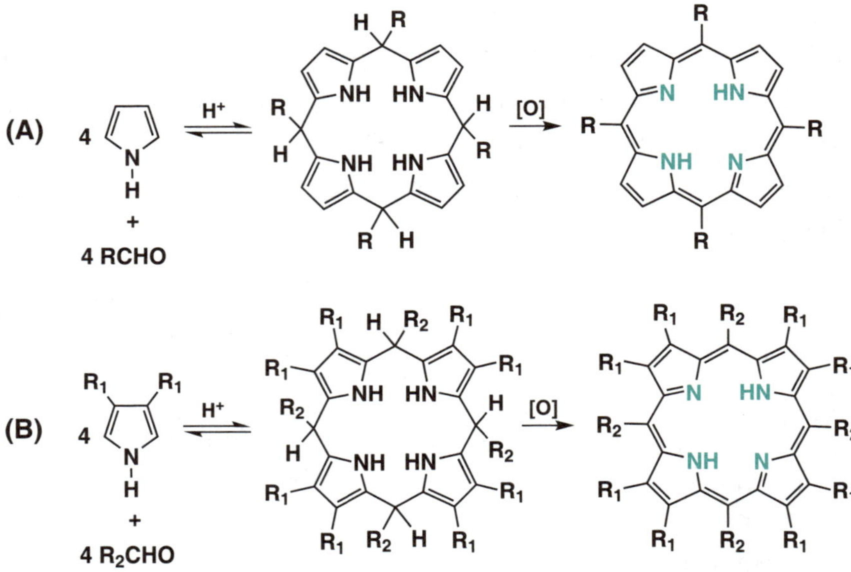

알데하이드와 pyrrole의 반응으로 얻어지는 포피리노젠과 포피린 ▶

trans-치환 포피린의 합성

Alder–Longo 방법은 Rothemund 방법보다 훨씬 온화한 조건들을 요하지만, 몇 가지 문제점을 가지고 있다. 첫째, 반응 조건이 여전히 격렬하기 때문에, 아미노 그룹 같이 민감한 치환기를 함유한 방향족 알데하이드를 사용할 수 없다. 둘째, pyrrole의 중합 반응으로 생성되는 많은 양의 타르 물질 때문에, 반응 종결 후 마무리(work-up) 단계에서 포피린의 결정화가 이뤄지지 않거나 지루한 세척 과정과 반복적인 재결정 과정이 필요하다. 셋째, 실험 재현성이 높지 않다. 따라서 반응 조건을 온화하게 하기 위하여 다양한 보완된 방법이 개발되었다.

다음 그림은 dipyrrolylmethane과 알데하이드의 반응으로 *trans*-(5,15-meso 위

치)-치환 포피린 4가지를 합성하는 방법을 보여준다. *trans*-치환 포피린은 2개 이상의 알데하이드 혼합물과 pyrrole의 반응이며, Alder−Longo 반응으로도 얻어질 수 있다. 하지만 사용되는 알데하이드들의 반응성 차이와 혼합물의 부반응으로 인하여 다양한 혼합물이 생성된다.

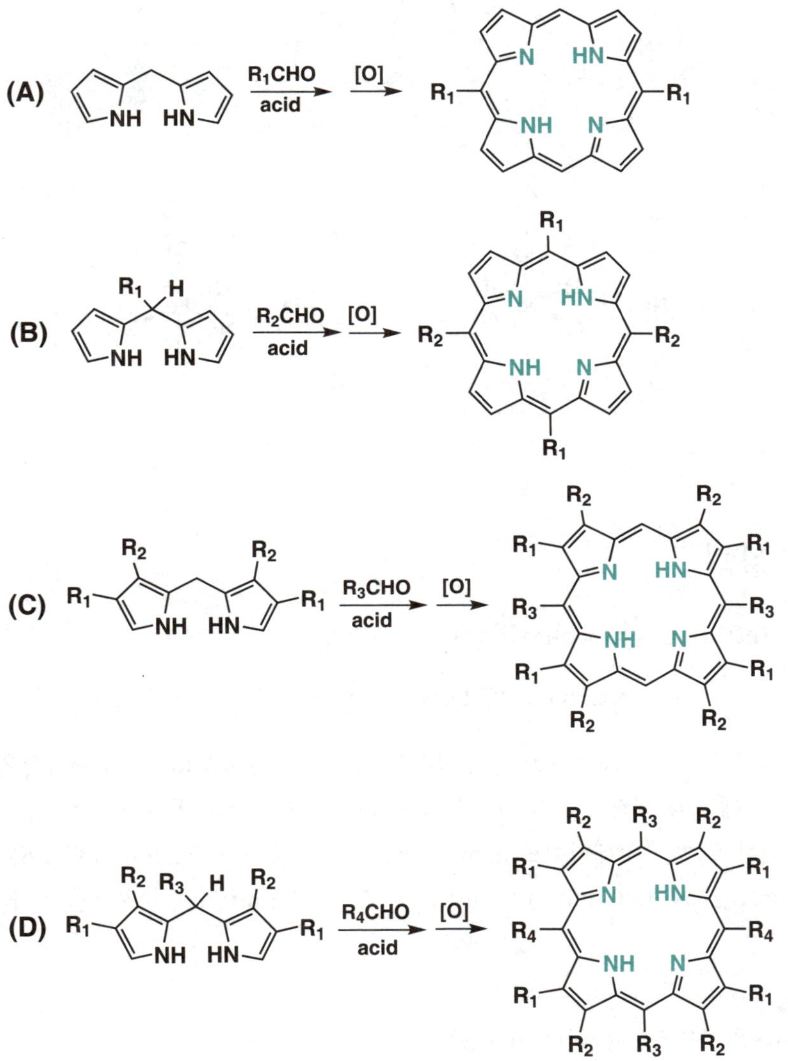

◀ Dipyrrolylmethane과 알데하이드의 반응으로 *trans*-포피린의 합성 방법

금속−포피린 착화합물의 합성

포피린 고리 안의 N에 결합된 수소 2개는 용액 중에서 산성을 띤다. 따라서 용액에서 수소 2개가 양성자로 해리되고, 포피린은 −2가 음이온이 된다. 포피린 음이온은 금속 이온과 착화합물을 아주 쉽게 형성하여 금속 포피린을 형성한다. 지금까지 거의 모든 금속 이온의 포피린 착화합물이 생성되었다. 포피린의 고리 내부에 존재하는 N 원자 4개가 주개 원자이며, 금속 이온은 N 원자 4개와 배위하여 4-배위 사각-

평면 구조를 형성한다. 따라서 금속 포피린의 중심 금속은 추가되는 리간드에 의해 5-배위 또는 6-배위 구조를 형성하려는 경향을 갖고 있다.

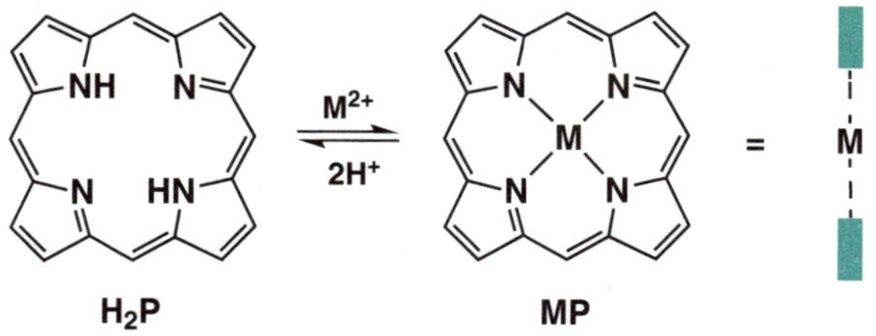

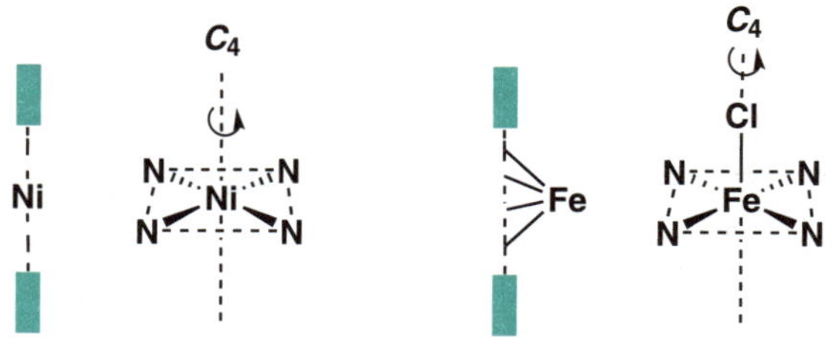

금속 포피린에서 배위 형태 ▶

2 실험

2.1 Tetraphenylporphyrin (H_2TPP)의 합성

$$4C_6H_5CHO + 4C_4H_5N + 3O_2 \rightarrow C_{44}H_{30}N_4 + 7H_2O$$

100 mL 둥근 바닥 플라스크에 프로피온산(propionic acid) 40 mL와 끓임쪽을 넣고, 플라스크에 환류 냉각기를 장착한 후, 끓을 때까지 가열한다. 가열판을 치우고 냉각기를 분리한 후, 벤즈알데하이드(benzaldehyde, C_6H_5CHO, 15.75 mmol) 1.65 mL와 pyrrole(C_4H_5N, 15.0 mmol) 1.0 mL를 프로피온산 5 mL에 녹인 용액을 플라스크에 넣는다.

> ⚠ Pyrrole은 사용 직전에 증류하여 사용한다.

다시 환류 냉각기를 장착한 후, 반응 혼합물을 30분 동안 환류시킨다. 환류를 멈춘 후, 플라스크를 실온으로 냉각한다. 짙은 갈색의 혼합물을 여과한 후, 끈적끈적한 타르 형태의 불순물을 제거하기 위하여 메탄올 20 mL로 3회 세척한다.

생성물을 뜨거운 CH_2Cl_2 40 mL로 추출한 후, 20 mL로 1회 더 추출한다. 추출물을 모아 뜨거운 상태에서 여과한다.

> ⚠ CH_2Cl_2는 큰 비커에 담아 후드에서 가열판을 이용하여 가열하여 사용한다.

여과액을 100 mL 둥근 바닥 플라스크에 옮긴 후, 메탄올 30 mL를 첨가한다. 회전 감압 증발기를 이용하여~25 mL 정도로 농축한다. 짙은 용액 속에서 형성되는 결정을 손전등 불빛으로 확인한다. 혼합물을 소결 유리 거르개를 이용하여 여과한다. 과량의 메탄올로 생성물을 세척하고, 공기 중에서 건조한다. 수득률을 계산하고, 톨루엔을 용매로 UV-vis 스펙트럼을 얻는다. 시료 10～15 mg를 $CDCl_3$에 녹인 후, TMS를 기준으로 +12～−5 ppm 범위에서 ^1H NMR 스펙트럼을 찍는다. D_2O 2～3 방울을 첨가하고 30초 동안 잘 흔들어 준 후, NMR 스펙트럼을 찍은 후, 사라진 피크를 확인한다.

생성물의 순도를 확인하기 위하여, 생성물 소량을 톨루엔에 녹인 후, 모세관을 이용하여 TLC 판에 점을 만든다. TLC 전개병에서 톨루엔을 전개 용매로 사용하여 전개한다.

2.2 Tetraphenylporphyrin copper(II) (CuTPP)의 합성

$$Cu(O_2CCH_3)_2 \cdot H_2O + C_{44}H_{30}N_4 \rightarrow CuC_{44}H_{28}N_4 + 2CH_3COOH + H_2O$$

250 mL 둥근 바닥 플라스크에 다이메틸포름아마이드(dimethyl formamide, DMF) 75 mL, 자석 젓개, H_2TPP 100～200 mg, 그리고 아세트산 구리(II) 일수화물(cupric acetate monohydrate, $Cu(O_2CCH_3)_2 \cdot H_2O$) 1.2～1.3 당량의 넣은 후, 환류 냉각기를 장착한다. 반응 혼합물을 10분 동안 교반하여 고체를 완전히 녹인 후, 30분 동안 환류한다. 반응 중간에 소량의 혼합물을 모세관으로 취해 TLC 판에 반점을 만든다. 장파장 자외선(UV 램프)으로 조사하였을 때, 포피린의 특성적 형광이 사라지는 것으로 반응의 종결을 알 수 있다. 만약 반응이 완전히 종결되지 않았으면, 소량의 $Cu(O_2CCH_3)_2 \cdot H_2O$를 더 첨가한 후, 10분간 환류시킨다. 혼합물을 실온으로 냉각시킨 후, 얼음 수조로 10～15분 동안 냉각시킨다. 증류수 75 mL를 첨가하면, 침전이 일어난다. 다시 얼음 수조로 냉각한 후, 소결 유리 거르개를 이용하여 침전물을 여과한다. 여과액이 맑을 때까지 증류수로 세척한다. 소량의 메탄올로 세척한 후 건조한다.

적갈색의 생성물을 정제하기 위하여 관 크로마토그래피를 수행한다. 지름 30 mm 관에 중성 알루미나를 25 cm 높이로 채운다. 알루미나를 다시 CH_2Cl_2가 들어 있는 비커에 쏟은 후, 유리 막대로 잘 저어준다. 관에 10 cm 정도 CH_2Cl_2를 채우고, 알루미나 곤죽(slurry)을 천천히 부어 관 속에 알루미나를 충진시킨다. CH_2Cl_2를 유출시켜 알루미나보다 2 cm 정도 더 높게 한 후, 모래를 1 cm 정도 조심스럽게 채운다. 마지막으로 솜을 0.5 cm 정도 채운다. 포피린−구리 착화합물 약 100 mg을 CH_2Cl_2 50 mL에 녹인다. 이 용액을 조심스럽게 관에 붓는다. 용액이 솜에 도달할 때까지 용액을 유출한다. 방울방울 유출하면서 CH_2Cl_2를 계속해서 공급한다.

> ⚠
> 용액이 빠져나가기 전에 CH_2Cl_2를 첨가하면 전개 용액이 포피린으로 오염되어 긴 꼬리 띠를 형성한다. 만약 용액이 너무 많이 빠져나가면, 관의 충진 상태가 좋지 않아 분리가 잘 안 된다.

녹지 않는 불순물이 맨 위에 그대로 남아 있고, 모래 밑으로 얇은 띠가 형성되어 아래로 천천히 이동한다. 이 띠는 H_2TPP와 CuTPP의 혼합물이다. CuTPP가 붉은 색 띠를 형성하며 더 빨리 관 아래로 이동한다. 이 띠로부터 유출되는 용액을 모은다. 이어서 H_2TPP 띠가 뒤따르며, 이 띠가 관의 아래로부터 3~4 cm 위치할 때가지 CuTPP 유출액을 모은다. CuTPP 용액을 50 mL 정도로 농축한 후, 메탄올 30 mL 정도를 첨가하여 생성물을 침전시킨다. 소결 유리 거르개로 침전물을 여과한 후, 소량의 메탄올로 세척하고, 건조한다. 톨루엔을 용매로 사용하여 CuTPP의 UV-vis 스펙트럼을 찍는다. 시료 10~15 mg을 $CDCl_3$에 녹인 후, TMS를 기준으로 +12~−5 ppm 범위의 ^1H NMR 스펙트럼을 찍는다.

2.3 Tetraphenylporphyrin Zinc(II) (ZnTPP)의 합성

$$Zn(O_2CCH_3)_2 \cdot 2H_2O + C_{44}H_{30}N_4 \rightarrow ZnC_{44}H_{28}N_4 + 2CH_3COOH + 2H_2O$$

250 mL 둥근 바닥 플라스크에 DMF 75 mL, 자석 젓개, H_2TPP 700 mg, 그리고 아세트산 아연(II) 이수화물(zinc acetate dihydrate, $Zn(O_2CCH_3)_2 \cdot 2H_2O$) 1.2~1.3 당량(450 mg)을 넣은 후, 환류 냉각기를 장착한다. 10분 동안 교반하여 고체를 완전히 녹인 후, 30분 동안 환류한다. 혼합물을 실온으로 냉각시킨 후, 얼음 수조로 10~15분 동안 냉각시킨다. 증류수 75 mL를 첨가하면, 침전이 일어난다. 다시 얼음 수조로 냉각한 후, 소결 유리 거르개로 침전물을 여과한다. 여과액이 맑을 때까지 증류수로 세척한다. 소량의 메탄올로 세척한 뒤 건조한다. CuTPP에 대해서 수행했던 방법과 동일하게, 관 크로마토그래피를 이용하여 ZnTPP만을 분리한 후, 결정화시켜 고체를 얻는다. 톨루엔을 용매로 하여 ZnTPP의 UV-vis 스펙트럼을 찍는다. 10~15 mg의 시료를 $CDCl_3$에 녹인 후, TMS를 기준으로 +12~−5 ppm 범위의 ^1H NMR 스펙트럼을 찍는다.

3 결과 및 토의

3.1 Conjugated π-system과 방향족성

포피린의 분자 구조에 대하여 다음 그림과 같이 3가지 유형의 **π-짝지음** 형태를 그릴 수 있다. 금속과 결합하지 않은 18-원자 포피린 고리는 총 18개(4 × 4 + 2)의 짝지은 π-전자를 가지고 있어서 **방향족성**(aromaticity)을 갖는다.

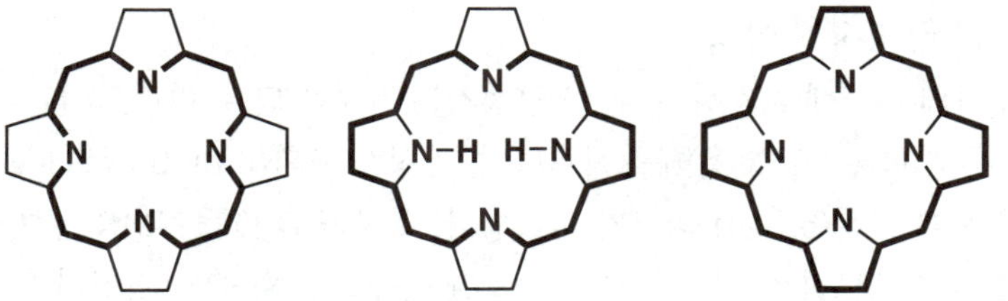

◀ π-짝지음의 형태. 굵은 선으로 표시됨

UV-vis 스펙트럼

π-짝지음을 갖고 있는 포피린은 진한 색깔을 나타내며, UV-vis 영역에서 강한 흡수 띠를 나타낸다(Soret 띠: 370~430 nm; Q 띠: 450~700 nm).

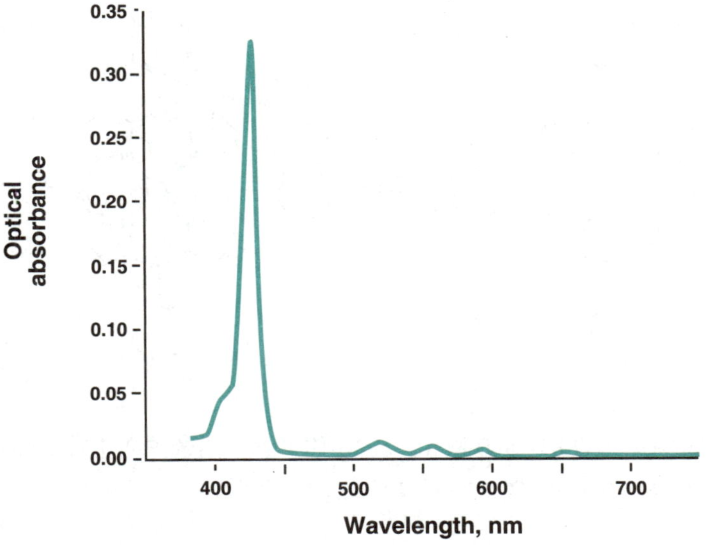

◀ H_2TPP의 UV-vis 스펙트럼

고리 전류와 내부 N−H 양성자의 가림(screening)

외부 자기장이 가해지면, 포피린 분자의 비편재화된 π-전자들이 회전하여 고리 전류를 발생한다. **고리 바깥쪽에 있는 pyrrole 고리의 C−H 양성자의 화학적 이동 값은 낮은 장 쪽으로 이동하며, 고리 내부에 존재하는 pyrrole의 N−H 양성자의 화학적 이동 값은 높은 장 쪽으로 이동한다.** 아래 그림에 H_2TPP의 400 MHz ^1H NMR 스펙트럼이 제시되어 있다.

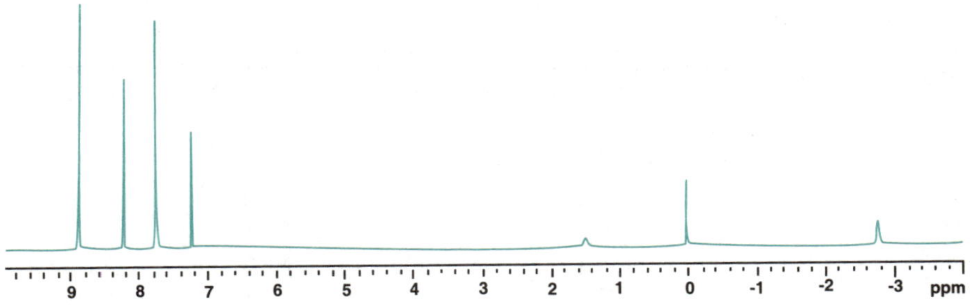

◀ H_2TPP의 400 MHz ^1H NMR 스펙트럼. 용매 $CDCl_3$

3.2 N−H 양성자의 산성

포피린 분자의 내부에 존재하는 N−H 양성자는 산성을 띤다. 따라서 ^{1}H NMR 분석을 할 때 수분-함유 NMR 용매를 사용하면, 양성자-교환(proton exchange) 반응이 일어나서 폭이 넓은(broad) 피크가 나타난다. 소량의 D_2O를 NMR 튜브에 첨가하고 ^{1}H NMR 스펙트럼을 찍으면, 양성자-교환 반응으로 N−D가 형성되기 때문에 이 피크가 사라진다.

3.3 금속−포피린 합성

포피린 분자 내부의 N−H 수소가 양성자로 해리되어 형성되는 −2가 음이온은 좋은 리간드이기 때문에, 전이-금속 이온과 반응하여 금속−포피린을 수월하게 형성한다.

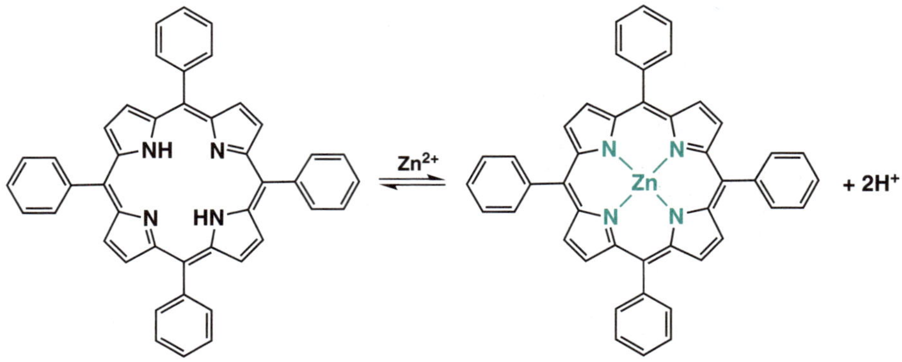

아래 그림은 ZnTPP의 400 MHz ^{1}H NMR 스펙트럼을 보여준다. −2.75 ppm에 나타났던 N−H 양성자의 피크가 사라졌음을 알 수 있다.

ZnTPP의 400 MHz ^{1}H NMR 스펙트럼. 용매 $CDCl_3$ ▶

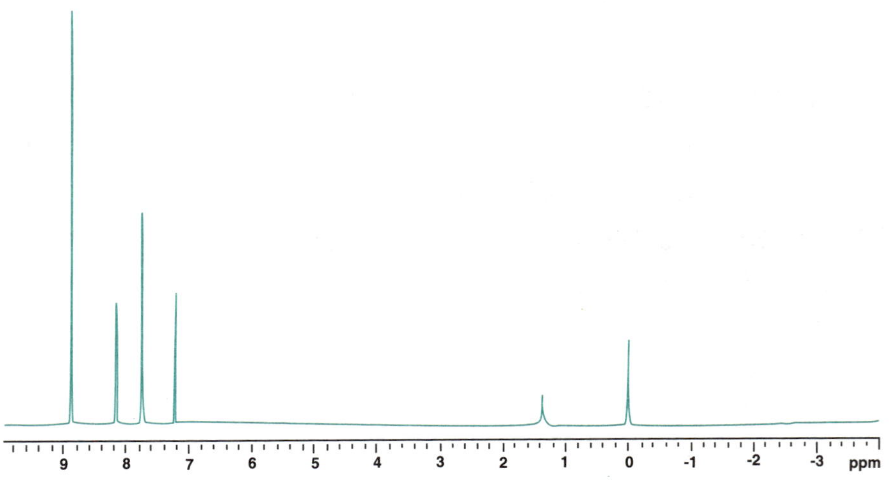

3.4 실험에 관련된 질문

- 벤즈알데하이드와 pyrrole의 축합 반응으로 거대-고리 포피린이 형성되는 과정의 메커니즘을 제시하라.
- 용매로 사용한 프로피온산의 또 다른 역할은 무엇인가?
- 포피린 고리 내부에 존재하는 N–H의 양성자-자리-이동 이성질화(tautomerism) 현상에 대하여 기술하라.
- 포피린 고리 내부의 N–H의 양성자-교환 반응에 대하여 기술하라.
- 금속 포피린을 합성할 때, 금속 이온의 할로젠화염보다는 약한 유기산염을 주로 사용한다. 그 이유는 무엇인가?
- +2 양이온 대신 +3 양이온이 도입될 때, 금속 포피린의 배위 환경에 대하여 기술하라.

참고문헌

1. Alder, A. D.; Longo, F. R.; Finarelli, J. D. *J. Org. Chem.* **1967**, *32*, 476.

2. Badger, G. M.; Jones, R. A.; Laslett, R. L. *Aust. J. Chem.* **1964**, *17*, 1028.

3. Adler, A. D.; Longo, F. R.; Varadi, V. *Inorg. Synth.* **1976**, *16*, 213.

4. Shelnutt, J. A.; Song, X.–Z.; Ma, J.–G.; Jia, S.–L.; Jentzen, W.; Medforth, C. *J. Chem. Soc. Rev.* **1998**, *27*, 31.

5. Smith, K. M. Porphyrins and Metalloporphyrins; 2nd Ed. Am. Elsevier: New York, 1975.

6. Dolphin, D. The Porphyrins; Academic Press, New York, 1978, Vol I~III.

7. Dolphin, D. The Porphyrins; Academic Press, New York, 1979, Vol IV, VI, VII.

8. Fleischer, E. B. *Acc. Chem. Res.* **1970**, *3*, 105.

9. Rothemund, P. *J. Am. Chem. Soc.* **1939**, *61*, 2912.

10. Alder, A. D.; Longo, F. R.; Finarelli, J. D.; Goldmacher, J.; Assour, J.; Korsakoff, L. *J. Org. Chem.* **1967**, *32*, 476.

11. Lindsey, J. S.; Schreiman, I. C.; Hsu, H. C. *Tetrahedron Lett.* **1986**, *27*, 4969.

12. Lindsey, J. S.; Schreiman, I. C.; Hsu, H. C.; Kearney, P. C.; Marguerettaz, A. M. *J. Org. Chem.* **1987**, *52*, 827.

13. Osuka, A.; Nagata, T.; Kobayashi, F.; Maruyama, K. *J. Heterocycl. Chem.* **1990**, *27*, 1657.

14. Lee, C. H.; Lindsey, J. S. *Tetrahedron* **1994**, *50*, 11427.

15. Baerends, E. J.; Ricciardi, G.; Rosa, A.; van Gisbergen, S. *J. A. Coord. Chem. Rev.* **2002**, 230.

16. Richardson, T. H.; Dooling, C. M.; Jones, L. T.; Brook, R. A. *Adv. Colloid Interf. Sci.* **2005**, 116, 81.

실험 24

시스플라틴 및 트랜스플라틴의 합성

이 실험에서 학생들은 항암제로 알려진 **시스플라틴**을 합성하고 규명한다. 아울러, 시스플라틴의 기하 이성질체인 **트랜스플라틴**을 합성하고 규명하여, 두 구조 이성질체의 특성을 비교하는 것도 시도된다.

1 들어가며

백금(II) 착화합물들은 항암제로 널리 연구되어 왔다. 이것들 중에서 1969년 미시간 주립대학교의 Rosenberg가 발견한 *cis*-diamminedichloroplatinum(II) *cis*-[$PtCl_2(NH_3)_2$]가 대표적인 화합물이다. 이 착화합물은 관용명 **시스플라틴**(cisplatin)을 갖고, 시스 배향의 클로로(Cl) 리간드 2개와 암민(NH_3) 리간드 2개를 함유한 백금 화합물이다.

▲ Diamminedichloroplatinum(II) 착화합물의 2가지 이성질체. 시스 형태(왼쪽)과 트랜스 형태(오른쪽)

시스플라틴은 특히 고환 종양에 효과를 갖고 있으며, 주로 빈블라스틴과 함께 사용되기도 한다. 시스플라틴이 독소루비신과 함께 사용되면, 난소, 방광, 머리, 목의 종양에 효과가 있다. 시스플라틴의 항암 효과에 대한 임상 실험이 성공한 1960년대 이후, 많은 백금 유도체의 합성과 항암 효과에 대한 연구가 활발하게 진행되었다. 이처럼 시스플라틴은 많은 암에 뛰어난 항암제이지만 불행히도 신장에 심각한 손상을 입히는 등의 여러 가지 부작용을 나타낸다. 따라서 다양한 유도체가 합성되었다.

시스플라틴은 DNA의 배열 변화를 일으켜 암 세포의 재생 능력을 억제하는 방식으로 항암 작용을 한다. 암 세포는 세포 분열을 억제하지 못하기 때문에, 세포 증식이 계속적으로 일어난다. 반면에, 시스플라틴은 세포 분열을 억제하기 때문에, 암 세포의 증식을 막아 암이 더 이상 진행되지 못하게 막을 수 있다. 어떤 경우에는, 시스플라틴이 암 세포의 증식을 저지하는 것뿐만 아니라, 이미 존재하고 있는 암 세포의 크기까지 감소시킨다.

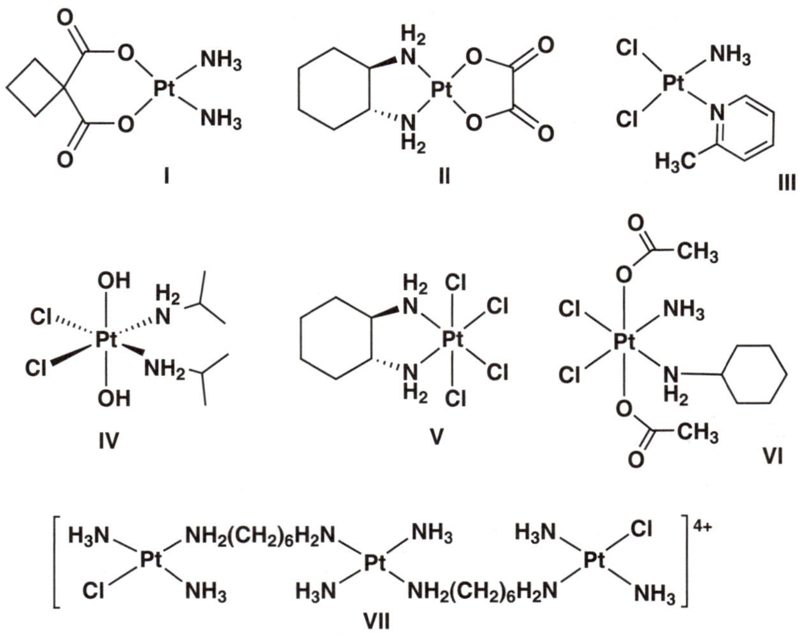

▲ 몇 가지 백금 화합물의 구조. I = carboplatin, II = oxaliplatin, III = AMD473, IV = iproplatin, V = tetraplatin, VI = JM216, VII = BBR 3464

시스플라틴은 유전 암호를 내포한 DNA와 킬레이트 고리를 형성하여 암 세포 증식을 억제한다. 시스플라틴이 세포 분열 과정에 첨가되면, 시스플라틴의 두 개의 Cl 리간드가 DNA에서 같은 줄에 인접한 두 염기 구아닌(guanine)의 질소 원자로 치환되면서 시스플라틴과 DNA가 킬레이트를 형성한다. DNA의 구조적 특성상(이중 나선 구조), 시스플라틴과 결합한 자리는 구부러진 모양을 하게 되며, 이러한 구조적 뒤틀림이 DNA의 복제를 억제한다. 시스플라틴의 두 Cl 리간드가 같은 쪽에 있어야, 즉 시스 배향을 해야 Pt와 DNA가 결합을 할 수 있기 때문에 시스플라틴의 트랜스 이성질체는 항암 효과를 나타내지 못한다.

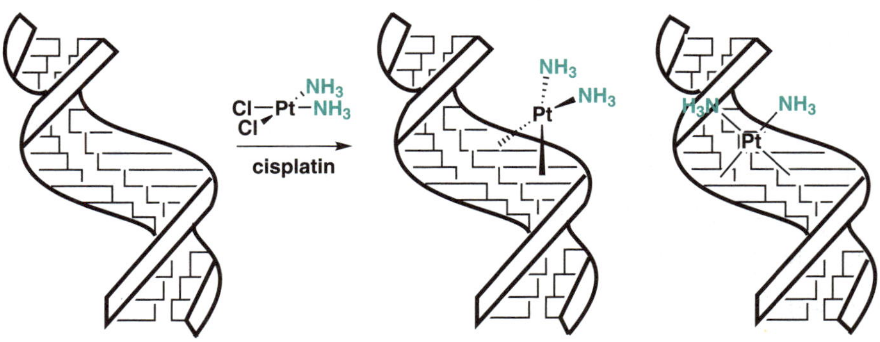

시스플라틴과 DNA의 킬레이트 형성 및 효과 ▶

시스플라틴 같은 사각-평면 착화합물의 합성에서 **트랜스 효과**(trans effect)가 매우 중요한 인자로 작용한다. 트랜스 효과는 1926년 Chernyaev에 의해 도입된 개념이며, 이탈기의 트랜스 위치에 있는 트랜스 리간드가 이탈기의 바닥 상태와 전이 상태에 영향을 끼쳐서 이탈기의 치환 속도에 영향을 주는 효과다. 트랜스 리간드는 배위 화합물의 바닥-상태 열역학 성질(특히, 결합 길이와 안정성)에 영향을 줄 수 있다. 화학자들은 이와 같은 효과를 **트랜스 영향**(trans influence)이라고 부른다. 리간드의 트랜스 효과의 크기 순서가 실험적으로 다음과 같이 결정되었다.

CO, CN^-, NO, C_2H_4 > PR_3, H^- > CH_3^-, $SC(NH_2)_2$ > $C_6H_5^-$, NO_2^-, I^-, SCN^- > Br^-, Cl^- > py, NH_3, OH^-, H_2O

따라서 연구자가 이성질체 한 개만을 순수하게 얻기 위해서는, 적합한 합성 전략을 짜야 한다. 출발 물질 $[PtCl_4]^{2-}$에 암모니아 분자를 연속해서 반응시키면, *cis*-$[PtCl_2(NH_3)_2]$ 이성질체만 생성되고, *trans*-$[PtCl_2(NH_3)_2]$는 생성되지 않는다. 반면에, 출발 물질 $[Pt(NH_3)_4]^{2+}$에 Cl^- 이온을 연속해서 반응시키면, *trans*-$[PtCl_2(NH_3)_2]$ 이성질체만 생성되고, *cis*-$[PtCl_2(NH_3)_2]$는 생성되지 않는다. 이와 같은 입체 특이성(stereospecific) 반응은 매우 중요하다.

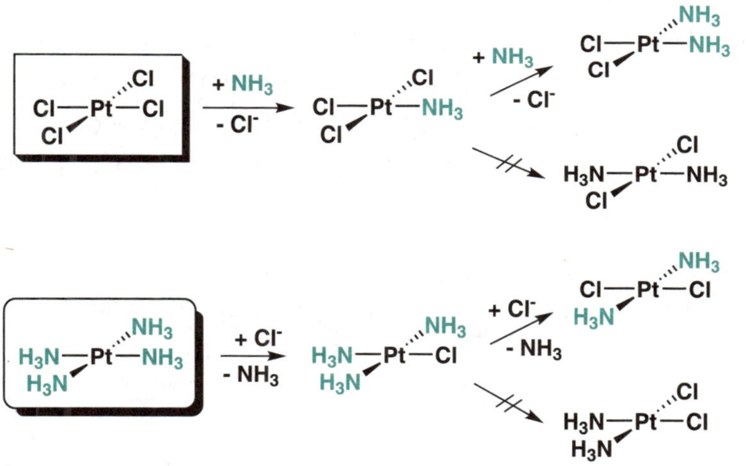

▲ 백금 화합물의 치환 반응에서 나타나는 트랜스 효과. 간결함을 위하여 각 착화합물의 전하는 나타내지 않았음

시스플라틴의 합성

우선, 출발 물질 $[PtCl_4]^{2-}$에 과량의 KI를 처리하여 $[PtI_4]^{2-}$를 형성한다. $[PtI_4]^{2-}$와 암모니아 분자 1개가 반응하면, I^- 리간드 4개 중에서 어느 것이 치환되더라도 동등한 $[PtI_3(NH_3)]^-$이 형성된다. 둘째 암모니아는 첫째 암모니아의 *cis*-위치에 있는 I^- 리간드 2개 중 하나를 치환하여 중성 화합물 *cis*-$[PtI_2(NH_3)_2]$를 형성한다. *cis*-$[PtI_2(NH_3)_2]$는 Ag^+ 이온($AgNO_3$ 또는 Ag_2SO_4 사용)과 반응하여 중간체 *cis*-$[Pt(H_2O)_2(NH_3)_2]^{2+}$를 형성한다. 과량의 KCl과 *cis*-$[Pt(H_2O)_2(NH_3)_2]^{2+}$가 반응하면, *cis*-$[PtCl_2(NH_3)_2]^{2+}$가 생성된다.

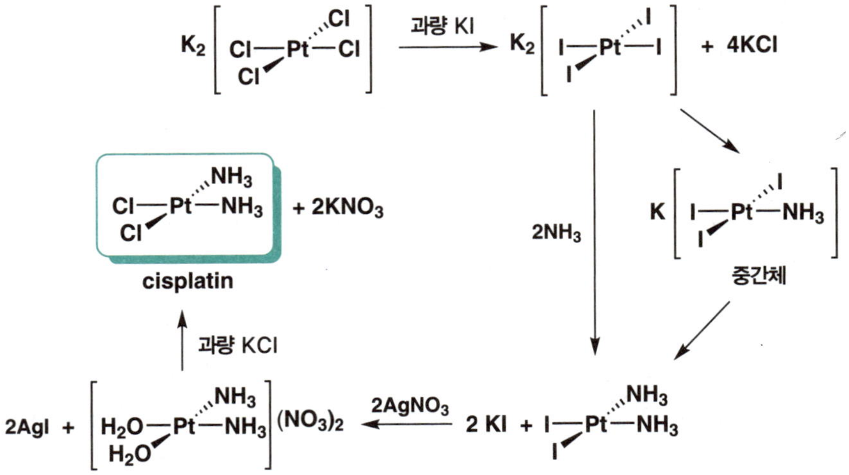

트랜스플라틴의 합성

출발 물질 $[PtCl_4]^{2-}$이 화학량적 양만큼의 암모니아로 처리되면 $[Pt(NH_3)_4]^{2+}$가 형성된다. $[Pt(NH_3)_4]^{2+}$와 Cl^- 이온 1개가 반응하면, 암모니아 리간드 4개 중에서 어느 것이 치환되더라도 동등한 $[PtCl(NH_3)_3]^+$이 형성된다. 둘째 Cl^- 이온은 첫째 Cl^- 이온의 *trans*-위치에 있는 암모니아 리간드 2개 중 하나를 치환하여 중성 화합물 *trans*-$[PtCl_2(NH_3)_2]$를 생성한다.

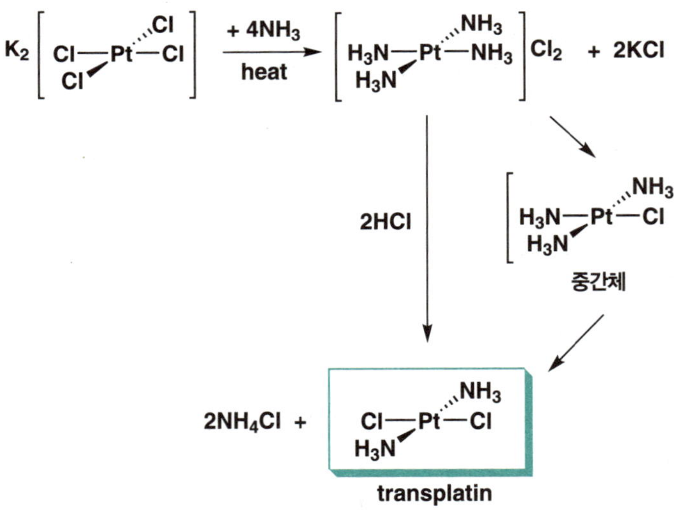

Kurnakow 시험법

Kurnakow 시험법으로 시스플라틴과 트랜스플라틴을 구별할 수 있다. 시스플라틴은 thiourea(Th) 분자 4개와 반응하여 짙은 노란색 $[Pt(Th)_4]^{2+}$ 용액을 만든다. 반면에, 트랜스플라틴은 thiourea 분자 2개와 반응하여 $[Pt(Th)_2(NH_3)_2]^{2+}$의 염화염인 흰색 침전을 생성한다.

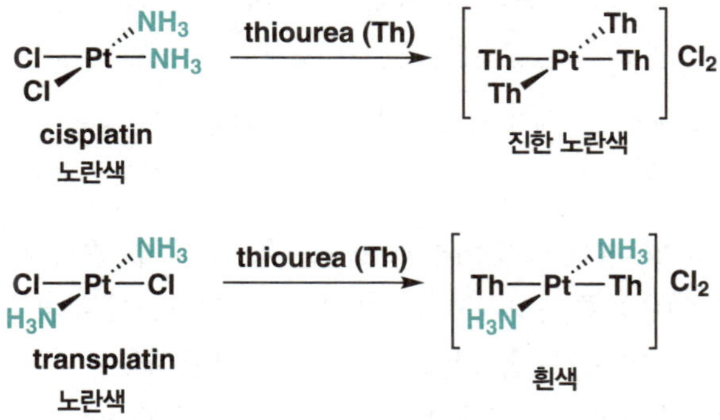

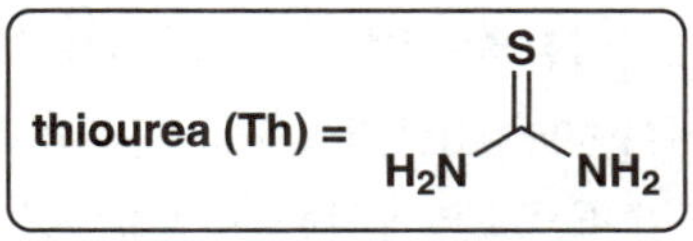

2 실험

2.1 *cis*-Diamminediiodoplatinum(II)의 합성

10 mL 비커에 자석 젓개를 넣고, potassium tetrachloroplatinate(K_2PtCl_4) 125 mg을 넣는다. 이 비커에 마이크로피펫(미세 피펫, micropipette)으로 증류수 200 μL를 넣고, 혼합물을 교반하면서 기름 중탕으로 40℃까지 가열한다. KI 300 mg을 따뜻한 증류수 500 μL에 녹인 용액을 결과 혼합물에 넣어준다. 용액의 색깔이 적갈색으로부터 암갈색으로 변한다. 혼합물을 교반하면서 기름 중탕으로 70℃까지 가열한다.

> 70℃ 이상으로 가열하면 안 된다. 70℃가 되면, 혼합물을 중탕에서 꺼내어 실온으로 냉각한다.

혼합물을 여과하여 고체 불순물을 제거한다. 소량의 증류수로 반응 비커를 헹군 후, 여과기를 세척하여 손실을 최소화한다. 여과액을 교반하면서 2.0 M NH_3 용액 500 μL를 마이크로피펫으로 방울방울 떨어뜨린다. 암모니아수가 떨어지면서 곧바로 노란색 *cis*-diamminediiodoplatinum(II) 결정이 침전된다. 상층 용액이 여전히 짙은 노란색이면, 암모니아 몇 방울을 떨어뜨려 침전 반응을 완결한다. 혼합물을 실온에서 20분간 방치한 후, 형성된 노란색 결정을 여과한다. 차가운 에탄올 500 μL로 생성물을 세척하고, 에테르 1 mL로 세척한다. 공기 중에서 건조한 후, 수득량 백분율을 계산한다. 생성물의 IR 스펙트럼을 얻는다.

2.2 *cis*-Diamminedichloroplatinum(II), cisplatin의 합성

25 mL 비커에 자석 젓개, silver sulfate(Ag_2SO_4) 63 mg, 증류수 10 mL를 차례로 넣는다. 이에 2.1에서 합성한 *cis*-diiodo 유도체 100 mg을 조금씩 천천히 넣는다.

> ⚠ 용액 표면에 *cis*-diiodo 유도체가 떠 있으면, 시약 주걱(spatula)으로 강하게 저어서 고체 부유물들이 잘 젖도록 한다.

현탁액을 가열하여 70~80℃에서 10분 정도 반응시킨다. 혼합물을 여과하여 침전된 AgI를 제거한다. 여과액을 기름 중탕에서 교반하면서 가열하여 용액 부피를 약 ~2mL로 줄인다. 이 용액에 KCl 30 mg을 첨가한다. 기름 중탕에서 용액을 가열하여 70~80℃에서 3분 정도 반응시킨다. 선명한 노란색의 *cis*-diamminedichloroplatinum(II)이 석출된다. 5~8분 정도 추가적으로 가열한 후, 혼합물을 0℃ 얼음 수조에서 냉각한다. 생성된 결정을 여과한 뒤, 차가운 에탄올 500 μL로 생성물을 세척하고, 에테르 1 mL로 세척한다. 공기 중에서 건조한 후, 수득량 백분율을 계산한다. 생성물의 IR 스펙트럼을 얻는다.

2.3 *trans*-Diamminedichloroplatinum(II), transplatin의 합성

10 mL 비커에 자석 젓개, K_2PtCl_4 42 mg, 진한 HCl 25 μL를 물 750 μL에 녹인 용액을 차례로 넣는다. 고체가 완전히 녹으면 기름 중탕으로 살짝 끓을 정도로 용액을 교반하면서 가열한다. 끓는 용액에 진한 암모니아수 80 μL를 천천히 첨가한다. 이때 용액은 엷은 노란색이다.

> ⚠ 암모니아수를 지나치게 많이 첨가하면 초록색 $[Pt(NH_3)_4][PtCl_4]$가 형성된다.

초록색 침전이 형성되면 혼합물을 여과한 후, 여과액을 거의 증발시킨 후, 실온으로 냉각한 후 6 M HCl 4 mL를 첨가한다. 혼합물의 용매를 다시 증발시켜 전체 부피가 200~400 μL가 되게 한 후, 얼음 수조에서 냉각한다. 엷은 노란색의 트랜스 이성질체가 분리된다. 생성된 결정을 여과하여 공기 중에서 건조한 후, 수득량 백분율을 계산한다. 생성물의 IR 스펙트럼을 얻는다.

2.4 Kurnakow test

2개의 시험관에 각각 최소량의 시스플라틴과 트랜스플라틴을 넣는다. 몇 mg 정도면 충분하다. 각 시험관에 최소량의 증류수를 넣어 결정을 완전히 녹인다. 각 용액의 색깔을 기록한 후, 각 시험관에 포화 thiourea 용액 3~5 방울을 떨어뜨리고 흔들면서 기름 중탕에서 데운다. 5분 안에 색깔 변화가 없으면, thiourea 용액 몇 방울을 더 떨어뜨린다. 각 시험관에서 관찰된 색깔 변화를 기록한다.

> ⚠ 백금과 관련된 폐기물을 따로 모은다.

3 결과 및 토의

3.1 실험에 관련된 질문

- 시스 및 트랜스 이성질체의 합성에 서로 다른 경로를 사용하였다. 트랜스 효과를 기반으로 이에 관하여 설명하라.
- 시스 이성질체의 합성 과정에서 *cis*-$[PtI_2(NH_3)_2]$, *cis*-$[Pt(H_2O)_2(NH_3)_2]$, *cis*-$[PtCl_2(NH_3)_2]$에 이르기까지 기하 구조가 유지되었다. 이 현상을 설명하라.
- 이 실험에서 합성한 Pt(II) 이온을 포함하는 착화합물은 모두 사각-평면 구조를 갖고 있다. 그 이유를 설명하라.
- 출발 물질로 사용한 $[PtCl_4]^{2-}$의 *d*-전자에 대한 MO 에너지 도표를 그리고 전자 배치를 기술하라.
- Kurnakow 시험의 색깔 변화를 기록하고, 그에 대하여 설명하라.
- 시스플라틴의 항암 효과 메커니즘에 대하여 설명하라.

3.2 스펙트럼의 해석

각 화합물에서 얻어진 IR 스펙트럼의 각 피크를 해석하고, 세 화합물의 IR 스펙트럼의 유사점과 차이점을 설명하라.

참고문헌

1. Singh, M. M.; Szafran, Z.; Pike, R. M. *J. Chem. Educ.* **1990**, *67*, A261.
2. Szafran, Z.; Pike, R. M.; Singh, M. M. Microscale Inorganic Chemistry, Wiley, New York, 1991, p. 176.
3. Alderden, R. A.; Hall, M. D.; Hambley, T. W. *J. Chem. Educ.* **2006**, *83*, 728.
4. Wang, D.; Lippard, S. J. *Nat. Rev. Drug Discovery* **2005**, *4*, 307.
5. Dhara, S. C. *Indian J. Chem.* **1970**, *8*, 193.
6. Kauffman, G. B.; Cowan, D. O. *Inorg. Synth.* **1963**, *7*, 239.

무기 고분자/세라믹

실험 25

솔–젤 반응을 이용한 실리카 젤 합성

이 실험에서 학생들은 실리콘 알콕사이드 화합물과 물을 반응시켜 실리카 젤을 합성하고, 물의 양에 따른 젤-형성 반응 속도를 측정하고, 산과 염기 존재 하의 촉매 반응의 메커니즘을 이해한다. 학생들은 또한 합성한 실리카 젤을 열처리하여 제로젤(xerogel)을 합성하고, 수득율을 계산한다.

1 들어가며

솔–젤(sol–gel) 합성은 솔과 용액 사이의 상전이(phase transition)이며, 공업적으로 매우 유용한 화학 반응이다. 이 상전이에서 용액이 굳어져서 다공성 물질이 된다. 가장 흔히 사용되는 솔–젤 반응은 사에틸오쏘실리케이트(tetraethylorthosilicate, TEOS, $Si(OC_2H_5)_4$), 에탄올, 그리고 물이 포함된 반응이다. 출발 물질은 TEOS를 함유하고 상(phase) 하나로 이루어진 용액이다. 반응이 진행되면, 고체 실리카(SiO_2)가 용매로 채워진 기공(pore)으로 이루어진 두 개의 상을 함유한 생성물이 만들어진다. 솔은 콜로이드 입자가 액체에 분산된 것이다. 이때 콜로이드 입자 크기는 1∼100 nm 정도이고 기공 크기는 마이크로미터 이하의 크기이며, 고분자 사슬의 평균 길이는 마이크로미터 이상이다.

실리카 젤은 TEOS와 같은 실리콘 알콕사이드 화합물로부터 솔–젤 고분자 반응으로 만들어지며, 가장 전형적인 솔–젤 반응은 에탄올–물 용액에서 TEOS의 가수분해 반응이다.

$$Si(OC_2H_5)_4 + xH_2O \xrightarrow{EtOH} Si(OC_2H_5)_{4-x}(OH)_x + xC_2H_5OH$$

부분적인 가수분해 반응에서 Si–OH 결합이 생성되며, 화학자들은 이 결합을 “실란올”이라 부른다. TEOS가 완전히 가수분해되면 $Si(OH)_4$가 되어야 한다. 하지만 실란올 결합들 사이에 축합 반응이 일어나서 Si–O–Si 결합을 함유한 “실록세인”이 형성되며 물 분자나 에탄올 분자가 제거된다.

$$\begin{aligned} &Si(OC_2H_5)_{4-x}(OH)_x + Si(OC_2H_5)_{4-x}(OH)_x \\ &\quad \longrightarrow (OH)_{x-1}(OC_2H_5)_{4-x}Si{-}O{-}Si(OC_2H_5)_{4-x}(OH)_{x-1} + H_2O \end{aligned}$$

가수분해와 고분자 축합 반응은 TEOS(에탄올)와 물(에탄올) 용액이 섞일 때 TEOS와 물 사이의 많은 부분에서 동시에 일어난다. 이때 산 또는 염기가 촉매로 작용할 수 있으며, 두 반응 모두 이분자 친핵성 치환 반응으로 진행된다. 산-촉매 반응의 경우, –OR과 –OH의 빠른 양성자-이탈(deprotonation) 반응이 주된 반응이다. 반면에 염기 촉매의 경우, 알칼리 금속의 수산화물이나 암모니아가 염기로 주로 사용되며, OH^- 또는 실란올 음이온이 실리콘을 직접 공격한다.

산-촉매 반응

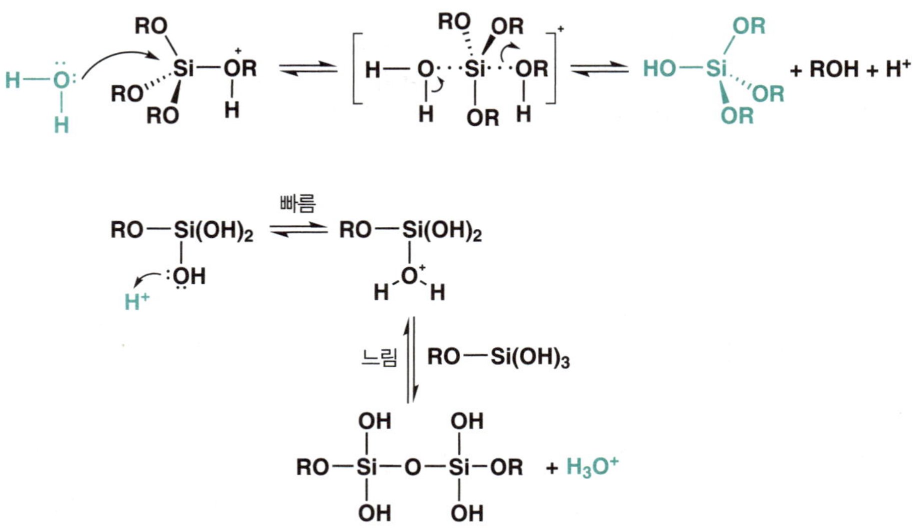

염기-촉매 반응

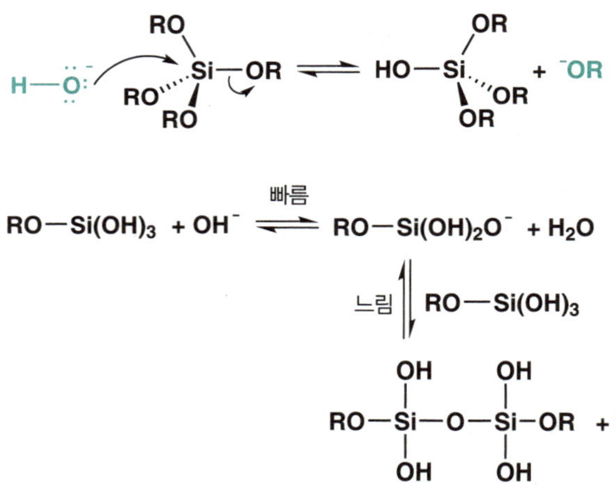

염기-촉매 반응이 산-촉매 반응보다 더 빠르게 젤을 형성시킨다. 산성 조건에서는, 실리카가 가교 결합(crosslink)하여, 분자 사슬이 길어지고 얽혀서 가지들이 형성된다. 반면에 염기성 조건에서는 가지가 많이 생성되어, 젤이 형성될 때 산성 조건과 다른 미세 구조를 갖는다. 형성된 젤을 건조하여 제로젤을 합성하면 산성 조건보다 작은 크기의 입자가 얻어진다.

충분한 Si–O–Si 그물 망(network)이 형성되면, 생성물이 콜로이드 입자 또는 솔로서 거동한다. 3차원적 구조를 어느 정도 갖게 되면, 생성물의 점도(viscosity)가 급격히 커지면서 굳어져 소위 "알코젤(alcogel)"이 형성된다. 알코젤은 고체 형상을 갖고 있고, 더 이상 흐르지 않는다. 솔–젤 상변이 이후에, 통상적인 건조법으로 공동 네트워크에서 용매가 제거되면 **제로겔**(또는 건조겔)이 얻어지고, 초임계 유체(supercritical fluid)를 이용하면 에어로젤(aerogel)이 얻어진다.

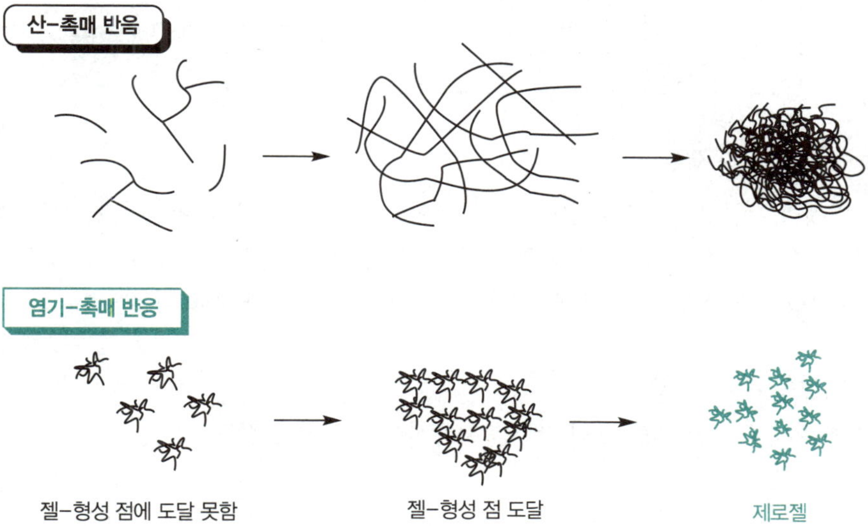

따라서 이 실험은 세 가지 목적을 갖고 있다.

- 솔-젤 반응식의 화학량론
- 촉매에 따른 반응 속도 차별화 실험
- 솔, 젤, 제로젤 합성

위의 실험 목적을 바탕으로, 학생들은 조교의 도움을 받아 아래의 실험들을 수행한다.

- TEOS 가수분해 반응
- 시간별 젤-형성 여부 확인
- 물의 양에 따른 젤-형성 시간 측정
- 질량 측정 및 수득률 계산

2 실험

2.1 솔 합성

배연-흡입 장치(fume hood)에서 TEOS 30 mL를 취하여 플라스크에 담고 에탄올 31 mL를 섞는다. 3차 증류수 38 mL에 진한 HCl(또는 암모니아) 3~4 방울을 넣은 뒤, TEOS 용액에 붓고 잘 저어준다. 온도를 60°C 정도로 맞추고, pH는 3 근처가 되는지, pH 시험지나 pH 미터로 확인한다. 산을 첨가하지 않은 시료도 함께 실험하여 젤 형성을 관찰한다.

실험 과정 ▶

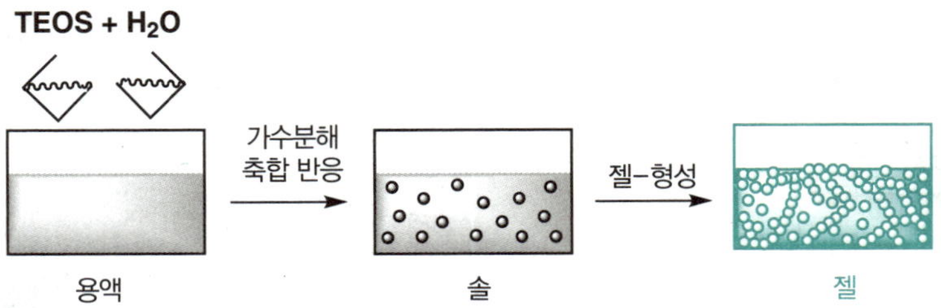

일정한 시간 간격으로 시간에 따른 젤 형성 과정을 육안으로 확인한다. 플라스틱 용기에 담아 밀폐한 시료와 밀폐하지 않은 시료를 각각 건조 오븐에서 말려서 젤 형성의 모양을 관찰한다. 투명도와 질량을 측정하여 건조 전과 후를 비교한다.

2.2 실험 주의 사항

TEOS를 다룰 때는 배연-흡입 장치를 사용하고, 반드시 장갑과 보안경을 착용한다.

3 결과 및 토의

3.1 합성에 관련된 질문

- 사용한 TEOS, 물, 에탄올의 몰 수를 계산하여라.
- 젤을 빠르게 형성할 수 있게 하는 실험 조건은?
- 실험에서 측정한 알코젤과 제로젤의 질량 비를 계산하여라. 에탄올만 제거되었다고 가정하고 예측 값과 비교하여라.
- 반응물의 혼합 방법에 따른 결과를 예측하여라.

참고문헌

1. Berger, P.; Adelman, N. B.; Beckman, K. J.; Campbell, D. J.; Ellis, A. B.; Lisensky, G. C. *J. Chem. Educ.* **1994**, *71*, 599.
2. Brinker, C. J.; Seherer, G. W. "Sol-gel Science"; Academic Press, 1990.
3. Klein, L. C. "Sol-gel Process of Silcates": *Ann. Rev. Mater. Sci.* **1985**, *15*, 227.
4. Hench, L. L; West, J. K. "The Sol-Gel Process", *Chem. Rev.* **1990**, *90*, 33.
5. Wright, J. D.; Sommerdijk, N. A. J. M. "Sol-Gel Materials: Chemistry and Applications" CRC Press, 2000.
6. 정경택, 이동조, 설용건, *화학공학*, **1991**, *29*, 176.
7. Ng, L. V.; McCormick, A. V. *J. Phys. Chem.* **1996**, *100*, 12517.
8. Brinker, C. J. *J. Non-Cryst. Solids* **1988**, *100*, 31.

실험 **26**

폴리실록세인 무기 고분자의 합성

이 실험의 핵심은 고리 및 선형 폴리실록세인(polysiloxane)을 합성하고, 합성된 폴리실록세인의 UV-vis과 IR 스펙트럼을 이용하여 화학 결합의 전자 분포를 보여 주는 것이다. 그러므로 이 실험은 Si–O 화학 결합, 전자 배치, 고분자 합성, 분광학(UV-vis과 IR) 등과 관련되어 있다. 학생들은 이 실험을 통하여 화합물을 합성하고 스펙트럼을 해석하는 기법을 익혀서 자신들의 실험 역량을 높일 수 있을 것으로 기대된다.

1 들어가며

일반적으로 고분자(중합체)는 작은 반복 단위(repeat unit)를 함유한 높은 분자량의 화합물이다. 예를 들면, $-CH_2-CH_2-$의 반복 단위를 함유한 폴리에틸렌(polyethylene), $-CH_2-CHCl-$의 반복 단위를 함유한 염화비닐수지(polyvinyl chloride), $-CH_2-CHPh-$의 반복 단위를 함유한 폴리스타이렌(polystyrene)이 우리 주변에서 흔히 볼 수 있는 고분자들이다. 특히, 이 고분자들은 C, H, N, O만으로 이루어져 있어서 유기 고분자라고 불리며, 이것들 중 염화비닐 수지는 250℃ 이하에서 쉽게 분해되기 때문에 응용에 많은 제한을 받고 있다. 따라서 무기 물질을 이용하여 높은 온도에서도 안정한 고분자를 합성하려는 시도가 많이 진행되었지만, 몇몇 무기 고분자만 제한적으로 사용되고 있다. 지금까지 연구된 무기 고분자들 중에서 **실리콘 고분자**(silicone polymer)가 가장 유용하다. 실리콘 고분자는 아주 우연하게 발견되었지만 실리콘 고분자의 성질의 중요성을 깨닫지 못해 오랫동안 상용화되지 못했다.

실리콘 고분자는 알킬기를 가지고 있는 규소와 산소 원자가 교대로 결합된 사슬 또는 고리 구조를 가진 고분자다. 대표적인 실리콘 고분자 예로 폴리(다이메틸실록세인) (poly(dimethylsiloxane))과 헥사페닐사이클로트라이실록세인(hexaphenylcyclotrisiloxane)을 들 수 있다.

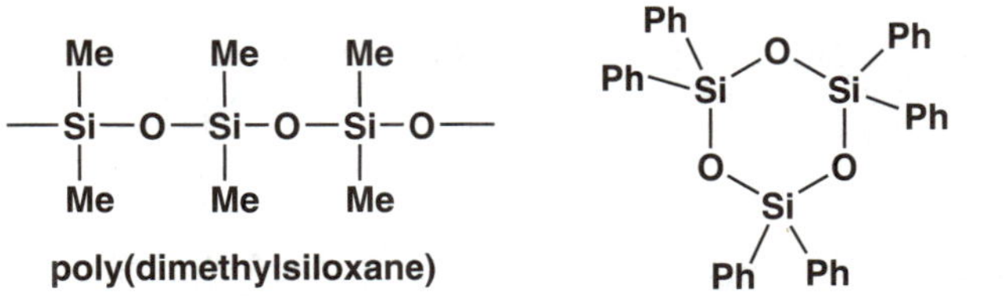

poly(dimethylsiloxane) hexaphenylcyclotrisiloxane

이러한 형태의 실리콘 고분자는 알킬 규소 할로젠화물(alkyl silicon halide) 또는 아릴 규소 할로젠화물(aryl silicon halide)의 선택적 가수분해 반응으로 합성될 수 있다. 하지만, 규소에 치환기를 갖고 있지 않은 사염화 규소(silicon tetrachloride, $SiCl_4$)는 이러한 선택적 가수분해를 통해 거대한 3차원 골격에 규소와 산소 결합을 가진 거대 분자인 실리카(silica)의 수화물을 생성한다고 알려져 있다. 즉, $SiCl_4$의 규소에 결합된 하나 이상의 염소 원자가 알킬기나 아릴기로 치환된 물질만 선택적 가수분해에 적합하고, 모양과 크기가 조절된 고분자의 합성이 용이하다. $SiCl_4$의 규소에 결합된 염소 원자 두 개가 알킬기로 치환된 물질 SiR_2Cl_2의 가수분해는 $R_2Si(OH)_2$ 형태의 실란올(silanol) 화합물을 생성한다. 일반적으로, 페닐기 같이 덩치 큰 치환기를 함유한 다이페닐다이클로로실레인(diphenyldichlorosilane, $SiPh_2Cl_2$)으로부터 생성되는 실란올 화합물을 제외하곤, 거의 대부분의 실란올 화합물이 매우 높은 반응성을 갖고 있기 때문에, 실란올의 합성과 분리가 불가능하다. 따라서 보통의 실란올 화합물은 생성되면 곧바로 응축(condensation) 반응하여 실리콘 고분자로 변환된다.

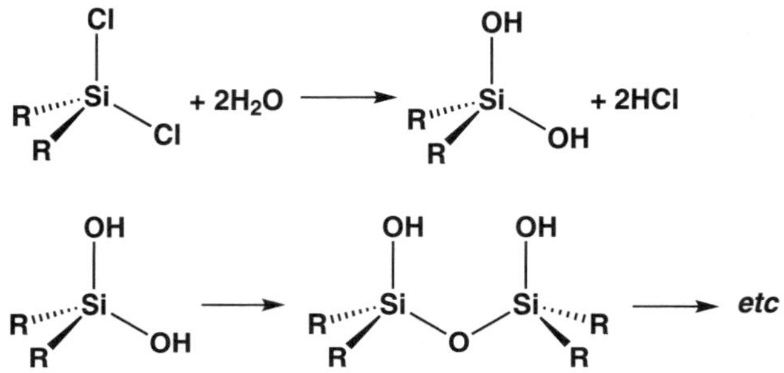

$SiCl_4$의 규소에 결합된 염소 원자 세 개가 알킬기로 치환된 화합물 SiR_3Cl의 가수분해 반응은 이합체(dimer)를 생성한다.

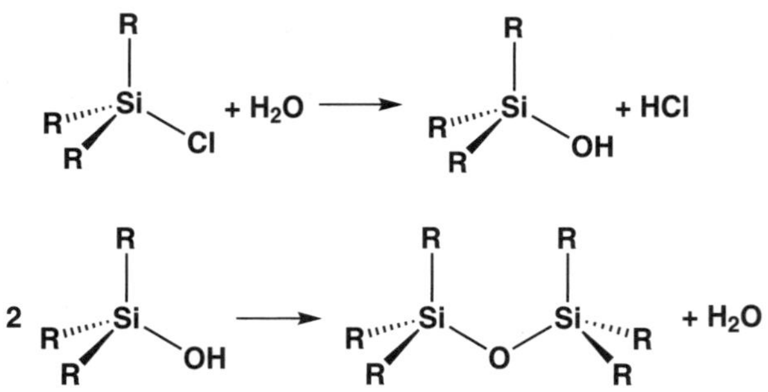

긴 사슬 실리콘 고무(silicone rubber)의 합성에서 가장 중요한 요소는 단량체(monomer)의 순도다. 상업적으로 유용한 실리콘 고무는 적어도 8,000개 이상의 반복 단위를 가지며, 특히 0.05% 정도의 트리메틸클로로실레인(trimethylchlorosilane, $SiMe_3Cl$)을 중합 반응에 첨가하면 사슬 길이를 반으로 줄일 수 있다고 알려져 있다. 즉, $SiMe_3Cl$의 가수분해로부터 생성되는 트리메틸실란올 화합물 $SiMe_3(OH)$는 사슬-전달 과정(chain-transfer reaction)을 유발시켜 진행되고 있는 중합 반응을 효과

적으로 종결시키는 역할을 할 수 있다.

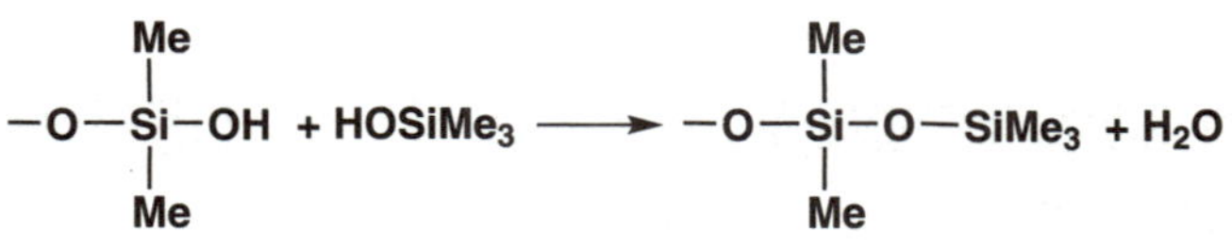

또한, $SiCl_4$의 규소에 결합된 염소 원자 하나가 알킬기로 치환된 메틸트라이클로로실레인(methyltrichlorosilane, $SiMeCl_3$)의 가수분해로부터 생성되는 실란올 화합물을 고분자 사슬에 넣어주면, 선형 실리콘 고분자보다는 다리 결합(cross linking)을 가지는 실리콘 고분자가 더 많이 생성된다.

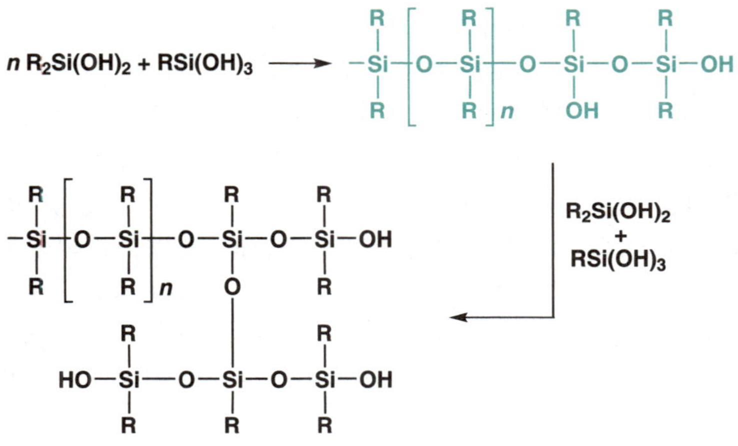

이 실험은 다음과 같은 세 가지 목적을 갖고 있다.

- 다이메틸다이클로로실레인(dimethyldichlorosilane, $SiMe_2Cl_2$)을 이용하여 원형과 선형의 폴리실록세인 고분자의 합성
- 다이페닐실란올, 헥사페닐사이클로트라이실록세인 및 옥타페닐사이클로트라이실록세인 화합물의 합성 및 분리
- 반응물들과 생성물들의 UV-vis과 IR 스펙트럼 얻기

위의 실험 목적을 바탕으로, 학생들은 조교의 도움을 받아 아래 실험들을 수행한다.

- 무기 고분자 및 중간체 화합물의 합성
- UV-vis과 IR 스펙트럼을 얻기 위한 시료 준비
- 분광학 자료 수집

2 실험

2.1 고리형 삼합체와 사합체 실록세인 화합물의 합성 및 폴리실록세인 화합물의 합성

필요한 물질: 다이메틸다이클로로실레인(dimethyldichlorosilane), 다이에틸에테르(diethyl ether), 황산 마그네슘(magnesium sulfate), 황산(sulfuric acid)

> ⚠ 학생들은 고무장갑을 반드시 착용해야 하며, 시약이 직접 몸에 닿는 것을 피해야 한다.

100 mL 비커에 증류수 40 mL를 넣고 반응 용기를 15~20℃로 냉각한다. 증류수를 잘 교반시키면서 10 mL의 $SiMe_2Cl_2$를 아주 천천히 한 방울씩 첨가한다. 이때 얼음을 사용하여 반응 용기의 온도를 15~20℃로 유지시킨다. 첨가가 끝나면 10분 정도 상온에서 교반시킨다. 반응 용액을 Et_2O 30 mL로 3회 추출한다. 추출된 Et_2O 용액에 $MgSO_4$를 넣고 10분 이상 교반시킨다. 깔때기와 거름 종이를 이용하여 거른 용액을 회전 감압 증발기를 이용하여 Et_2O를 제거한다. 얻어진 오일을 증류법으로 정제하여 170~175℃의 끓는점을 가지는 고리형 삼합체(cyclic trimer)와 175~180℃의 끓는점을 가지는 고리형 사합체(cyclic tetramer)를 얻는다. 증류를 통해 얻어지는 삼합체와 사합체의 비율을 구하고, 전체 수득률을 계산한다. 또한 생성물의 IR 스펙트럼을 찍어서 Si—O와 Si—C 결합에 의해 생기는 흡수 띠를 관찰하고, 반응물의 IR 스펙트럼과 비교한다.

앞에서 합성한 사합체 2 mL와 다이에틸에테르 4 mL가 들어 있는 10 mL 비커에 진한 H_2SO_4 0.5 mL를 넣어준 후, 상온에서 6~10시간 정도 반응 용기를 교반시킨다. 이 후에 Et_2O를 제거하였을 때, 반응물과 생성물 사이에 어떠한 물리적 성질 변화가 있는지 관찰한다. 생성물의 IR 스펙트럼을 구하여 Si—O와 Si—C 결합에 의해 생기는 띠를 관찰하고, 반응물의 IR 스펙트럼과 비교한다.

2.2 다이페닐실란올, 헥사페닐사이클로트라이실록세인 및 옥타페닐사이클로트라이실록세인 화합물의 합성

필요한 물질: 다이페닐다이클로로실레인(diphenyldichlorosilane), 톨루엔(toluene), 삼차-아밀 알코올(*tert*-amyl alcohol), 염산(hydrochloric acid), 에탄올, 수산화 소듐(sodium hydroxide)

> ⚠ 학생들은 고무장갑을 반드시 착용해야 하며, 시약이 직접 몸에 닿는 것을 피해야 한다.

톨루엔 2 mL, 삼차-아밀 알코올 4 mL, 증류수 16 mL를 50 mL 비커에 넣고 반응 용기를 20℃로 냉각한다. 이 용액을 잘 교반시키면서, $SiPh_2Cl_2$ 4 mL와 톨루엔 2 mL를 혼합한 용액을 아주 천천히 한 방울씩 첨가한다. $SiPh_2Cl_2$를 첨가하는 동안 반응 용기의 온도를 반드시 25℃ 이하로 유지시킨다. 첨가가 끝나면 혼합물을 5분 동안 반응 더 교반시킨 후, 거름 종이를 이용하여 흰색 고체를 분리한다. 얻어진 고체를 물과 HCl로 씻어주고 펌프로 잘 말려준다. 생성물의 수득률을 계산하고, 녹는점을 측정한다.

50 mL 둥근 바닥 플라스크에 $SiPh_2(OH)_2$ 1 g, 자석 젓개, 95% 에탄올 10 mL를 차례로 넣고 모두 녹인다. 이 용액을 잘 저어주면서 환류시킨다. 이때, 4 M NaOH 용액 한두 방울을 떨어뜨려 주면, 몇 분 안에 옥타페닐사이클로테트라실록세인(octaphenylcyclotetrasiloxane) 결정이 석출된다. 10분 동안 환류시킨 후, 상온으로 온도를 내리고, 거름 종이로 결정을 거른 후 잘 말린다. 얻어진 사합체의 녹는점을 측정한다.

50 mL 둥근 바닥 플라스크에 $SiPh_2(OH)_2$ 1 g, Et_2O 15 mL, 진한 HCl 0.5 mL를 차례로 넣고 3시간 동안 환류시킨다. 상온으로 온도를 내리고, $MgSO_4$를 가한 후 10분간 교반시킨다. 거름 종이로 고체를 제거하고 얻어진 용액에서 헥사페닐사이클로트라이실록세인(hexaphenylcyclotrisiloxane)이 석출될 때까지 Et_2O를 제거한다. 생성물의 녹는점을 측정한다.

$SiPh_2(OH)_2$, 옥타페닐사이클로테트라실록세인 및 헥사페닐사이클로트라이실록세인 화합물의 IR 스펙트럼을 측정한다. 각각의 화합물에 존재하는 Si–Ph, O–H 결합 등의 IR 흡수 띠를 구분하고 비교한다. UV-vis 스펙트럼을 구하고, 각 화합물의 흡수 띠를 비교한다.

3 합성에 관련된 질문

- 실리콘 화합물의 구조를 바탕으로, CCl_4, $CRCl_3$, CR_2Cl_2, 그리고 CR_3Cl의 가수분해 반응의 생성물을 비교하라. 각 반응의 메커니즘을 간단히 설명하라.
- 거의 대부분의 실란올 화합물의 합성과 분리가 불가능하다. 그 이유를 설명하라.
- $SiMe_2Cl_2$와 $SiPh_2Cl_2$의 가수분해 반응의 차이점을 설명하라. 각 반응의 생성물을 밝혀라.
- 본 실험에서 학생들은 $SiPh_2Cl_2$가 쉽게 가수분해하는 것을 관찰하였다. 이 화합물의 탄소 유사체 다이페닐다이클로로메테인(diphenyldichloromethane, CPh_2Cl_2) 화합물의 가수분해는 어떠하겠는가?

참고문헌

1. DeKock, R. L.; Gray, H. B. Chemical Structure and Bonding; Benjamin/Cummings: Menlo Park, 1980.
2. Bellamy, L. J. The Infrared Spectra of Complex Molecules, Methuen, 2nd Edition, 1958.

3. Dyer, J. R. Application of Absorption Spectroscopy of Organic Compounds; Prentice-hall: Englewood Cliffs, NJ, 1965.
4. Williams, D. A.; Fleming, I. Spectroscopic Methods in Organic Chemistry; MaGraw-Hill: London, 1973.
5. Silverstein, R. M.; Bassler, G. C.; Morril, T. C. Spectroscopic Identification of Organic Compounds; Wiley: New York, 1981.

실험 27

메탈로센 착화합물 촉매를 이용한 폴리실레인의 합성

이 실험은 4족 전이-금속 메탈로센 착화합물을 촉매로 사용하여 페닐실레인(phenylsilane, $SiPhH_3$) 단량체를 탈수소-중합 반응하여 폴리페닐실레인(polyphenylsilane, $(SiPhH)_n$)을 합성하는 것이다. 학생들은 이 실험을 통하여 유기금속 착화합물 촉매를 즉석 제조하는 것, 불활성 기체 분위기에서 무기 고분자를 합성하는 것, 생성된 고분자를 관 크로마토그래피로 분리 및 정제하는 기법, 그리고 스펙트럼(IR, NMR)을 해석하는 기법을 배울 것이다.

1 들어가며

석유 산업의 발달과 함께 유기 고분자는 놀라운 속도로 발전되어 왔다. 일반적으로 유기 고분자는 값이 싸며, 가볍고, 잘 산화 부식되지 않으며, 낮은 온도에서도 성형이 가능하고, 우수한 전기 절연체로 작용하지만, 특수한 경우 전도성을 가지기도 한다. 이러한 장점에도 불구하고, 유기 고분자는 몇 가지 치명적 단점을 갖고 있다: (1) 극한 온도에서 사용할 때 경도(hardness)와 취화도(brittleness) 문제점, (2) 고온으로 장시간 가열할 때 녹거나 쉽게 분해가 일어나서 독성 기체 배출, (3) 자외선을 장시간 쪼이면 나타나는 분해 혹은 변성 현상, (4) 유기 고분자에는 없고 무기 고분자에 국한된 특수 기능성(금속성). 이러한 유기 고분자의 단점들을 극복하기 위해서 무기 고분자와 무기-유기 혼성(하이브리드) 고분자가 개발되었다. 합성 여부에 따라, 고분자들은 천연 고분자(예: 단백질, 핵산, 녹말, 셀룰로오스, 키틴 등)와 인조 고분자(예: 폴리에스테르, 나일론, 폴리비닐, 폴리우레탄, 폴리카보네이트, PET, PVC 등)로 나뉜다. 용도를 바탕으로 구조성 고분자와 기능성 고분자(예: 전기 발광, 광발광, 비선형 광학, 액정, 생분해성, 약물 전달, 분리성, 압전성, 전해성, 불연성, 광분해성 등)로 고분자들을 구분할 수 있다. 마지막으로, 성분을 기준으로 고분자들은 유기 고분자, 무기-유기 혼성 고분자, 그리고 무기 고분자로 대별된다.

무기 고분자는 고분자의 주(main) 사슬 또는 곁사슬에 무기 원소를 함유한 고분자다. 여기서 무기 원소는 좁은 의미로는 각종 금속(*s*와 *p* 궤도함수를 채우는 알루미늄, 마그네슘과 같은 주족 금속, *s*와 *p* 궤도함수뿐만 아니라 *d* 궤도함수를 채우는 티타늄, 지르코늄, 텅스텐과 같은 전이 금속, *f* 궤도함수를 채우는 란탄족-악티늄족과 같은 내부 전이 금속)만을 의미하지만, 넓은 의미로는 비금속-준금속 무기 원소인 Si, Ge, B, Se, S, O, P, N 등의 원소들로 골격을 이룬 것도 포함한다.

무기 고분자를 다음의 세 가지 유형으로 크게 나눌 수 있다. 첫째, 무기 성분이 유기 고분자의 곁사슬에 포함된 경우로서, 유기 고분자의 성분 성질은 거의 유지한 채 곁사슬에 포함된 무기 성분의 성질 또한 나타낸다. 둘째, 무기 원소를 고분자 주 사슬의 골격에 탄소와 함께 도입하거나 단독으로 도입된 경우와 셋째, 세라믹 제조를 위한 전구체 역할을 하도록 설계된 유기-무기 혼성 고분자의 경우, 그리고 넷째, 순수하게 무기 성분만으로 구성된 그물-망 구조 또는 격자 구조를 가지는 이온-결합성 화합물의 경우가 있다. 무기 성분이 유기 고분자의 곁사슬에 포함된 무기 고분자의 합성에는 무기 치환기를 가진 바이닐 단위체(vinyl monomers; $CH_2 = CH{-}X$ 형태)가 주로 사용된다. 여기서 무기-성분 치환기의 예로 $Si(CH_3)_3$, $Si(OCH_2CH_3)_3$, $SiCl_3$, SiH_3, $OSi(CH_3)_3$, $Ge(CH_3)_3$, $Sn(CH_3)_3$, $O = P(C_6H_5)_2$, phosphazene $(N = P)_3$, borazine $(BH = NH)_3$, metallocene (예: ferrocene), pyridine−금속 등이 있다. 여러 개시 방법(예: 라디칼 중합, 이온 중합, 배위 중합)으로 이 비닐 단위체들을 중합시켜 고분자를 얻을 수 있다.

주 사슬에 금속성 무기 성분을 가진 고분자의 예로 Ziegler−Natta 올레핀 중합 시 조촉매로 사용되는 methylaluminoxane $(-(Me)AlO-)_n$, 금속 착화합물(예: 금속 포피린), 두-자리 리간드(예: dipyridine)가 배위된 착화합물 등을 들 수 있다. 주 사슬에 비금속성 무기 성분을 가진 고분자의 예로 폴리포스파젠(polyphosphazene; $-R_2P = N-$ 결합을 주 사슬에 가짐), 폴리보라진(polyborazine; $-BH-NH-$ 결합을 주 사슬에 가짐), 폴리실록세인(polysiloxane; $-R_2Si-O-$ 결합을 주 사슬에 가짐), 폴리실레인(polysilane; $-R_2Si-$ 결합을 주 사슬에 가짐), 폴리실라제인(polysilazane; $-R_2Si-NH-$ 결합을 주 사슬에 가짐) 등을 들 수 있다. 세라믹 제조를 위한 전구체 역할을 하도록 설계된 유기−무기 혼성 고분자의 경우로서 둘째 경우에서 기술된 주 사슬에 비금속성 무기 성분을 가진 고분자 거의 전부가 이에 해당된다. 순수하게 무기 성분만으로 구성된 이온성/산화 고분자 화합물로 동물의 뼈, 실리카(SiO_2), 알루미나(Al_2O_3), 제올라이트($M_{x/n}[(AlO_2)_x(SiO_2)_y]\cdot H_2O$), 소금(NaCl), zinc blende/wurtzite(ZnS), perovskite($CaTiO_3$), 형석(CaF_2), 타이타니아(TiO_2), 지르코니아(ZrO_2) 등 많은 무기 광물이 있다. 이들 순수 무기 고분자들은 촉매, 담체(또는 지지체), 건조제, 보강재, 보석, 연마석 등 엄청나게 많은 분야에 응용된다.

촉매(catalyst)는 반응 속도를 빠르게 해주는 **정촉매**(forward catalyst)와 느리게 해주는 **부촉매**(backward catalyst)로 나뉠 수 있으며, 소량으로 사용되며, 소모되지 않고 반응에 지속적으로 참여한다. 촉매는 반응에 필요한 활성화 에너지(activation energy) 장벽을 높이거나 낮추어 평형에 도달하는 속도를 조절하지만, 평형 상수를 바꾸지는 못한다. 공업용으로 사용되는 **인공 촉매**와 생물 체내에서 작용하는 **천연 촉매**(즉, 효소: enzyme)로 촉매들을 나눌 수 있으며, 공업용 촉매에 비해 효소는 굉장히 높은 선택성을 갖고 반응 속도를 증가시킨다. 효소는 주로 중성 온화한 조건에서 물(용매)에서 작용한다. 또한 촉매가 용매에 녹아 작용하는 **균일 촉매**(homogeneous catalyst)와 용매에 녹지 않은 상태에서 작용하는 **불균일 촉매**(heterogeneous catalyst)로 촉매들을 나눌 수 있다. 유기금속 착화합물 촉매들을 유기금속 착화합물 자체가 촉매로 바로 사용되는 **기성형 촉매**(ready-made catalyst)와 즉석에서 혼합하여 사용하는 **제자리-혼합 촉매**(in-situ mixed catalyst)로 나눌 수 있다. 본 실험에서는 제자리-혼합 촉매가 사용되며, 사용하는 유기금속 착화합물 촉매는 균일 촉매이므로, 중합 반응 후에 녹아 있는 촉매를 제거해야 순수한 고분자 생성물을 얻을 수 있다.

서로 혼합되지 않은 두 용매 사이에서 혼합물 구성 성분들이 두 용매에 대해 다른 분배 계수를 갖고 있는 현상을 이용하여, 혼합물을 구성 성분들로 분리해 내는 분석 기법이 **크로마토그래피**다. 한 용매(주로 물)는 고정상(stationary phase)의 역할을, 다른 용매(유기 용매)는 이동상(moving phase)의 역할을 하여 물질을 분리한다. 이때 고정상의 지지체(supporting medium)의 종류에 따라, 크로마토그래피 분석법이 **관 크로마토그래피**, **종이 크로마토그래피**, **얇은 막 크로마토그래피**(TLC)로 나뉜다. 그리고 이동상에 따라, 이 분석법은 **액체 크로마토그래피**(LC), **기체 크로마토그래피**(GC), **기체-액체 크로마토그래피**(GLC)로 세분된다. 본 실험에서는, 실리카 지지체가 고분자보다 더 높은 극성을 갖고 있고, 촉매가 실리카 지지체에 아주 잘 달라붙기 때문에, 낮은 극성의 고분자를 쉽게 분리할 수 있다. 폴리실레인은 일반적으로 공기 중에서 안정하므로, 신속하게 용매를 흘려 혼합물을 분리할 수 있는 **속성 관 크로마토그래피**(flash column chromatography) 실험이 공기 중에서 수행된다.

2 실험

2.1 폴리실레인의 합성 및 정제

페닐실레인을 폴리페닐실레인으로 변환시키기 위해서 공기 및 습기에 민감한 유기금속 착화합물 촉매가 사용되므로, 이 중합 반응은 공기-없는 질소-기체 분위기에서 Schlenk 진공-라인 조작 기술(Schlenk vacuum-line manipulation technique)로 수행되어야 한다. Schlenk 플라스크는 기체-출입 제어 잠금꼭지(stopcock)를 갖고 있는 곁가지(side arm)가 달린 플라스크다. 이 실험은 공기 환기 장치와 안전 유리문이 달린 후드 안에서 수행되어야 하며, 학생들은 플라스틱 장갑이나 고무 장갑을 반드시 껴야 한다. 학생들은 시약들이 피부나 눈 등 민감한 부분에 직접 닿는 것을 피해야 한다. 학생들은 또한 공기와 습기에 민감한 물질을 다루므로 실험복을 입고 보안경을 써야 한다. 주사기 사용할 때, 옆 사람을 찌르거나 주사액이 튀지 않도록 주의해야 한다. 오븐에 있는 플라스크를 꺼낼 때에 화상을 입지 않도록 유의해야 한다.

오븐에서 잘 건조된 100 mL Schlenk 둥근 바닥 플라스크에 작은 자석 젓개(stirring bar)를 넣고 플라스크 입구를 고무 마개로 막은 후에 진공 라인에 연결한다. 플라스크를 감압 하에서 5분간 둔 후, 질소 기체로 충진한다. 질소 기체 기류 하에서 Schlenk 둥근 바닥 플라스크에 비스사이클로펜틸티타늄 다이클로라이드(bis(cyclopentadienyl)titanium dichloride, $(C_5H_5)_2TiCl_2$, FW = 249.00

g/mol, mp = 287~289°C) 0.092 g(0.37 mmol)을 넣은 후에, Red-Al 0.108 mL (0.37 mmol, 3.4 M 톨루엔 용액)를 미세 주사기(microsyringe)로 취하여 조심스럽게 적색 $(C_5H_5)_2TiCl_2$ 분말에 가한다. 이 혼합물은 바로 진한 청색으로 변한다. 여기에 phenylsilane ($SiPhH_3$, FW = 108.22 g/mol, bp = 120°C, d = 0.877 g/mL) 2.0 mL를 가한다. 녹색으로 변한 반응 혼합물이 수소 기체를 방출한다. 약 1시간 이내에 중합 반응이 끝난다. 질소 기체 라인을 잠근 후에, 촉매의 활성을 없애기 위해 생성물을 공기 중에서 5분간 방치한다. 이것에 5 mL 정도의 톨루엔을 가하여 갈색 용액으로 만든 후에, 미리 준비해 둔 Florisil 혹은 실리카의 톨루엔 현탁액(suspension)으로 채워진 관 크로마토그래피 장치 맨 위층에 일회용 피펫으로 갈색 용액 모두를 떨어뜨려 흡수시킨다. 이후 톨루엔 150 mL를 적절한 양씩 가해가면서 관 아래로 흘러나오는 액체(120 mL 정도)를 받는다. 이 맑은 용액의 용매를 회전 감압 증발기로 완전히 제거하여, 탁한 백색의 끈끈한 왁스 형태의 고체를 얻는다. 헥세인 10 mL로 톨루엔과 반응하지 않은 $SiPhH_3$를 씻어 제거한 후에, 감압 하에서 건조시켜 탁한 백색의 끈끈한 초 형태의 고체를 얻는다.

사실, 중합 반응 시간이 오래될수록 폴리실레인이 더 많이 얻어진다. 3~4시간 정도에서 가장 좋은 수득 결과가 나오지만 총 실험 시간을 고려할 때 1시간 정도면 충분하다. 한번 사용한 관-충진 물질(실리카 혹은 Florisil)과 회전 감압 증발기에 고인 톨루엔 용매를 재사용해서는 안 된다. 이것들은 각기 실험실에 비치된 분리 수거 용기에 담아 적절하게 처리되어야 한다. 학생들은 사용한 일회용 비닐 장갑과 주사 바늘을 제거한 플라스틱 주사기 등은 따로 모아 처리하고, 깨진 유리나 일회용 피펫 등은 유리 수거함에 버린다.

3 결과 및 토의

3.1 폴리실레인의 구조 규명

아래 그림에 제시된 바와 같이, 무색 액체인 n개의 $SiPhH_3$ 분자가 수소를 잃고 중합하여 탁한 백색의 초 형태의 폴리실레인 고체를 생성한다.

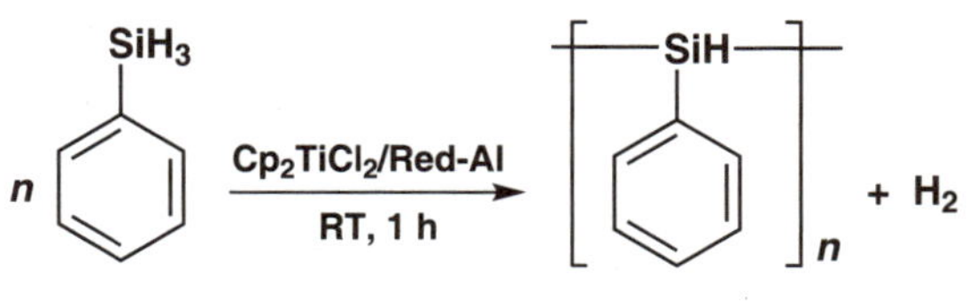

3.2 ^{1}H NMR 스펙트럼

아래 그림은 $CDCl_3$ 용매에서 얻은 단위체 $SiPhH_3$의 ^{1}H NMR 스펙트럼이다. 0.0 ppm과 7.24 ppm에서 나타나는 단일선 피크들은 각기 표준 물질인 $Si(CH_3)_4$와 $CDCl_3$ 용매에 기인한다. 4.2 ppm에 나타나는 단일선 피크는 SiH_3 기에 해당되며, 양쪽 같은 거리에 위성선들이 매우 작은 단일선 2개로 나타나 있다. 7.3~7.7 ppm 사이에 나타나는 다중 피크들은(앞에 피크는 *ortho*와 *para* 위치의 수소들, 뒤에 피크는 *meta* 위치의 수소들) 페닐 고리에 붙어있는 수소들에 해당되는 것들이다. 이 단위체는 순수한 물질이므로, 이것의 ^{1}H NMR 피크들이 폭이 좁고 길어 매우 예리하다.

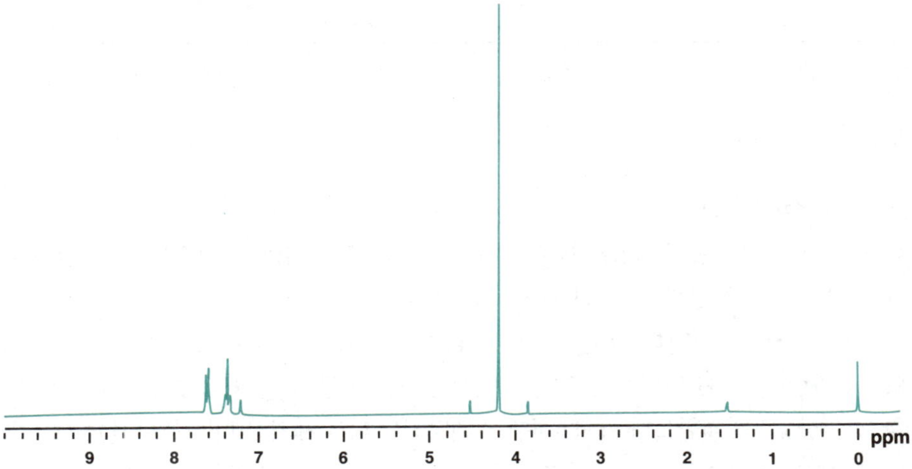

◀ $SiPhH_3$의 ^{1}H NMR 스펙트럼(용매: $CDCl_3$)

다음 그림은 $CDCl_3$ 용매에서 얻은 폴리페닐실레인의 ^{1}H NMR 스펙트럼이다. 스펙트럼을 자세히 확대하여 보기 위해, 0~3.5 ppm 영역이 의도적으로 배제되었다. 그러므로 0.0 ppm에 나타나는 $Si(CH_3)_4$ 피크가 이 그림에서 보이지 않는다. 7.24 ppm에서 나타나는 $CDCl_3$ 용매 단일선 피크는 6.5~8.0 ppm 지역에서 나타나는 넓고 큰 페닐-고리 수소 피크들에 파묻혀 있어 전혀 보이지 않는다. 3.5~5.5 ppm에 나타나는 넓은-폭 피크는 주로 고분자 주 사슬의 SiH 기에 해당되며, 일부 적은 부분이 말단 SiH_2 기에 해당된다. 이 물질은 다양한 사슬 길이와 사슬 형태의 고분자 혼합물이기 때문에, 즉 순수한 물질이 아니므로 피크들이 매우 넓고 두루뭉술하다. 액체-상태 단위체가 고체(혹은 반고체)-상태 중합체로 되는 것으로 중합 반응이 일어난 것을 추정할 수 있다. 또한, 중합체의 ^{1}H NMR 스펙트럼에서, 넓은-폭 피크들이 나타나며, Si—H 결합에 해당하는 피크들의 크기가 감소하는 것으로 볼 수 있다.

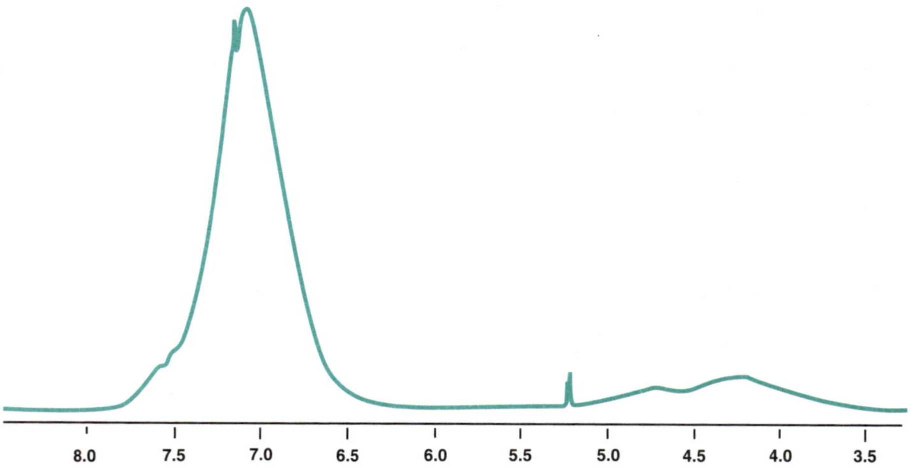

폴리페닐실레인의 ¹H NMR 스펙트럼 (용매: $CDCl_3$) ▶

3.3 IR 스펙트럼

아래 그림은 KBr 펠렛(pellet)을 사용하여 얻은 단위체 $SiPhH_3$의 IR 스펙트럼이다. 페닐 고리에 붙은 방향족 C—H 결합의 IR 흡수 띠는 3000~3100 cm^{-1}에서 나타난다. 그리고 Si—H 결합의 IR 흡수 띠는 2160 cm^{-1}에서 크게 나타난다. 일반적으로, Si—H 결합이 C—H 결합보다 약하기 때문에, Si—H 결합의 IR 흡수 진동수가 더 낮다. 하지만 C—H 결합보다 Si—H 결합에 해당되는 띠의 세기가 더 강하다. 1100 cm^{-1}에서 나타나는 특별한 흡수 진동 띠가 없는 것으로 보아 Si—O 결합은 없다.

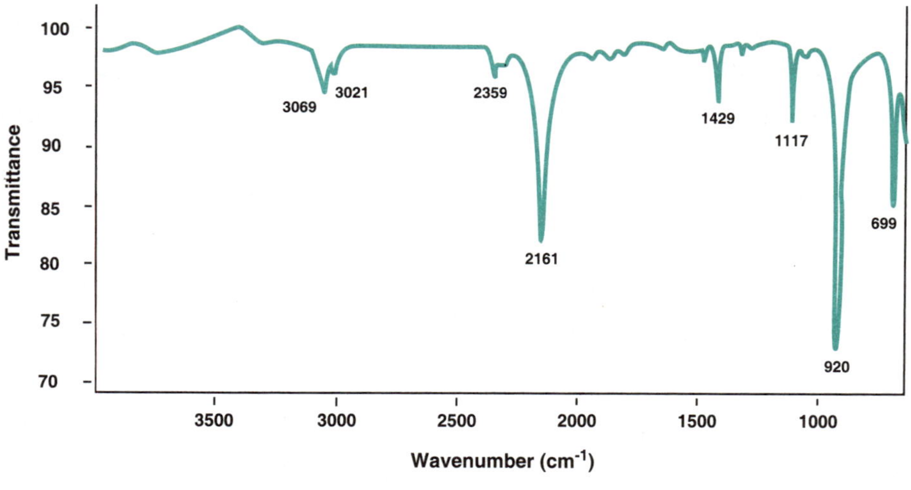

$SiPhH_3$의 IR 스펙트럼(KBr 펠렛) ▶

다음 그림은 KBr 펠렛을 사용하여 얻은 중합체 폴리페닐실레인의 IR 스펙트럼이다. 3416 cm^{-1} 에서의 큰 흡수 띠는 시료 혹은 KBr에 존재하는 수분 때문이다. 페닐실레인과 마찬가지로, 페닐 고리에 붙은 방향족 C—H 결합의 IR 흡수 띠는 3000 cm^{-1} 이상 영역인 3000~3100 cm^{-1}에서 나타난다. 그리고 Si—H 결합의 IR 흡수 띠는 2125 cm^{-1}

에서 중간 크기로 나타난다. $SiPhH_3$에서는 C—H 결합보다 Si—H 결합에 해당되는 진동수의 세기가 더 크게 나타났지만, 폴리페닐실레인에서는 SiH_3가 아니라 SiH 이므로 거의 비슷한 정도의 크기로 나타난다. 1100 cm^{-1}에서 나타나는 특별한 흡수 띠가 있는 것으로 보아, 일부 Si—H 결합 혹은 Si—Si 결합들이 Si—O 결합으로 변환된 것으로 보인다.

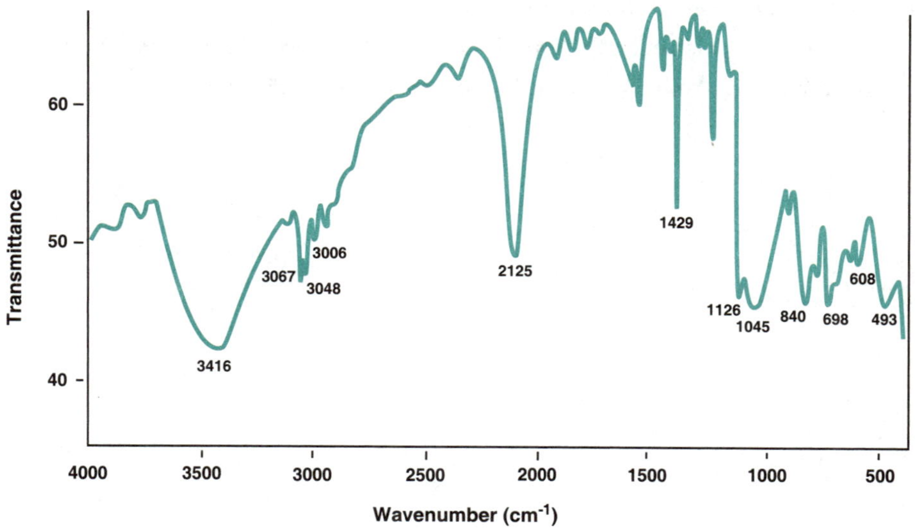

◀ 폴리페닐실레인의 IR 스펙트럼 (KBr 펠렛)

3.4 실험에 관련된 질문

- $SiPhH_3$의 탈수소-중합 반응에서, Schlenk 플라스크의 잠금꼭지가 진공 라인에 열린 상태로 있는 것이 좋은가? 아니면 닫힌 상태로 있는 것이 좋은가?
  (힌트: Le Châtelier의 원리를 생각하라)
- 중합 반응 후에 반응물을 공기 중에 방치하는 이유는?
  (힌트: 관 크로마토그래피 장치를 사용하여 반응혼합물로부터 생성된 고분자를 분리해내는 관점에서 생각하라)
- 중합 반응을 건조된 질소 기체 하에서 실행하는 이유는?
  (힌트: 촉매 안정성과 부산물 생성 관점에서 생각하라)
- 페닐 실레인과 폴리페닐실레인의 IR 스펙트럼에서 페닐 실레인의 Si—H 흡수 띠의 세기가 폴리페닐실레인의 Si—H 흡수 띠의 세기보다 더 큰 이유는?
  (힌트: 화학종 종류의 개수 차이 관점에서 생각하라)
- 페닐 실레인의 IR 스펙트럼에서 Si—H 흡수 띠가 C—H 흡수 띠에 비해 작은 진동수 크기로 나타나는 이유는?
  (힌트: 결합 에너지 관점에서 생각하라).

참고문헌

1. 우희권; 김보혜 기능성 무기고분자; 자유아카데미: 경기도, 2005.

2. 무기재질연구소 파인세라믹스 신소재; 기전연구사: 서울, 2007.

3. Skoog, D. A.; J. J. Leary Principles of Instrumental Analysis, 4th ed.; Saunders College Publishing, 1992. 박기채 외 7인 공역 기기분석의 원리; 탐구당: 서울, 1995.

4. (a) Aitken, C.; Harrod, J. F.; Gill, U. S. *Can. J. Chem.* **1987**, *65*, 1804. (b) Woo, H.-G.; Tilley, T. D. *J. Am. Chem. Soc.* **1989**, *111*, 8043.

(c) Gauvin, F.; Harrod, J. F.; Woo, H.-G. *Adv. Organomet. Chem.* **1998**, *42*, 363.

(d) Kim, B.-H.; Woo, H.-G. *Adv. Organomet. Chem.* **2005**, *52*, 143.

실험

28

니켈로센 착화합물 촉매를 이용한 유기 실리카의 합성: 열분해에 의한 이산화 규소와 탄화 규소 세라믹의 제조

본 실험에서 학생들은 10족 니켈로센 착화합물을 촉매로 사용하여 페닐실레인(phenylsilane, $SiPhH_3$) 단량체를 공기 중에서 탈수소-중합 반응시켜서 유기 실리카인 폴리페닐실록세인($[SiPhO]_{1.5}$)을 합성한 뒤, 이것을 열분해하여 규소-함유 세라믹을 합성한다. 학생들은 이 실험을 통하여 유기금속 착화합물의 촉매 사용, 공기 분위기에서 무기 고분자 젤의 합성, 무기 고분자 젤을 전기로에서 열분해하여 규소-함유 세라믹의 합성, 그리고 스펙트럼(IR, SEM, TGA, XRD)을 해석하는 기법을 배울 것이다.

1 들어가며

신소재를 크게 **고분자**, **금속**, **세라믹**으로 나눌 수 있다. 이 중에서 금속은 뛰어난 연성, 전성, 전도성을 갖고 있고, 고온에도 잘 견디지만, 일반적으로 무겁고, 부식되기 쉬우며, 원광에서 선광, 제련까지 많은 노력과 에너지가 필요한 단점을 갖고 있다. 세라믹은 일반적으로 열과 산화에 잘 견디고 성형이 쉬우나, 무겁고 충격에 부서지기 쉽다.

무기 고분자의 많은 응용 분야 중에 세라믹 전구체로의 사용이 두드러진다. 세라믹의 용도는 일반 소모품부터 첨단 기기까지 그 응용 분야가 다양하다. 세라믹은 크게 **산화성 세라믹**과 **비산화성 세라믹**으로 분류된다. 규소(silicon, Si)는 지각의 주요 구성 성분으로서 산소 다음으로 많이 존재한다. 이 규소는 자연 상태에서 여러 금속과 산소와 함께 결합하여 다양한 규산염(silicate, $xM^1{}_2O \cdot ySiO_2$)을 형성하고, 또한 여러 전기 양성적 원소들과 결합하여 이성분 화합물인 규소 화합물(silicide)을 만들기도 한다. 사실 규산염의 Si–O가 단일 결합으로 있지 않고, Si = O와 같이 이중 결합으로 있었더라면 지구, 지구 자기, 중력, 대기 및 생명체는 결코 존재할 수 없었을 것이다. 여기에서는 규소와 비금속의 이성분 화합물 세라믹 중에서 특히 비산화성 세라믹 탄화 규소(SiC)와 산화성 세라믹 이산화 규소(SiO_2) 세라믹들의 제조만 국한하여 기술될 것이다. 그 이유는 탄화 규소와 질화 규소 세라믹들은 고온에서 안정하고 높은 강도를 갖고 있어서 다양하게 쓰이기 때문이다. 그리하여 이 세라믹들은 우주, 항공, 선박, 자동차, 미사일 등의 방산 무기 체계, 전기, 전자, 제철 산업, 원자로 사업, 선반-건축용 기계, 스포츠 제품의 제조에 널리 쓰이고 있다. 전통적으로 SiC는 규소(Si)와 코크스(C)를 소금 및 톱밥과 함께 전기로에서 고온 반응으로 제조되며, Si_3N_4는 규소 원소를 직접 질화시키거나 $SiCl_4$와 NH_3을 기상 또는 액상에서 반응시켜 얻어진다. 또한 SiO_2는 $SiCl_4$ 혹은 $SiHCl_3$를 수분과 기상 또는 액상 반응으로 얻어진다. 이 방법으로 직접 제조된 SiC, SiO_2와 Si_3N_4는 연마제 등 대부분의 용도로서는 사용하기에 불편함이 없다. 하지만 특별한 용도를 위해 이들 세라믹들을 필름이나 섬유 형태로 제조하기 위해서는, 가공하기 편리한 용해성 또는 용융성을 갖는 중간 물질(전구체)을 거쳐서 고온 처리하여 제조하여야 한다. 우리는 본 실험에서 용매를 물로 사용하지 않고 공기에 있는 습기를 이용하여 **솔-젤 공법**(sol-gel process)으로 $SiPhH_3$를 중합시킨다. **솔**(sol)은 액체에 분산되어 있는 콜로이드 형태의 고체 입자다. 솔 형태의 전구체가 가수분해된 후, 물을 잃고 축합-중합 반응하여 가교된 형태의 고분자 젤(gel)을 생성한다. $SiPhH_3$가 페닐하이드록시실레인($PhSi(OH)_3$)으로 먼저 변환된 후, 축합-중합 반응하여 물 분자가 빠지면서 유기 실리카($PhSiO_{1.5}$)가 생성된다. 여기서 유의할 점은 관습적으로 실리카를 SiO_4가 아니라 SiO_2로 표시한다는 것이다. 이와 마찬가지로, 유기 실리카를 $PhSiO_3$가 아니라 $PhSiO_{1.5}$로 표시한다.

앞 실험에서 우리는 이미 무기 고분자의 정의, 종류에 대해 자세히 배웠다. 즉, 무기 고분자는 넓게는 비금속-준금속 계열의 무기 원소 Si, Ge, B, Se, S, O, P, N 등의 원소들로 골격을 이룬 것도 포함한다. 우리가 이미 배운 무기 고분자의 종류 중 세라믹 제조를 위한 전구체 역할을 하도록 설계된 유기-무기 혼성 고분자, 특히 규소와 보란 계열의 고분자가 주로 비금속 산화물 세라믹 제조에 전구체로 사용된다. 예로서, 폴리보라진(polyborazine; −BH−NH− 결합을 주 사슬에 가짐), 폴리실록세인(polysiloxane; $-R_2Si-O-$ 결합을 주 사슬에 가짐), 폴리실레인(polysilane; $-R_2Si-$ 결합을 주 사슬에 가짐), 폴리실라제인(polysilazane; $-R_2Si-NH-$ 결합을 주 사슬에 가짐) 등이 있다.

또한 우리는 이미 촉매에 대해 배웠다. 본 실험에서 사용하는 유기금속 메탈로센 착화합물 촉매는 용매에 녹으며, 유기금속 착화합물 자체가 촉매로 바로 사용되는 기성형 균일 촉매(ready-made homogeneous catalyst)다. 본 실험에서 사용되는 유기금속 착화합물 촉매는 균일 촉매이므로 용매에 녹지만, 생성물은 불용성이므로, 중합 반응 후에 녹아 있는 촉매를 세척하여 제거하여야만 순수한 고분자 생성물을 얻을 수 있다.

2 실험

2.1 가교된 폴리실록세인 유기 실리카의 합성 및 정제

폴리페닐실레인은 SiC 세라믹을 제조하기 위한 전구체로 사용된다. 우리는 앞 실험에서 이미 $SiPhH_3$를 Si−Si 주사슬(main chain)을 함유한 폴리페닐실레인($[PhHSi]_n$)으로 변환시키기 위해서 공기 및 습기에 예민한 4족 메탈로센 유기금속 착화합물 조합 촉매(Cp_2TiCl_2/Red-Al)를 사용하였다. 이 탈수소-중합 반응은 수분-없는 질소 기체 분위기에서 Schlenk 진공-라인 조작 기술로 수행되었다. 하지만 본 실험은 $SiPhH_3$를 Si−O 결합을 함유한 유기 실리카(가교된 폴리실록세인 $PhSiO_{1.5}$)로 변환시키므로, 오히려 습기를 머금은 공기가 필요하다. 즉, 건조된 질소 분위기가 아닌 공기 중에서 반응이 수행된다. 따라서 본 실험에서는 Schlenk 플라스크는 사용하되, 진공 라인은 굳이 사용할 필요가 없다. 그러나 안전을 위해 이 실험 역시 가능한 공기-환기 장치와 후드 안에서 수행되어야 하며, 학생들은 일회용 플라스틱 장갑이나 고무 장갑을 반드시 껴야 한다. 학생들은 시약들이 피부나 눈 등 민감한 부분에 직접 닿는 것을 피해야 한다. 학생들은 피부에 예민한 물질을 다루므로 실험복을 입고 보안경을 써야 한다. 주사기 사용 시 옆 사람을 찌르거나 주사액이 튀지 않도록 주의를 하여야 한다. 오븐에 있는 플라스크를 꺼낼 때에 화상을 입지 않도록 유의한다.

오븐에서 잘 건조된 100 mL Schlenk 둥근 바닥 플라스크에 작은 자석 젓개(stirring bar)를 넣는다. 공기 하에서 Schlenk 둥근 바닥 플라스크에 비스사이클로펜틸니켈[bis(cyclopentadienyl)nickel, $(C_5H_5)_2Ni$; FW 188.90 g/mol, mp 171~173°C] 0.062 g(0.33 mmol)을 가한 후에, $SiPhH_3$(FW 108.22 g/mol, 123.40 mL, bp 120°C, d 0.877 g/mL) 2.0 mL(16.2 mmol)를 일회용 플라스틱 주사기로 조심스럽게 가한다. 녹색으로 변한 반응 혼합물은 수소 기체를 방출하면서 진갈색으로 변하며, 대개 24시간 이내에 가교-중합 반응이 끝난다. 얻어진 갈색 고체를 THF 50 mL로 여러 번 나누어 씻어서 미반응 $SiPhH_3$와 촉매 찌꺼기를 제거한 후에, 감압 하에서 건조시켜 연한 노란색 고체를 얻는다.

사실 수분양이 많을수록, 그리고 솔-젤 반응 시간이 길수록, 유기 실리카가 더 많이 얻어진다. 48시간 정도의 반응 시간에서 가장 높은 수득률이 나오지만 총 실험 시간을 고려할 때 24시간 정도의 반응 시간이면 충분하다(미리 이 반응을 해두면 편리하다). 씻는 과정에서 얻어진 THF 폐 용매를 재사용해서는 안 된다. 이것은 실험실에 비치된 분리 수거통에 담아 적절하게 처리되어야 한다. 사용한 일회용 비닐 장갑과 주사 바늘을 제거한 플라스틱 주사기 등은 따로 모아 처리한다. 깨진 유리나 일회용 피펫 등은 유리 수거함에 버린다.

3 결과 및 토의

3.1 폴리실레인-폴리실록세인 공중합체의 구조 규명

다음 그림에 제시된 바와 같이, 무색 액체인 n개의 $SiPhH_3$ 분자가 니켈로센 촉매 작용에 의해 3개 Si—H 결합들이 공기 중 수분과 반응하여 Si—OH 결합으로 변환된 후에, 물 분자가 빠지면서 축합 중합하여 Si—O—Si 결합을 가진 유기 실리카 고체 $PhSiO_{1.5}$를 생성한다. 이 고체는 많은 가교를 함유한 젤(gel)이기 때문에, 매우 큰 분자량을 갖고 있고, 대부분의 유기 용매에 녹지 않는다.

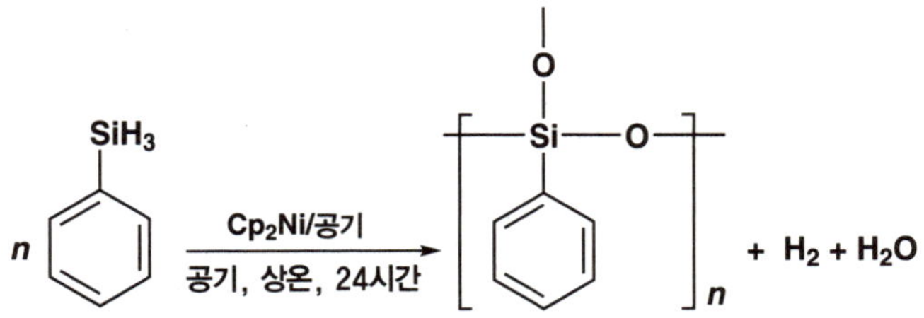

3.2 ¹H NMR 스펙트럼

앞 실험에서는 $CDCl_3$ 용매를 사용하여 찍은 $SiPhH_3$와 폴리페닐실레인의 ¹H NMR 스펙트럼들이 제시되었다. 하지만 본 실험에서 생성되는 고분자는 많은 가교를 갖고 있어서 유기 용매에 녹지 않는 젤 상태로 생성되기 때문에, 이것의 용액 NMR 스펙트럼을 찍을 수 없다. 물론 고체 NMR을 찍으면 되겠으나, 나타나는 피크들이 폭넓고 두루뭉술하여 NMR 해석이 어렵다. 따라서 본 실험에서는 생성물의 NMR 분석이 생략된다.

3.3 IR 스펙트럼

다음 그림은 KBr 펠렛(pellet)으로 찍은 단위체 $SiPhH_3$의 IR 스펙트럼이다. 페닐 고리에 붙은 방향족 C–H 결합의 IR 흡수 띠는 3000~3100 cm^{-1}에서 나타난다. 그리고 Si–H 결합의 IR 흡수 띠는 2160 cm^{-1}에서 크게 나타난다. 일반적으로, Si–H 결합이 C–H 결합보다 약하기 때문에, Si–H 결합의 IR 흡수 진동수가 더 낮다. 또한 3300~3600 cm^{-1}에서 나타나는 특별한 흡수 띠가 없는 것으로 보아, 시료에 함유된 습기는 없다.

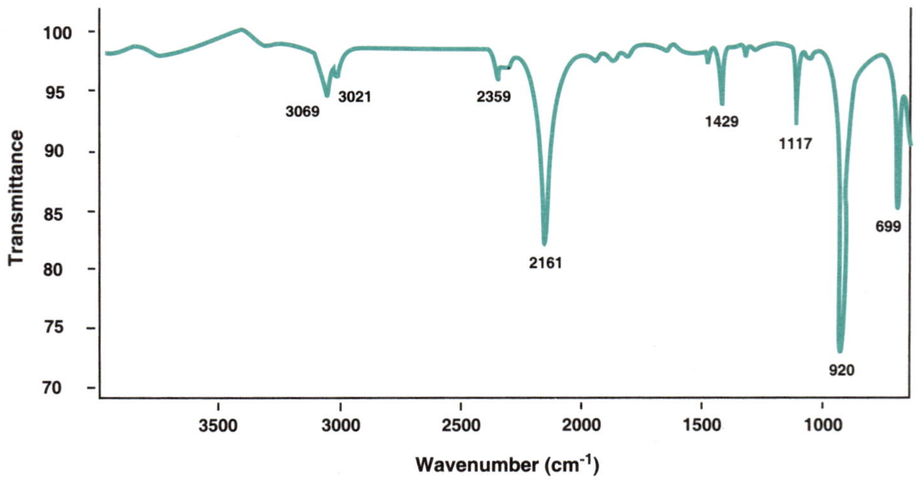

페닐실레인의 IR 스펙트럼(KBr 펠렛) ▶

다음 그림은 KBr 펠렛으로 찍은 유기 실리카의 IR 스펙트럼이다. 3412 cm^{-1} 에서의 큰 흡수 띠는 시료에 존재하는 수분 때문이다. 유기 실리카는 가교하지 않은

Si—OH 결합이 일부 남아 있으므로, 이 O—H 결합의 신축-진동 흡수 띠거나, 친수성이 커서 수소 결합된 물 분자의 O—H 결합의 신축-진동 흡수 띠일 것으로 판단된다. $SiPhH_3$와 마찬가지로, 페닐 고리에 붙은 방향족 C—H 결합의 IR 흡수 띠는 3000 cm^{-1} 이상 영역인 3000~3100 cm^{-1}에서 나타난다. 그리고 Si—H 결합의 IR 흡수 띠는 2172 cm^{-1}에서 중간 크기로 나타난다. 이것으로 미루어 일부 Si—H 결합들이 Si—OH로 변환되지 않고 원래대로 남아 있는 것으로 판단된다. 1100 cm^{-1}에서 크게 나타나는 특별한 흡수 띠가 있는 것으로 보아, 일부 Si—H 결합 대부분이 Si—O 결합으로 변환된 것으로 판단된다. 이 스펙트럼이 위의 스펙트럼에 비해 피크들이 폭이 넓은 이유는 시료가 고분자 형태를 갖고 있기 때문이다. 유기 단분자의 IR 스펙트럼은 전형적으로 예리한 피크들을 나타낸다.

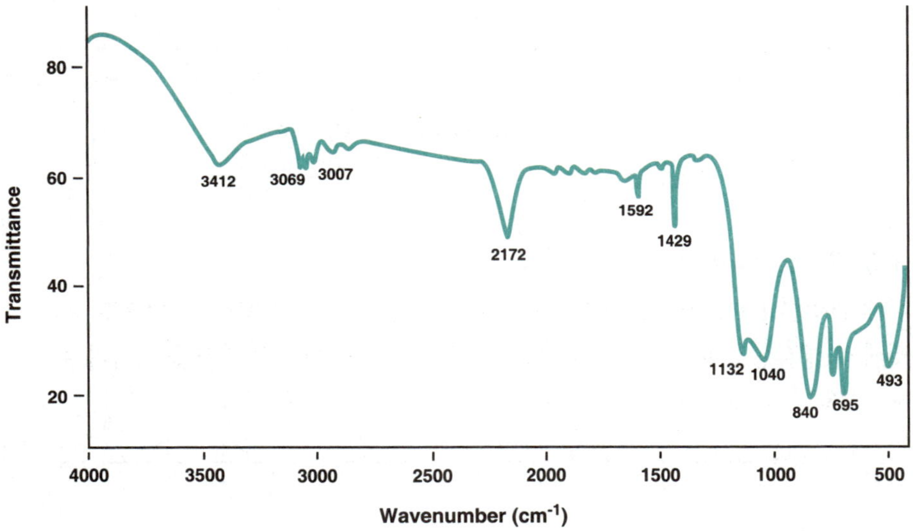

◀ 폴리페닐실록세인의 유기 실리카의 IR 스펙트럼 (KBr 펠렛)

3.4 TGA 분석

다음 그림(그래프 내 1번 실선)은 TGA(thermogravimetric analysis; 열무게 분석)로 유기 실리카의 열적 안정성을 분석한 그래프이다. 1000℃에서 약 60%의 세라믹 잔여 수율이 얻어졌다. 참고로 폴리페닐실레인의 경우 1000℃에서 약 35~38%의 세라믹 잔여 수율이 얻어진다. 유기 실리카의 세라믹 수득률이 폴리페닐실레인의 수득률보다 더 높은 이유는 가교가 되어 있기 때문이다. 가교가 많이 될수록, 세라믹 잔여 수율이 높고, 열적 안정도가 높다.

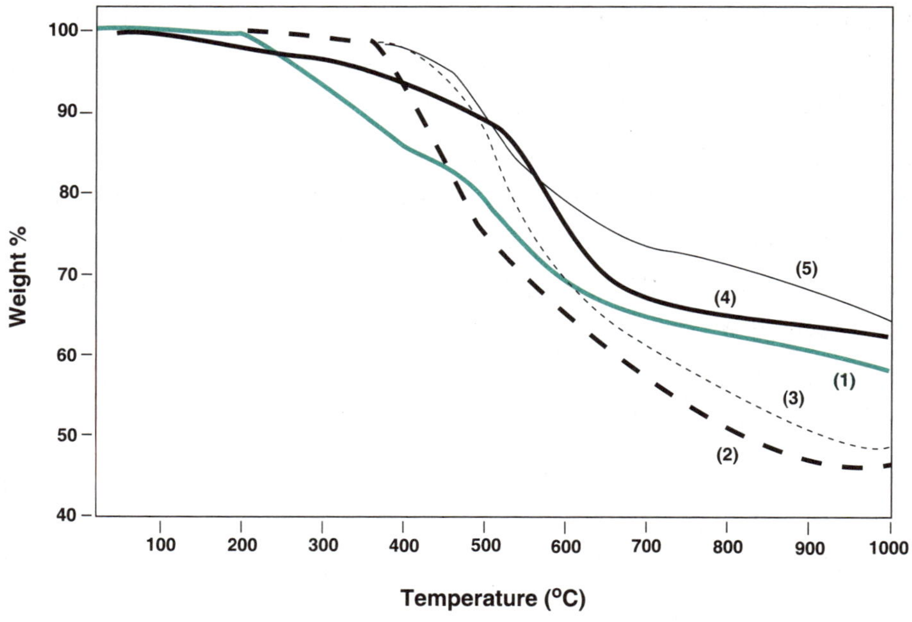

폴리페닐실록세인 유기 실리카의 TGA 분석 ▶

3.5 PXRD 분석

아래 그림은 PXRD(Powder X-ray diffraction; 분말 X-선 회절) 방법으로 유기 실리카의 결정성을 분석한 것이다. 0~30° 구간에서는 광폭의 피크들이 나타나지만, 30~180° 구간에서는 특성적인 피크들이 나타나지 않는다.

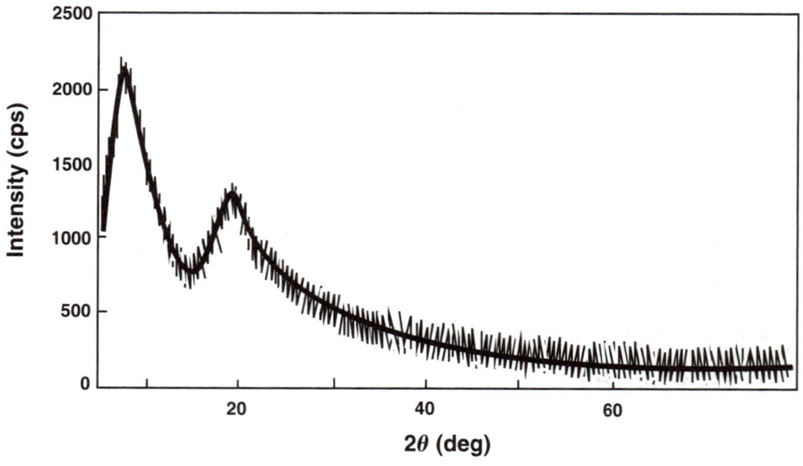

폴리페닐실록세인 유기 실리카의 XRD 분석 ▶

3.6 폴리페닐실레인과 폴리페닐실록세인의 열분해에 의한 세라믹의 제조

열분해 실험에서는 소량(대개 1 g 이내)의 시료가 특수한 시료 접시에 담아져서 전기로에서 열분해된다. 탄화 규소 생성 실험에서는 아르곤 기류에서 알루미나 접시가 사용되며, 질화 규소 생성 실험에서는 암모니아 기류에서 질화 붕소 접시가 사용된다. 세라믹 잔여 수율은 TGA 분석을 참고로 결정된다. 물론 TGA 분석 시 세라믹 잔여 수율과 벌크 열분해 시 세라믹 잔여 수율은 차이가 난다. 일반적으로 실험 오류가 있기 때문에, 벌크 열분해의 세라믹 잔여 수율이 더 낮게 나타난다. 시료를 전기로에 넣고 온도를 세팅하는 과정이 제법 복잡하고, 대부분의 전공 실험실에 고온 실험용 전기로 개수가 충분하지 않으므로, 실험 조교가 열분해 실험을 대신 해 주는 것도 무방하다.

폴리페닐실레인은 $[SiPhH]_n$ 구조를 가진다. 이 중합체는 가교를 갖고 있지 않기 때문에, 아르곤 기체 분위기 하에서 열분해 시 이것의 세라믹 잔여 수율이 낮다(35~38%). 생성된 세라믹은 탄화 규소(SiC)와 무정형 탄소(C)가 혼합된 검정색을 띤다. 이러한 조성을 원소 분석과 PXRD 분석으로 알 수 있다. 무정형 탄소가 함께 얻어지는 이유는, 폴리페닐실레인의 구조에서 알 수 있듯이, Si(1개) 개수에 비해 C(6개) 개수가 훨씬 더 많기 때문이다. 이 열분해가 질소 분위기 하에서 수행되면, SiC의 일부가 질소 기체와 반응하여 질화 규소(Si_3N_4)가 얻어진다. 또한 열분해가 암모니아 기체 분위기 하에서 수행되어도, 질화 규소가 얻어진다.

폴리페닐실록세인은 $[PhSiO_{1.5}]_n$ 구조를 가진다. 이 중합체는 많은 가교를 갖고 있으므로, 아르곤 기체 분위기 하에서 열분해 시 이것의 세라믹 잔여 수율이 높다(60~70%). 얻어진 세라믹은 이산화 규소(SiO_2), 탄화 규소(SiC)와 무정형 탄소(C)가 혼합된 검정-회색을 띤다. 원소 분석과 PXRD 분석으로 이 세라믹의 조성을 알 수 있다. SiC와 무정형 탄소가 함께 얻어지는 이유는, 폴리페닐실록세인의 구조에서 알 수 있듯이, Si(1개), O(1.5) 개수에 비해 C(6개) 개수가 훨씬 더 많기 때문이다.

3.7 실험에 관련된 질문

- 페닐실레인의 탈수소 중합 반응과 솔-젤 반응의 차이점은?
- 중합-가교 반응을 건조된 질소 기체 하에서가 아닌 공기 중에서 실행하는 이유는?
- 폴리페닐실록세인의 IR 스펙트럼에서 Si—H 결합의 흡수 띠가 나타나는 이유는?
- 페닐실레인의 IR 스펙트럼에서는 없지만 폴리페닐실록세인의 IR 스펙트럼에서 1100 cm^{-1} 부근에서 흡수 띠가 크게 나타나는 이유는?
- 전기로를 사용한 열분해 반응에서 유기 실리카(폴리페닐실록세인)의 약 200°C에서의 화학적 형태와 1000°C에서의 화학적 형태의 차이점은?
- 폴리페닐실레인을 아르곤 기체 분위기 하에서 1200°C까지 가열할 때 얻어지는 세라믹 물질은? 이 열분해를 질소 기체 분위기 하에서 수행하면 안 되는 이유는? (힌트: 생성되는 세라믹의 관점에서 생각하라)
- 폴리페닐실레인을 암모니아 기체 분위기 하에서 1000°C까지 가열할 때 얻어지는 세라믹 물질은?

참고문헌

1. (a) 무기재질연구소 파인세라믹스 신소재; 기전연구사: 서울, (b) 김명희, 조명식, 우희권 월간 세라믹스, 2008, 07월호; p. 54.
2. Brinker, C. J.; Scherer, G. W. Sol-Gel Science; Academic Press: San Diego, 1990; Chapter 1.
3. 우희권; 김보혜 기능성 무기고분자; 자유아카데미: 경기도, 2005.
4. 조명식 박사학위논문; 전남대학교, 2004년 2월; Chapter 3.
5. Seyferth, D.; Tasi, M.; Woo, H.-G. *Chem. Mater.* **1995**, *7*, 236.

무기 화합물에서 금속 이온의 정량 분석

실험 29

구리(I) 착화합물의 합성 및 정량 분석

이 실험에서 학생들은 흔하지 않은 산화 상태를 갖는 구리 화합물을 합성하고 분석할 것이다. 학생들은 또한 합성된 무기 화합물의 금속 이온과 리간드의 함량을 습식 분석하여 비교하는 방법을 배운다.

1 들어가며

전이 금속은 일반적으로 두 개 이상의 산화수를 갖는다. 아래 표는 전이 금속이 흔히 갖는 산화수를 보여준다. 어떤 원소가 수용액에서 두 개 이상의 산화수를 가질 때, 각 산화 상태는 서로 다른 열역학적 안정성(thermodynamic stability)을 갖는다.

Sc	Ti	V	Cr	Mn	Fe	Co	Ni	Cu	Zn
3	3, 4	2, 3, 4, 5	2, 3, 4, 6	2, 3, 4, 6, 7	2, 3	2, 3	2	1, 2	2
Y	**Zr**	**Nb**	**Mo**	**Tc**	**Ru**	**Rh**	**Pd**	**Ag**	**Cd**
3	4	3, 4, 5	2, 3, 4, 5, 6	2, 3, 4, 5, 6, 7	2, 3, 4, 5, 6, 7, 8	1, 3	2, 4	1	2
La	**Hf**	**Ta**	**W**	**Re**	**Os**	**Ir**	**Pt**	**Au**	**Hg**
3	4	3, 4, 5	2, 3, 4, 5, 6	2, 3, 4, 5, 6, 7	3, 4, 5, 6, 7, 8	1, 3	2, 4	1, 3	1, 2

구리의 경우, 산화수 +1~+4가 알려져 있지만, 산화수 +1과 +2가 가장 흔하다. 보통의 조건에서 산소와 수소를 함유한 구리 화합물은 CuO와 $Cu(OH)_2$이다. 공기 중에서 +1가 구리를 함유한 안정한 화합물은 Cu_2O이다. 하지만 Cu(I)을 함유한 착화합물은 안정성 때문에 합성하기가 쉽지 않다. (1) 특별한 구조적 특성과 (2) 빛에 의한 산화−환원 반응과 같은 특별한 촉매 작용 때문에, Cu(I) 착화합물 대한 연구가 활발하게 진행되고 있다. 2,2′-Bipyridine(bpy)이나 1,10-phenanthroline(phen) 같은 다이아민이나 아민 유도체가 정사면체 구조에서 +1가 산화 상태의 구리를 안정화시킨다고 보고되어 있다.

수용액에서 Cu(I)은 일반적으로 Cu(II)에 비해 불안정하다. 하지만 σ-결합 주개 및 π-결합 받개로 작용하는 thiourea($(H_2N)_2CS$) 리간드와 착화합물 형성을 통해 Cu(I) 화합물을 합성할 수 있다. Thiourea 리간드는 황-주개 원자를 통하여 금속에 결합한다. 이 화합물의 안정성은 전기중성 원리(electroneutrality principal)에 기인한다.

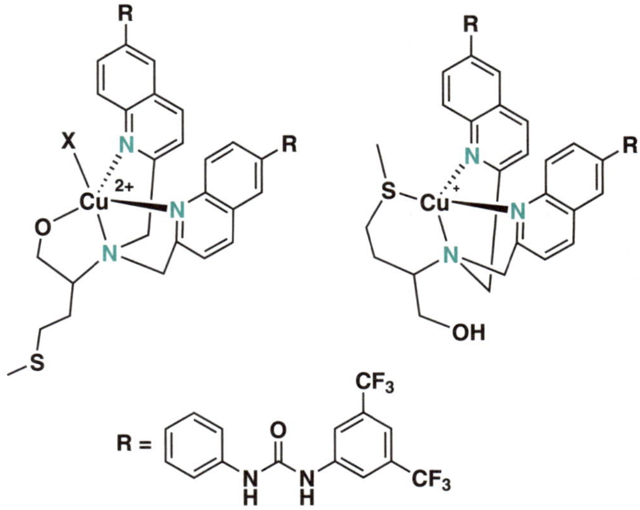

2 실험

2.1 Tris(thiourea)copper(I) sulfate의 합성

$$16Cu^{2+}(aq) + 8(H_2N)_2CS(aq) + 16H_2O(l) \rightarrow 16Cu^{+}(aq) + S_8(s) + 16NH_4^{+}(aq) + 8CO_2(g)$$

$$Cu^{+}(aq) + 3(H_2N)_2CS(aq) \rightarrow [Cu\{(H_2N)_2CS\}_3]^{+}(aq)$$

$(H_2N)_2CS$ 4.0 g을 100 mL 비커에 넣고, 따뜻한 물 25 mL에 녹인 후, 실온으로 냉각한다. 황산 구리 오수화물($CuSO_4 \cdot 5H_2O$) 4.0 g을 증류수 20 mL에 녹인 후, 얼음 수조에서 냉각한다. $(H_2N)_2CS$ 수용액을 자석 젓개로 저어주면서 이 용액에 $CuSO_4 \cdot 5H_2O$ 용액을 방울방울 가한다. 혼합물을 계속 저어주면서 비커 벽면에 노란색 기름이 관찰될 때까지 얼음 수조에서 냉각시킨다. 상층 용액을 조심스럽게 기울여 따라서 버리고, 기름을 함유한 혼합물을 얼음 수조에 냉각시키고, $(H_2N)_2CS$ 2 g을 증류수 20 mL에 녹인 용액을 가한다. 기름이 완전히 결정화될 때까지 계속해서 강하게 저어준다. 흰색 결정을 감압 여과하여 모으고, 얼음물 2 mL로 2회 세척한다. 수득률을 계산한다.

재결정

0.02 M H_2SO_4를 용매로 사용하여 만든 5% $(H_2N)_2CS$ 수용액으로 순수하지 못한 생성물을 재결정한다. 100 mL 비커에 생성물을 넣고, 약 70 mL의 재결정 용액을 넣고 가열하여 녹인 후, 뜨거운 상태에서 용액을 여과한다. 가열할 때, 80°C가 넘지 않도록 물중탕을 이용한다. 여과액을 다시 가열하여 침전된 결정을 모두 녹인다. 약

간의 콜로이드성 유황이 여과지를 통과할 수 있기 때문에, 여과액은 완전히 깨끗하지 않을 수도 있다. 용액을 2~3시간 방치하여 실온으로 냉각한 후, 감압 여과하여 결정을 얻는다. 차가운 물 3 mL로 2회, 차가운 에탄올 3 mL로 2회 세척한 후, 공기 중에서 밤새 말린다.

2.2 황산(SO_4^{2-}) 이온의 정량 분석

$$Ba^{2+}(aq) + SO_4^{2-}(aq) \rightarrow BaSO_4(s)$$
$$NH_2CSNH_2(aq) + H_2O(l) \rightarrow 2NH_3(g) + H_2S(aq) + CO_2(g)$$

> SO_4^{2-} 이온의 함량을 분석하기 위하여 착화합물을 분해시켜야 한다. 그렇지 않으면 염화 바륨($BaCl_2$)을 첨가할 때, $(H_2N)_2CS$ 화합물 역시 침전된다. 착화합물이 OH^- 이온에 매우 민감하여 쉽게 분해된다. 분해된 생성물에 산을 첨가하여 산성화한 후 재결정한다. $(H_2N)_2CS$ 역시 염기에 의해 가수분해된다.

고체 시료 1.00 g을 250 mL 비커에 넣고, 자석 젓개를 넣은 후, 시계 접시로 덮는다. 2 M NaOH 수용액 50 mL를 첨가한다. NH_3 기체의 발생이 끝날 때까지(약 30분) 혼합물을 가열한다. 이 반응으로 구리가 황화염으로 침전된다. 여과한 후 차가운 증류수로 3 mL씩 3회 세척한다. 여과액을 모아 2 M HCl로 산 처리한다. 용액을 끓을 때까지 가열한다. 자석 교반을 하면서 스포이트로 0.2 M 염화 바륨 수용액(증류수 100 mL에 $BaCl_2 \cdot H_2O$ 5 g을 녹인 용액) 10~12 mL를 방울방울 첨가한다. 혼합물을 1~2분 방치한 후, 0.2 M $BaCl_2$ 수용액 몇 방울을 첨가한다. 상층 용액 부분에 침전이 형성되면, $BaCl_2$ 수용액 3 mL를 더 첨가한다. 침전이 형성되지 않을 때까지, 이 과정을 반복하여 수행한다. 침전이 더 이상 형성되지 않으면, 혼합물을 끓지 않을 정도의 온도(약 90°C)에서 1시간 정도 가열하여 침전 반응을 완결한다. 가열하면 침전물이 완전히 가라앉으며, 가열하는 도중 투명한 상층 용액에 $BaCl_2$ 수용액 몇 방울을 가하여 침전 반응의 완결을 확인한다. $BaSO_4$ 침전을 소결 유리 거르개로 여과한 후, 소량의 차가운 증류수로 세척한다. 침전을 100~110°C의 오븐에서 완전히 건조한다. 시료에 포함된 SO_4^{2-} 이온의 함량을 계산한다.

2.3 구리 이온의 정량 분석

0.01 M Na_2H_2EDTA 용액의 제조

$Na_2H_2EDTA \cdot 2H_2O$(FW = 372.25 g/mol) 4.0 g 정도를 80°C의 오븐에서 2시간 정도 건조하여 데시케이터에서 실온으로 냉각한다. 3.72 g 정도를 정확하게 질량을 측정하여 1000 mL 부피 플라스크에 넣고, 증류수 500 mL 정도를 넣어 녹인 후, 흔들어 주면서 기준선까지 증류수를 채운다.

완충 용액의 제조 (pH = 10)

250 mL의 부피 플라스크에 NH_4Cl 17.5 g을 넣고, 진한 NH_4OH 142 mL를 넣어 녹인 후, 흔들어 주면서 기준선까지 증류수를 채운다.

0.01 M $CaCO_3$를 이용한 EDTA 용액의 표준화

0.01 M $CaCO_3$ 수용액 25 mL를 피펫으로 250 mL 삼각 플라스크에 옮긴다. 증류수 25 mL를 첨가하고, pH 10 완충 용액 2 mL를 첨가한다. Erichrome Black T(EBT) 지시약 몇 방울을 첨가한다. 용액이 붉은 포도주 색을 띨 것이다. 이 용액을 0.01 M Na_2H_2EDTA 용액으로 적정한다. 종말점에서 용액의 색깔이 붉은색에서 엷은 파란색으로 바뀔 것이다. 적정을 2회 더 수행한 후, Na_2H_2EDTA 용액의 농도를 계산한다.

구리 이온의 정량 분석

$$Cu^{2+}(aq) + H_2EDTA^{2-}(aq) \rightarrow CuEDTA^{2-}(aq) + 2H^+(aq)$$

착화합물 0.10 g을 정확하게 측정하여 물기-없는 250 mL 삼각 플라스크에 넣는다. 고체 시료에 진한 HNO_3 5 mL를 천천히 넣고, 증류수 20 mL를 넣는다. 산화 질소 기체의 발생이 끝날 때까지, 혼합물을 가열한다.

> 후드 안에서 가열한다.

혼합물을 실온으로 냉각될 때까지 공기 중에 놓아둔다. 혼합물을 다른 250 mL 삼각 플라스크에 옮긴다. 소량의 증류수로 벽면을 씻어서 시료의 손실이 없도록 한다. 증류수를 첨가하여 전체 부피가 50 mL 정도 되도록 한다. 용액의 색깔이 파란색으로 바뀔 때까지 진한 NH_4OH를 방울방울 떨어뜨린다. Murexide 지시약 0.1~0.2 g을 넣고, 0.01 M Na_2H_2EDTA 용액으로 적정한다. 종말점에서 용액의 색깔이 초록색에서 보라색으로 바뀔 것이다. 적정을 2회 더 수행한 후, 시료에 포함된 구리 이온의 함량을 계산한다.

3 결과 및 토의

3.1 합성과 분석에 관련된 질문

- Thiourea에 의한 구리(II)의 환원 반응에 대하여 기술하라.
- Thiourea가 배위된 구리 착화합물의 구조를 그려라.
- 구리 이온의 정량 분석 과정에서, 질산을 첨가한 후 가열할 때 일어나는 화학 반응을 기술하라.

3.2 IR 스펙트럼의 해석

다음에 주어진 thiourea-구리 착화합물의 IR 스펙트럼을 해석하라.

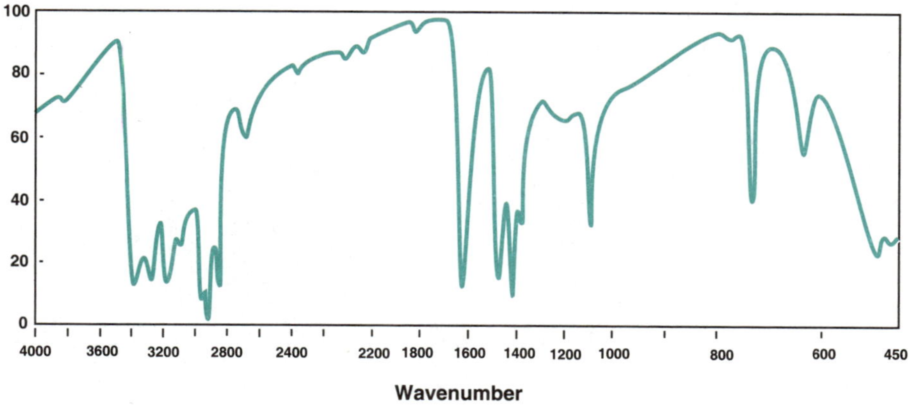

파수 (cm^{-1})	피크 지정
3390, s	$\nu_{(NH_2)}$
3286, s	$\nu_{as(NH_2)}$
3182, s	$\nu_{s(NH_2)}$
1614, vs	$\delta_{as(NH_2)}$
1492, w	$\nu_{(C-N)}$, $\delta_{(NH)}$, $\nu_{(S=C-N)}$
1392, m	$\nu_{(C-N)}$, $\delta_{(CH)}$
1088, s	$\rho_{(NH_2)}$, $\nu_{(C-N)}$
712, w	$\nu_{as(C-N)}$, $\nu_{(C-S)}$
693, w	$\nu_{s(C-N)}$

참고문헌

1. Pass G. and Sutcliffe, H. Practical Inorganic Chemistry, Chapman and Hall, London, 1974.
2. Sidgwick, N. V. The Chemical Elements and Their Compounds, Oxford University Press, Oxford, 1962.
3. Swaminathen, K.; Trving, H. M. N. H. *Inorg Nucl. Chem.* **1964**, *26*, 1291.
4. Quagliano, J. V. *et al*, *J. Am. Chem. Soc.* **1958**, *80*, 527.
5. Vogel, A. J. A Text Book of Quantitative Inorganic Analysis, 3rd Edition, Longmans, London, 1961.
6. El-Sayed, B. A.; Sallam, M. M. *J. Mater. Sci.: Mater. Electron.* **1999**, *10*, 63.
7. Knobler, C. B.; Okaya, Y.; Pepinsky, R. *Zeitschrift fur Kristallographie,* **1959**, *111*, 385.
8. Chase, M. W.; NIST-JANAF Thermochemical Tables (Am. Inst. of Physics, New York) Part II Cr-Zr, 4th Ed. 1998.

9. Krishnakumar, V.; Kalyanaraman, S.; Piasecki, M.; Kityk, I. V.; Bragiel, P. *J. Raman Spectrosc.* **2008**, *39*, 1450.

10. Mortezaei, S.; Catarineu, N. R.; Canary, J. W. *J. Am. Chem. Soc.* **2012**, *134*, 8054.

실험 30

분광 광도계를 이용한 철분 제제 속의 철의 정량 분석

이 실험의 핵심은 분광 광도계로 철 착화합물의 농도를 정량적으로 분석하여 일상생활에서 사용하는 철분 제제 속에 들어 있는 철의 양을 정량적으로 분석하는 것이다. 이 실험을 통하여 학생들은 Beer의 법칙을 이해하고, 이 법칙을 화학종의 정량 분석에 응용할 수 능력을 배양한다.

1 들어가며

인체 내의 철

철은 주로 Fe(II)와 Fe(III)의 산화 상태로 존재하며, 인체의 다양한 단백질의 활성 자리를 공급한다. 철은 특히 헤모글로빈이라고 불리는 혈액 속 단백질의 주요 성분이며, 허파로부터 산소를 인체의 각 부분에 전달하여 에너지를 생성하는데 중요한 역할을 한다. 헤모글로빈은 또한 신진대사의 부산물로 생성되는 CO_2를 허파로 전달한다. 전달 과정 동안 O_2와 CO_2 둘 다 헤모글로빈 내 철 이온에 결합되어 있다.

인간은 주로 신진대사에 필요한 철을 고기, 녹색 채소 등등의 음식으로부터 얻는다. 철이 부족하면 빈혈이 일어나며, 빈혈 환자들은 힘이 없어 보이고 때로는 창백해 보인다. 철 결핍은 세계적으로 가장 중요한 미네랄-결핍 문제다. 따라서 음식으로부터 철분의 흡수를 못하는 환자들에게 철분 제제가 사용된다. 철분 제제의 주성분은 iron(II) fumarate [$Fe^{II}(C_4H_2O_4)$]이며, 알약을 제조하기 위해 사용된 접착제(binding agent)가 일부 포함되어 있다.

분광광도법에 의한 정량 분석

혼합물에 들어 있는 화합물의 농도를 정확하게 알아내기 위해서 부피 분석(volumetric analysis)이나 무게 분석(gravimetric analysis) 방법이 많이 사용되어 왔지만, 빛을 이용하는 분광 분석(spectrophotometric analysis) 방법도 널리 사용되고 있다. 분광 분석법은 화합물이 흡수 또는 방출하는 전자기 복사(빛)의 파장과 세기를 측정하여 화합물의 농도를 알아내는 방법이다.

모든 화합물은 독특한 전자 구조를 가지고 있기 때문에, 가시광선이나 자외선을 흡수하는 성질 역시 각 물질마다 다르다. 전자의 에너지 준위들 사이의 에너지 차이가 광자(photon)의 에너지 $h\nu$와 정확히 같은 경우에만 화합물이 빛을 흡수한다. 따라서 빛의 파장을 변화시키면서 화합물에 의하여 흡수되는 정도를 나타내는 흡수 스펙트럼은 화합물의 작용기를 알아내기 위한 방법으로 많이 이용되기도 하지만, 화합물이 일정한 파장의 빛을 흡수하는 세기를 측정하여 용액 속에 포함되어 있는 화합물의 농도를 알아내는 목적으로도 활용된다.

I_0의 세기를 가진 빛을 시료에 쪼여주면, 그 중의 일부가 흡수되고, I의 세기를 가진 빛이 투과하게 된다. 이 경우에, 시료가 흡수한 빛의 세기를 흡광도 A로 나타낼 수 있다.

$$A = \log\frac{I_0}{I}$$

Beer의 법칙에 의하면, 흡광도는 시료의 몰 흡광 계수 ε, 투과 거리에 해당하는 시료 용기의 두께 l, 그리고 시료의 몰 농도 c로 표현될 수 있다.

$$A = \varepsilon lc$$

따라서 시료의 흡광 계수와 투과 거리를 알 수 있다면, 시료 용액의 흡광도를 측정하여 용액 속에 빛을 습수하는 물질의 농도를 결정할 수 있다.

모든 물질의 몰 흡광 계수가 알려져 있지 아니므로, 정량 분석을 하기 위해서는 연구자가 몇 개의 표준 용액으로부터 검정 곡선을 얻어야 한다. 몇 개의 표준 용액의 흡광도를 측정한 후, 세로 축에 흡광도를, 가로 축에 용액 농도를 나타내는 그래프를 도시한 후, 최소 제곱법으로 농도와 흡광도 사이의 관계식을 얻을 수 있다. 전자 계산기를 이용하여 최소 제곱법으로 기울기와 y-축 절편을 얻을 수 없다면, Origin, Sigma Plot 등 도시 프로그램을 이용하면 된다. 분광 광도계를 이용하여 미지의 시료의 흡광도를 측정한 후, 흡광도 값을 관계식에 대입하면, 미지 시료의 농도를 계산할 수 있다.

철(II) 이온 수용액은 가시광선 영역에서 매우 작은 몰 흡광 계수를 갖고 있기 때문에 정량 분석에 적합하지 않다. 따라서 1,10-phenanthroline처럼 큰 몰 흡광 계수를 가진 리간드를 사용하여 철 이온을 착화합물로 변환시켜야 한다. 철(II) 이온과 1,10-phenanthroline의 반응으로 주홍색 착이온 $[(C_{12}H_8N_2)_3Fe]^{2+}$가 형성된다.

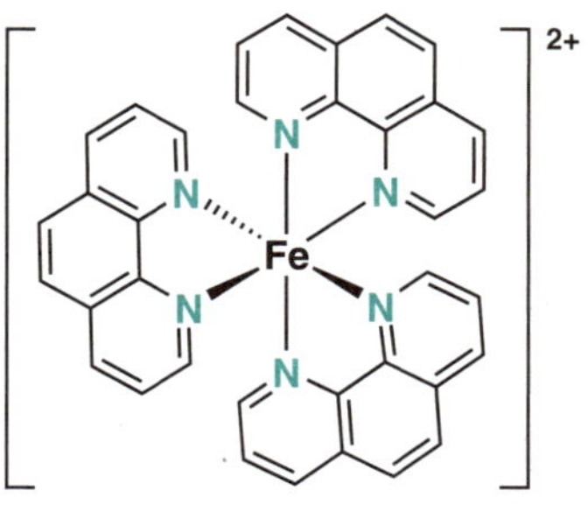

철(II)과 1,10-phenanthroline의 반응으로 형성된 착이온 ▶

이 착이온의 색깔은 밝은 주홍색이며, 흡수 최대 파장이 508 nm다. 또한 흡광도는 Beer의 법칙을 잘 따른다. pH = 8 완충 용액에서 흡광도를 508 nm에서 측정하면, 철을 정량적으로 분석할 수 있다. 1,10-Phenanthroline은 Fe(II) 이온만 결합하고, Fe^{2+} 이온은 Fe^{3+} 이온으로 쉽게 산화하므로, hydroxylammonium chloride($NH_2OH \cdot HCl$)나 hydroquinone($C_6H_4(OH)_2$) 같은 환원제를 넣어서 Fe^{3+}

이온을 Fe^{2+} 이온으로 환원시켜야 한다.

$$2NH_2OH + 4Fe^{3+} \rightarrow N_2O + 4H^+ + H_2O + 4Fe^{2+}$$

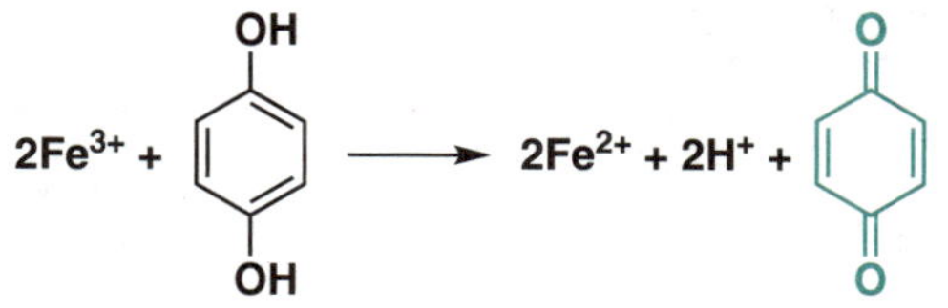

최종적으로, 학생들은 표준 용액을 이용하여 검정 곡선을 만들고, 철분 제제 속에 포함된 미지 시료의 농도를 결정한다.

2 실험

2.1 철 이온의 정량 분석

전자 저울을 이용하여 철분 제제 1개의 질량을 측정한다. 이 제제를 막자 사발을 이용하여 조심스럽게 가루로 만들고, 제제의 질량을 1 mg까지 정확하게 측정하여 100 mL 비커에 넣는다. 6 M 염산 25 mL를 가하고, 반응이 일어날 때까지 흔들어 주면서 기다린다. 반응이 시작되면, 비커를 시계 접시로 덮고 후드 안에서 가열판으로 약 80°C에서 20분 동안 가열한다. 용액이 증발하여 15 mL 이하가 되면, 증류수를 첨가한다. 용액은 노란색으로 바뀐다. 용액을 실온으로 냉각한 후, 비커가 넘어지지 않게 조심하면서 5분 이상 초음파 처리한다. 여과 장치로 여과한 후, 충분한 양의 따뜻한 증류수로 여과 장치를 세척한다. 여과액을 조심스럽게 250 mL 부피 플라스크에 옮긴 다음, 용액을 실온으로 냉각한 후, 잘 흔들어서 섞어주면서 250 mL의 용액을 만든다.

이 용액을 깨끗한 250 mL 삼각 플라스크에 옮긴다. 피펫을 사용하여 이 용액 10.0 mL를 100 mL 부피 플라스크에 옮기고, 잘 섞으면서 100 mL 용액을 만든다. 이 용액 10 mL를 피펫으로 100 mL 부피 플라스크에 옮기고, 1,10-phenanthroline 용액 10 mL와 hydroxylammonium chloride 용액 1 mL를 가한다. 그 다음 pH 8인 완충 용액으로 부피를 100 mL로 맞춘다.

10 mm 큐벳을 사용하여 증류수의 흡광도를 0으로 하여, 508 nm에서 Fe(II)-phenanthroline 착화합물 표준 용액의 흡광도를 측정하여 검정 곡선을 작성한다. 표준 용액의 농도 범위는 $(0.50\sim1) \times 10^{-5}$ M이며, 5개 정도의 표준 용액이 사용된다. 동일한 조건에서 508 nm에서 미지 용액의 흡광도를 측정한다. 만약 미지 시료의 흡광도가 측정 범위를 벗어나면, 용액을 10배씩 묽히면서 실험을 수행한다. 검정 곡선(또는 알려진 몰 흡광 계수 11,100 $M^{-1}cm^{-1}$)을 사용하여 철분 제제에 들어 있

는 철의 양을 계산한다.

3 결과 및 토의

3.1 검정 곡선의 작성

- 검정 곡선은 Beer의 법칙을 잘 따르는가? 그것을 어떻게 평가할 수 있는가?
- 착이온의 몰 흡광 계수는 얼마인가?

3.2 미지 시료의 농도 계산

- 미지 시료 용액에 존재하는 철 이온의 농도를 계산하라.

3.3 철의 함량

- 철분 제제의 철 함량을 질량 %로 계산하라.
- 정량 분석의 오차의 원인에 대하여 토의하라.

참고문헌

1. Skoog, Holler, Nieman, *Principles of Instrumental Analysis*, 5th Ed, Harcourt Brace: Philadelphia, 1997.
2. Sandell, E. B. Colorimetric Determination of Traces of Metals, 3rd Ed. Interscience Publishers, Inc., New York, 1959.
3. Tamura, H.; Goto, K,; Yotsuyanagi, T.; Nagayama, M. *Talanta,* **1974**, *21*, 314.
4. Analytical Methods Committee, "Standardised general method for the determination of iron with 1,10-phenanthroline", *Analyst,* **1978**, *103*, 391.
5. Hibbits, J. O.; Davis, W. F.; Menke, M. R. *Talanta,* **1961**, *8*, 163.

부록

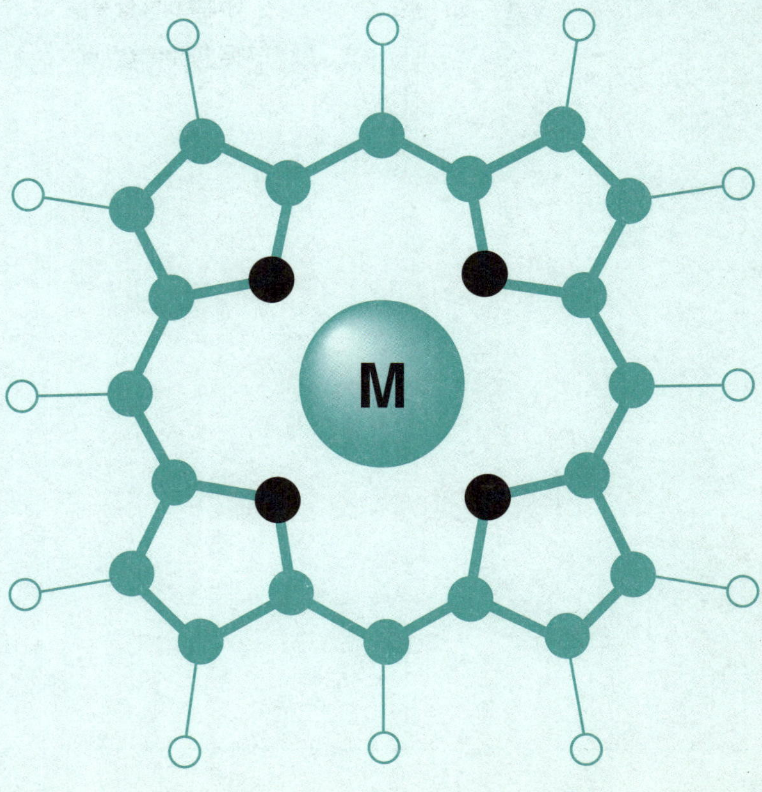

표 1 SI 기본 단위

물리량	물리량 기호	단위 이름	SI 단위 기호
길이	l	미터(meter)	m
질량	m	킬로그램(kilogram)	kg
시간	t	초(second)	s
전류	I	암페어(ampere)	A
온도	T	켈빈(kelvin)	K
물질의 양	n	몰(mole)	mol
빛의 세기	I_v	칸델라(candela)	cd

표 2 보충 단위로 표시한 SI 유도 단위의 예

물리량	단위 이름	기호
넓이	제곱 미터	m^2
부피	세제곱 미터	m^3
속력, 속도	초 당 미터	m/s
가속도	제곱 초 당 미터	m/s^2
파수	역미터	1/m
밀도	세제곱 미터 당 킬로그램	kg/m^3
전류 밀도	제곱 미터 당 암페어	A/m^2
자기장 세기	미터 당 암페어	A/m
농도	세제곱 미터 당 몰	mol/m^3
휘도	제곱 미터 당 칸델라	cd/m^2

표 3 특별한 이름을 가진 SI 유도 단위

물리량	단위 이름	기호	식	SI 기본 단위 표시
진동수	헤르츠(hertz)	Hz		s^{-1}
힘	뉴턴(newton)	N		$m \cdot kg \cdot s^{-2}$
압력	파스칼(pascal)	Pa	N/m^2	$m^{-1} \cdot kg \cdot s^{-2}$
에너지, 일, 열량	주울(joule)	J	$N \cdot m$	$m^2 \cdot kg \cdot s^{-2}$
일률	와트(watt)	W	J/s	$m^2 \cdot kg \cdot s^{-3}$
전하량	쿨롱(coulomb)	C		$s \cdot A$
전위, 전위차, 기전력	볼트(volt)	V	W/A	$m^2 \cdot kg \cdot s^{-3} \cdot A^{-1}$
전기 용량	파러드(farad)	F	C/V	$m^{-2} \cdot kg^{-1} \cdot s^4 \cdot A^2$
전기 저항	오옴(ohm)	W	V/A	$m^2 \cdot kg \cdot s^{-3} \cdot A^{-2}$
전기 전도도	지멘스(siemens)	S	A/V	$m^{-2} \cdot kg^{-1} \cdot s^3 \cdot A^2$
자기력 선속	웨버(weber)	Wb	$V \cdot s$	$m^2 \cdot kg \cdot s^{-2} \cdot A^{-1}$
자기력 선속 밀도	테슬라(tesla)	T	Wb/m^2	$kg \cdot s^{-2} \cdot A^{-1}$
인덕턴스	헨리(henry)	H	Wb/A	$m^2 \cdot kg \cdot s^{-2} \cdot A^{-2}$
광선속	루멘(lumen)	lm		$cd \cdot sr$
조명도	룩스(lux)	lx	lm/m^2	$cd \cdot sr \cdot m^{-2}$

표 4 접두어

인자	접두어	기호	인자	접두어	기호
10^{24}	요타(yotta)	Y	10^{-24}	욕토(yocto)	y
10^{21}	제타(zetta)	Z	10^{-21}	젭토(zepto)	z
10^{18}	엑사(exa)	E	10^{-18}	아토(atto)	a
10^{15}	페타(peta)	P	10^{-15}	펨토(femto)	f
10^{12}	테라(tera)	T	10^{-12}	피코(pico)	p
10^{9}	기가(giga)	G	10^{-9}	나노(nano)	n
10^{6}	메가(mega)	M	10^{-6}	마이크로(micro)	m
10^{3}	킬로(kilo)	k	10^{-3}	밀리(milli)	m
10^{2}	헥토(hecto)	h	10^{-2}	센티(centi)	c
10^{1}	데카(deca)	da	10^{-1}	데시(deci)	d

표 5 기본 상수 값

물리량	기호	값
기체 상수	R	$8.31451\ J \cdot K^{-1} mol^{-1}$
보어 마그네톤	μ_B	$9.2740 \times 10^{-24}\ J \cdot T^{-1}$
보어 반지름	a_0	$5.29177249(24) \times 10^{-11}\ m$
물의 정상 어는점		273.15 K
볼츠만 상수	$k,\ k_B$	$1.380658 \times 10^{-23}\ J \cdot K^{-1}$
아보가드로 수	N_A	$6.0221367 \times 10^{23}\ mol^{-1}$
양성자 전하량	e	$1.602\ 18 \times 10^{-19}\ C$
양성자 질량	m_p	$1.67262 \times 10^{-27}\ kg$
전자 질량	m_e	$9.10939 \times 10^{-31}\ kg$
중성자 질량	m_n	$1.67493 \times 10^{-27}\ kg$
진공에서 빛의 속도	c_0	$2.99792 \times 10^{8}\ m \cdot s^{-1}$
진공의 유전율	ε_0	$8.854188 \times 10^{-12}\ J^{-1} \cdot C^{2} \cdot m^{-1}$
진공의 투과율	μ_0	$4\pi \times 10^{-7}\ J \cdot s^{2} \cdot C^{-2} \cdot m^{-1}$
표준 대기압		$1.01325 \times 10^{5}\ Pa$
표준 중력 가속도	g	$9.80665\ m \cdot s^{-2}$
패러데이 상수	F	$9.648531 \times 10^{4}\ C \cdot mol^{-1}$
플랑크 상수	h	$6.6260755 \times 10^{-34}\ J \cdot s$

표 6 그리스 문자

alpha	α (Α)	iota	ι (Ι)	rho	ρ (Ρ)
beta	β (Β)	kappa	κ (Κ)	sigma	σ (Σ)
gamma	γ (Γ)	lambda	λ (Λ)	tau	τ (Τ)
delta	δ (Δ)	mu	μ (Μ)	upsilon	υ (Υ)
epsilon	ε (Ε)	nu	ν (Ν)	phi	φ (Φ)
zeta	ζ (Ζ)	xi	ξ (Ξ)	chi	χ (Χ)
eta	η (Η)	omicron	ο (Ο)	psi	ψ (Ψ)
theta	θ (Θ)	pi	π (Π)	omega	ω (Ω)

표 7 수용액에서 산 이온화 상수(25℃)

산	HA	A^-	K_a	pK_a
Hydroiodic	HI	I^-	10^{11}	-11
Perchloric	$HClO_4$	ClO_4^-	10^{10}	-10
Hydrobromic	HBr	Br^-	10^9	-9
Hydrochloric	HCl	Cl^-	10^7	-7
Sulfuric	H_2SO_4	HSO_4^-	10^2	-2
Hydronium 이온	H_3O^+	H_2O	1	0.0
Surfurous	H_2SO_3	HSO_3^-	1.5×10^{-2}	1.81
Hydrogensulfate 이온	HSO_4^-	SO_4^{2-}	1.2×10^{-2}	1.92
Phosphoric	H_3PO_4	$H_2PO_4^-$	7.5×10^{-3}	2.12
Hydrofluoric	HF	F^-	3.5×10^{-4}	3.45
Pyridinium 이온	$HC_5H_5N^+$	C_5H_5N	5.6×10^{-6}	5.25
Carbonic	H_2CO_3	HCO_3^-	4.3×10^{-7}	6.37
Hydrogen sulfide	H_2S	HS^-	9.1×10^{-8}	7.04
Ammonium 이온	NH_4^+	NH_3	5.6×10^{-10}	9.25
Hydrocyanic	HCN	CN^-	4.9×10^{-10}	9.31
Hydrogencarbonate 이온	HCO_3^-	CO_3^{2-}	4.8×10^{-11}	10.32
Hydrogenarsenate 이온	$HAsO_4^{2-}$	AsO_4^{3-}	3.0×10^{-12}	11.53
Hydrogensulfide 이온	HS^-	S^{2-}	1.1×10^{-12}	11.96
Hydrogenphosphate 이온	HPO_4^{2-}	PO_4^{3-}	2.2×10^{-13}	12.67

표 8 지방족 아민의 염기 이온화 상수(pK_b)(25℃)

1차 아민			
Allylamine	4.51	Ammonia	4.79
Benzylamine	4.66	*n*-Butylamine	3.41
sec-Butylamine	3.44	*t*-Butylamine	3.45
Cyclohexylamine	3.36	Ethylamine	3.37
Ethylenediamine	4.02 6.48	Hydrazine	5.90
Isopropylamine	3.37	Methylamine	3.38
neo-Pentylamine	3.79	*n*-Propylamine	3.47
Trimethylsilymethylamine	3.04		
2차 아민			
t-Butylcyclohexylamine	2.77	Di-*n*-butylamine	2.75
Diethylamine	3.02	Diisobutylamine	3.50
Diisopropylamine	2.95	Dimethylamine	3.36
Di-*n*-propylamine	3.00		
3차 아민			
Dimethyl-*sec*-butylamine	3.60	Dimethylethylamine	3.71
Dimethyl-isobutylamine	4.09	Dimethyl-*n*-propylamine	4.01
Trimethylamine	4.24	Tri-*n*-propylamine	3.35

표 9 NMR 용매의 화학적 이동 값(δ, ppm, 내부 기준 물질 TMS)

용매	^1H NMR (다중도)	^{13}C NMR (다중도)	^1H NMR HOD (물)	밀도 (20 ℃)	녹는점 (℃)	끓는점 (℃)
Acetic acid-d_4, CD_3COOD	11.65 (1) 2.04 (5)	178.99 (1) 20.0 (7)	11.5	1.12	16.7	118
Acetone-d_6, CD_3COCD_3	2.05 (5)	206.68 (1) 29.92 (7)	2.8	0.87	-94	56.5
Acetonitrile-d_3, CD_3CN	1.94 (5)	118.69 (1) 1.39 (7)	2.1	0.84	-45	81.6
Benzene-d_6, C_6D_6	7.16 (1)	128.39 (3)	0.4	0.95	5.5	80.1
Chloroform-d, $CDCl_3$	7.24 (1)	77.23 (3)	1.5	1.50	63.5	61~62
Deuterium oxide, D_2O	4.80		4.8	1.11	3.81	101.42
Dichloromethane-d_2, CD_2Cl_2	5.32 (3)	54.00 (5)	1.5	1.35	-95	39.75
DMF-d_7, $(CD_3)_2NCDO$	8.03 (1) 2.92 (5) 2.75 (5)	163.15 (3) 34.89 (7) 29.76 (7)	3.5	1.03	-61	153
DMSO-d_6, $(CD_3)_2SO$	2.50 (5)	39.51 (7)	3.3	1.19	18.45	189
Ethanol-d_6, CD_3CD_2OD	5.19 (1) 3.56 (1) 1.11 (m)	56.96 (5) 17.31 (7)	5.3	0.89	-114.1	78.5
Methanol-d_4, CD_3OD	4.78 (1) 3.31 (5)	49.15 (7)	4.9	0.89	-97.8	64.7
Pyridine-d_5, C_5D_5N	8.74 (1) 7.58 (1) 7.22 (1)	150.35 (3) 135.91 (3) 123.87 (3)	5.0	1.05	-42	115~116
Tetrachloroethane-d_2, DCl_2CCCl_2D	6.00	73.78 (3)	1.6	1.62	-44	147
Tetrahydrofuran-d_8, C_4D_8O	3.58 (1) 1.73 (1)	67.57 (5) 25.37 (5)	2.4~2.5	0.99	-108.5	66
Toluene-d_8, $C_6D_5CD_3$	7.09 (m) 7.00 (1) 6.98 (5) 2.09 (5)	137.86 (1) 129.24 (3) 128.33 (3) 125.49 (3) 20.40 (7)	0.4	0.94	-95	110.6
Trifluoroacetic acid-d, CF_3COOD	11.50 (1)	164.20 (4)	11.5	1.41	-15.4	72.4
Trifluoroethanol-d_3, CF_3CD_2OD	5.02 (1) 3.88 (4-3)	126.30 (4) 61.50 (4-5)	5	1.41	-43.3	75

〈편저자 소개〉

- **곽지훈**(순천대학교 화학교육과)
- **김영조**(충북대학교 화학과)
- **박성진**(인하대학교 화학과)
- **우희권**(전남대학교 화학과)
- **이석우**(공주대학교 화학과)
- **이순원**(성균관대학교 화학과)
- **정덕영**(성균관대학교 화학과)
- **하윤경**(홍익대학교 기초과학과)

이공학을 위한

무기화학실험

▌2013년 3월 1일 초판 1쇄 발행

편저자와의
합의로
인지 첨부를
생략함

▌편저자 이순원 外 7인

▌발행인 박종성

▌발행처 사이플러스 Science plus

▌우 121-842 / 서울특별시 마포구 서교동 468-24

▌전화 02_332_6171 / 팩스 02_332_6185

▌등록 2005.10.20. 제 313-2005-00222호

▌ISBN 978-89-92603-62-1 93430 값 22,000원